U0146261

高等教育机电类规划教材

电 子 技 术

（电 工 学 II）

第 4 版

罗会昌　周新云　主编

机 械 工 业 出 版 社

本套教材是为适应21世纪电工、电子技术课程教学改革的需要而编写的。分《电工技术》、《电子技术》两册出版。

《电子技术》共分七章，分别是：半导体器件及放大电路、集成运算放大器及其应用、直流稳压电源、电力电子器件及其应用、门电路和组合逻辑电路、触发器和时序逻辑电路、仿真软件 Multisim9 简介及其应用。在大部分节后配有练习思考题，章后有小结和习题。书末附有部分常用电子元器件的主要参数和部分习题答案。

本书读者对象是机电类专业的大学生，亦可供其他非电专业的大学生使用，并可作为工程技术人员系统学习电子技术的参考书。

图书在版编目（CIP）数据

电子技术（电工学·Ⅱ）/罗会昌，周新云主编. —4 版.
北京：机械工业出版社，2009.1
普通高等教育机电类规划教材
ISBN 978 - 7 - 111 - 01702 - 8

Ⅰ. 电⋯ Ⅱ. ①罗⋯②周⋯ Ⅲ. ①电子技术 - 高等学校
- 教材②电工学 - 高等学校 - 教材 Ⅳ. TM1

中国版本图书馆 CIP 数据核字（2008）第 162913 号

机械工业出版社（北京市百万庄大街22 号 邮政编码100037）
策划编辑：曾 红 责任编辑：曾 红
版式设计：霍永明 责任校对：姚培新
封面设计：姚 毅 责任印制：邓 博
北京京丰印刷厂印刷
2009 年 1 月第 4 版 · 第 1 次印刷
184mm×260mm · 16.25 印张 · 399 千字
0 001 - 5 000 册
ISBN 978 - 7 - 111 - 01702-8
标准书号：ISBN 978 - 7 - 111 - 8
定价：26.00 元

凡购本书，如有缺页、倒页、脱页，由本社发行部调换
销售服务热线电话：(010) 68326294
购书热线电话 (010) 88379639 88379641 88379643
编辑热线电话：(010) 68351729
封面无防伪标均为盗版

《电工技术》、《电子技术》教材编审组成员

组　长:	高福华	吉林大学	教授
副组长:	罗会昌	合肥工业大学	教授
	周新云	江苏大学	副教授
	孙立功	河南科技大学	副教授
	戴　燕	长春理工大学	副教授
组　员:	范振铨	沈阳工业大学	教授
	陈正传	江苏大学	教授
	刘朝阳	华北工学院	教授
	李秀芬	长春理工大学	教授
	赵不贿	江苏大学	教授
	邵敏权	长春工业大学	教授
	陈万忠	吉林大学	教授
	丛玉良	吉林大学	教授
	蒋　中	安徽建筑工业学院	教授
	闫保定	河南科技大学	教授
	常通义	河南科技大学	副教授
	杨晓萍	吉林大学	副教授
	李炳彦	西安理工大学	副教授
	马红杰	合肥工业大学	副教授
	刘　春	合肥工业大学	副教授
	江　萍	合肥工业大学	副教授
	李玉长	合肥工业大学	副教授
	黄知超	桂林电子工业学院	副教授
	孙向文	河南科技大学	讲师
	尹均萍	合肥工业大学	讲师
	陈　山	江苏大学	讲师
	罗　珣	合肥工业大学	讲师

前　言

　　《电工技术》和《电子技术》是一套两册教材。第 1 版都是 1987 年出版的，后来修订过两次，于 2004 年出了第 3 版，截至 2007 年共印刷过 12 次。这套教材编写的指导思想、内容取舍的原则以及完整体系的建立，都是由原机械电子工业部部属高等院校电工技术、电子技术课程协作组组织部内外各院校的教师，经过多次研讨和反复审校后确定的。所以该套教材实际上是多所高等院校电工、电子技术课程教师的集体成果。

　　电子技术是一门重要的技术基础课。本书的使用对象是机电类专业的大学生和其他非电类专业的大学生，亦可供工程技术人员学习使用。

　　当今电子技术发展迅速，新器件、新应用不断涌现，电子技术仿真软件的应用也很普遍。为了适应 21 世纪教学内容改革的需要，体现教材与时俱进的特点，现在修订出版此书的第 4 版。在新版教材中，进一步削减了分立元件电路，增加了集成稳压器应用、电力电子器件和仿真软件 Multisim9 简介及其应用的内容。

　　本书是按照教育部（原国家教育委员会）1995 年颁发的"电子技术（电工学 Ⅱ）"教学基本要求 [60～70 学时类型（含实验学时）] 编写的。教学中讲课与实验比例约为 5:2。

　　本着"精选内容、打好基础、加强实验、培养能力"的宗旨，编者把教材的重点放在基本理论、方法、概念和电子元器件外部特性及应用知识等方面，并适当提高了起点，避免与物理学中有关内容出现不必要的重复。为了兼顾不同专业的需要和许多院校对电子技术仿真软件的需求，书中编写了一些选修内容（标题前注 * 号），教学时可根据需要选用或供学生自学。

　　由于原来参加本书编写人员中，有的工作已经变动，经过协商，此次修订再版时，作了一些调整。本书共分七章。第一、二、三、四章分别由合肥工业大学江萍、刘春、李玉长、尹均萍编写；第五、六章分别由江苏大学周新云、赵不赇编写；第七章由尹均萍、李玉长编写；新旧符号对照表由西安理工大学李炳彦编写；附录由合肥工业大学罗珣编写。本书由合肥工业大学罗会昌担任第一主编，江苏大学周新云担任第二主编，罗会昌负责全书的修改和定稿。吉林大学高福华、长春理工大学戴燕担任主审。参加本书审稿的还有江苏大学陈正传、安徽建筑工业学院蒋中、桂林电子工业学院黄知超。主审和审稿者认真审阅了书稿，并提出许多宝贵建议，在此表示诚挚的感谢。

　　由于编者水平有限，不妥之处在所难免，敬请广大读者批评指正。

编者

目 录

第一章　半导体器件及放大电路

本章首先介绍半导体和 PN 结的单向导电性。接着讨论半导体二极管、三极管的特性和参数。然后介绍放大电路的组成原则、工作原理、性能指标及分析计算方法。

第一节　PN 结

一、半导体

有关半导体的基本知识在物理学中已有介绍，这里只作简要概述。

1. 半导体中的载流子

在半导体器件中，使用最多的半导体材料是锗和硅，它们都是四价元素，在其原子最外层轨道上有 4 个价电子。纯净的单晶半导体最外层价电子形成共价键结构，如图 1-1 所示。在受到热（或光照等）的作用时，少数的价电子获得足够能量，可挣脱原子核的束缚（电子受到激发）而逸出，成为自由电子，同时在原来共价键中留下一个空位子，称为空穴。在半导体中存在着两种导电粒子（载流子），一种是带负电荷的自由电子（简称电子）；另一种是带正电荷的空穴。在电场作用下，电子形成电子流，空穴形成空穴流，二者之和即为半导体中的电流。

在纯净的半导体中，电子与空穴是成对出现的。在运动过程中，如果自由电子填补了空穴，则电子和空穴就成对消失，这种现象称为复合。在一定的温度下，电子、空穴对的产生与复合在不停地进行，但最终处于一种平衡状态，使半导体中载流子的浓度保持一定。随温度升高，载流子浓度增加，温度每升高 10°C 左右，载流子浓度约增加一倍。

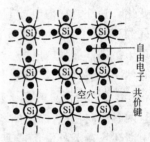

图 1-1　共价键示意图

2. 杂质半导体

在纯净半导体中掺入相关的微量杂质元素，就会使半导体导电性能发生显著改变。因掺入杂质的不同，杂质半导体可分为两大类。

（1）N 型半导体　在硅（或锗）晶体中掺入五价元素（如磷、砷等），就成为 N 型半导体。五价元素替代了晶体中某些硅原子的位置，它的 5 个

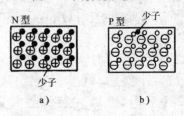

图 1-2　杂质半导体示意图

价电子中有 4 个与周围的 4 个硅原子形成共价键，多余一个电子处于共价键之外，在室温下很容易被激发成为自由电子，同时五价原子变成带正电的离子，如图 1-2a 所示。可以看出，每掺入一个五价原子，半导体中就多出一个自由电子。由于电子的增加，与空穴复合的机会增多，N 型半导体中的空穴就大大减少，因此在 N 型半导体中电子数远远大于空穴数，故 N

型半导体中多数载流子（简称多子）是电子，其数量主要取决于掺杂浓度；少数载流子（简称少子）是空穴，其数量主要取决于温度。

（2）P型半导体　在硅（或锗）的晶体中掺入三价元素（如硼、铟等）就成为P型半导体。三价元素的三个价电子与周围硅原子形成共价键时，出现了一个空穴。在室温下，这些空穴能吸引临近的价电子来补充，使三价原子变成带负电的离子，如图1-2b所示。因此P型半导体的多子是空穴，其数量主要取决于掺杂浓度；少子是电子，其数量主要取决于温度。

二、PN结及其单向导电性

在一块半导体中，通过不同的掺杂工艺，使其一边成为N型半导体，另一边成为P型半导体，在这两种半导体交界面附近便形成了PN结，用这种PN结可以构成各种半导体器件。

1. PN结的形成

由于P型半导体中多子是空穴，N型半导体中多子是电子，在它们的交界处就出现了电子和空穴的浓度差别。电子和空穴总是从高浓度的地方向低浓度的地方扩散，于是在两种半导体交界面附近，P区的空穴必然向N区扩散，且与N区的电子复合而消失，在P区一侧留下不能移动的负离子空间电荷区。同样，N区的电子也要扩散到P区，且与P区的空穴复合，在N区一侧留下不能移动的正离子空间电荷区，如图1-3所示。空间电荷区内形成了一个N区指向P区的内电场，随着扩散的不断进行，空间电荷区不断加宽，内电场不断加强。内电场的作用阻碍多子扩散，故也称空间电荷区为阻挡层。因此由浓度差而产生的多子扩散作用和由扩散而产生的内电场，对扩散的阻碍作用必然会达到动态平衡，使空间电荷区的宽度不再变化。另外，在内电场的作用下，少子产生运动，这种运动称为漂移，即N区的空穴向P区漂移，P区的电子向N区漂移，其结果会使空间电荷区变窄，内电场被削弱，这又将引起多子扩散，加强内电场，最终仍会达到动态平衡。由此可见，在动态平衡状态下，扩散电流必然等于漂移电流，这时空间电荷区相对稳定，于是PN结形成。由于总的多子扩散电流等于少子漂移电流，且两者方向相反，故PN结中电流为零。

综上所述，在无外电场或其他因素激发时，PN结处于相对稳定状态，没有电流通过，PN结宽度一定。由于空间电荷区内没有载流子，所以又叫耗尽层，其宽度一般为数微米。

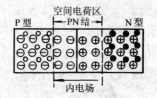

图1-3　PN结

2. PN结的单向导电性

（1）外加正向电压　在图1-4中，P区接电源正极，N区接电源负极，这种接法称为正向偏置，简称正偏。此时在外电源的作用下，内电场被削弱，多子被推向耗尽层，结果使空间电荷区变窄，有利于多子的扩散，而不利于少子的漂移。多子扩散电流称为正向电流，这时称PN结导通。导通时PN结两端电压只有零点几伏，所以很小的正向电压就可产生很大的正向电流 I_F，通常在回路中串入一个电阻 R 来限制电流。

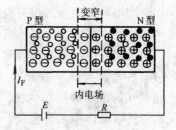

图1-4　外加正向电压
时的PN结

（2）外加反向电压 在图1-5中，P区接电源负极，N区接电源正极，这种接法称为反向偏置，简称反偏。此时外电场使空间电荷区变宽，加强了内电场，阻止多子的扩散，但有利于少子漂移，在回路中产生了由少子漂移所形成的反向电流 I_R。因少子的浓度很低，并在温度一定时浓度不变，所以反向电流很小。由于少子数量有限，当外加电压超过零点几伏后，反向电流基本上不随外加电压的增加而增加，故称之为反向饱和电流。

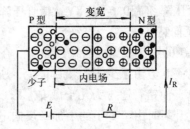

图1-5 外加反向电压时的PN结

由以上分析可知：PN结具有单向导电性，即在PN结上加正向电压时，正向电流较大（PN结电阻很小，处于导通状态）；加反向电压时，反向电流很小（PN结电阻很大，处于截止状态）。

【练习与思考】

1-1-1 PN结两端存在着内电场，即有内电位差，若将二极管短路是否有电流通过？

1-1-2 空间电荷区既然是由带电的正负离子形成的，为什么它的电阻率很高？

第二节 半导体二极管

一、二极管的结构

半导体二极管也叫晶体二极管，简称二极管。它是由一个PN结加上引线和管壳构成的。按PN结的面积大小可分为点接触型和面接触型两类。

点接触型二极管结构见图1-6a。它的特点是结面积小，因而结电容小，适用于高频工作，但不能通过很大的电流，主要用作高频检波和脉冲电路里的开关器件。例如，2AP1是点接触型锗二极管，最大整流电流是16mA，最高工作频率是150MHz。

面接触型二极管结构见图1-6b，它的特点是结面积大，因而能通过较大的电流，但其结电容也大，只能工作在较低频率下。例如，2CZ56是面接触型硅二极管，最大整流电流3A，最高工作频率只有3kHz。

二极管的符号如图1-6c所示。

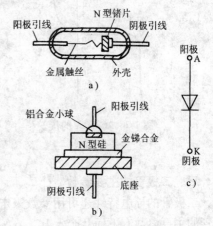

图1-6 二极管的结构及符号

a) 点接触型 b) 面接触型 c) 符号

二、二极管的伏安特性

二极管的导电性能常用伏安特性来表示。它是指二极管两端的电压 U 和流经二极管的电流 I 之间的关系，图1-7示出了一只实际二极管的伏安特性曲线。

1. 正向特性

图1-7的第①段为正向特性曲线。在正向电压较小时，外电场还不足以克服PN结的内电场，因此这时的正向电流几乎为零；只有当外加电压超过一定数值后，才有明显的正向电

流，该电压称为死区电压。在室温下，硅管死区电压约为0.5V，锗管约为0.1V。当正向电压大于死区电压时，内电场被大大削弱，电流随电压增加而增长很快。正向导通且电流不大时，硅管压降约为0.6~0.8V，锗管压降约为0.2~0.3V。

2. 反向特性

图1-7的第②段为反向特性曲线。在反向电压作用下，少数载流子通过PN结，形成反向饱和电流。但由于少子的数目很少，所以反向电流是很小的。小功率硅管的反向电流一般小于1μA，而锗管通常为几十微安。

温度升高时由于少子的增加，反向电流将随之增加。

3. 反向击穿特性

图1-7的第③段为反向击穿特性曲线。当反向电压增加到一定数值时，反向电流剧增。这是由于外加电压在PN结中形成很强的电场，并产生大量的电子、空穴，引起反向电流急剧增加，这种现象叫做反向击穿。

二极管的伏安特性对温度很敏感，随着温度升高，正向特性曲线向左移，反向特性曲线向下移，如图1-8所示。变化规律是：在室温附近，温度每升高1°C，在同样的正向电流下，正向压降减小2~2.5mV；温度每升高10°C，反向电流约增加一倍。硅二极管允许的最高工作温度为150~200°C，锗二极管只允许工作在100°C以下，因此大功率二极管几乎都用硅制造。

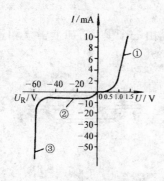

图1-7　2CZ52A的伏安
特性曲线

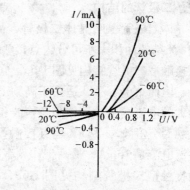

图1-8　温度对二极管特性的影响

三、二极管的主要参数

二极管的导电特性还可用参数来定量描述，它是正确使用和合理选择二极管的依据。二极管的主要参数有下面几个。

1. 最大整流电流 I_F

这是指二极管长期运行时，允许通过的最大正向平均电流。它是由PN结的结面积和外界散热条件决定的。实际应用时，二极管的平均电流不允许超过此值，并要满足散热条件，否则会烧坏二极管。

2. 最高反向工作电压 U_{RM}

这是指二极管在使用时，允许施加的最高反向电压。超过此值二极管就有发生反向击穿的危险。通常取反向击穿电压的一半作为 U_{RM}。

3. 反向电流 I_R

这是指在室温条件下，二极管未击穿时的反向电流值。此值越小，二极管的单向导电性越好。反向电流与温度有密切关系，所以使用二极管时要注意温度的影响。

4. 最高工作频率 f_M

二极管具有一定的电容效应，在 PN 结内有不能移动的正负离子，各具有一定的电荷量。当外加电压使耗尽层变宽时，电荷量增加，相当于电容充电；当外加电压使耗尽层变窄时，电荷量减少，相当于电容放电，这种电容效应称为结电容。其大小与 PN 结的结面积成正比，与耗尽层的宽度成反比。当外加电压改变时，耗尽层宽度改变，结电容的大小也相应改变。

结电容的存在限制了二极管的工作频率，因为加高频电压时，结电容将通过高频电流，破坏了 PN 结的单向导电性。因此，不同型号的二极管都有最高工作频率 f_M 的限制，结电容大的允许工作频率低，结电容小的允许工作频率高。

值得注意的是，由于制造工艺的限制，即使是同一型号的管子，参数的分散性也很大。有关电子器件手册中给出的往往是参数的范围，而参数是在一定的测试条件下测得的，应用时要注意这些条件，若条件改变，相应的参数值也会发生变化。

【例1-1】 试判断图1-9中二极管是导通还是截止？为什么？

解 要判断二极管导通与截止，主要看二极管是处于正向偏置还是反向偏置。可先将二极管除去，分别计算管子两极 A 点与 B 点电位。如果 $V_A > V_B$，则二极管导通；如果 $V_A < V_B$，则二极管截止。

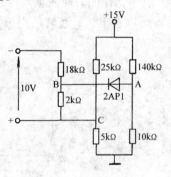

图 1-9 例 1-1 图

图 1-9 中除去二极管后

$$V_A = \frac{10k\Omega}{(140 + 10)k\Omega} \times 15V = 1V$$

$$V_B = -\frac{2k\Omega}{(18 + 2)k\Omega} \times 10V + \frac{5k\Omega}{(25 + 5)k\Omega} \times 15V = 1.5V$$

$$V_A < V_B$$

因此二极管 2AP1 截止。

四、二极管应用电路举例

二极管在电子电路中广泛应用。本书的第三章和第五章将分别介绍二极管在整流电路和逻辑门电路中的应用。这里举几个二极管在其他方面应用的例子。

1. 二极管限幅电路（削波电路）

利用二极管的截止与导通，可以起到限幅作用。图 1-10a 示出二极管限幅电路。在下面的分析中，忽略二极管的正向压降和反向电流。

当输入电压为正时，二极管截止，相当于开路，输出电压等于输入电压；当输入电压为负时，二极管导通，相当于短路，输出电压为零。因此输出和输入电压的关系式为

$$u_0 = \begin{cases} u_i, & \text{当 } u_i \geq 0 \\ 0, & \text{当 } u_i < 0 \end{cases}$$

当输入电压为正弦电压时，其输出波形如图 1-10b 所示。可以看出，该电路把输入波形

6

中低于零的部分限制在零，或者说，把输入电压的负半波削掉了。

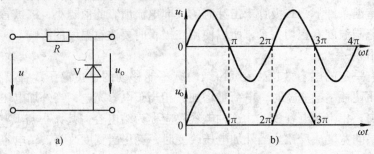

图 1-10　二极管限幅电路及波形

【**例 1-2**】　在图 1-11a 电路中，已知 $u_i = 10\sin\omega t\,\text{V}$，$E = 5\text{V}$，$R = 1\text{k}\Omega$，二极管的正向压降和反向电流均忽略不计。试画出 u_o 的波形。

解　已知 u_i 是按正弦规律变化的，当 $u_i < E$ 时，二极管反向截止，相当于开路，$u_o = u_i$，即 u_o 随 u_i 变化；当 $u_i > E$ 时，二极管正向导通，相当于短路，$u_o = E$。u_o 的波形如图 1-11b 所示，作图时应注意 u_o 和 u_i 间的对应关系。

可以看出，u_i 正峰值附近的波形被削掉了，二极管起到了限幅作用。

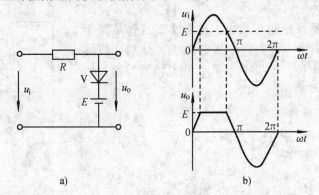

图 1-11　例 1-2 图

2. 二极管检波电路

在图 1-12a 中，设 C 和 R_1 的数值都很小，即电容器 C 经 R_1 的充、放电都很快。已知 u_i 为方波，且电容器初始电压 $u_{C(o)} = 0$，现分析 u_o 的波形。

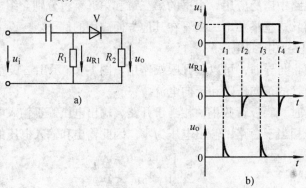

图 1-12　二极管检波电路及波形图

在 0 ~ t_1 期间，电容器电压为零，二极管截止，u_{R1} 和 u_o 均为零；在 t_1 瞬间，u_i 由零上升到 U，电容器经 R_1 和 R_2 分两路迅速充电，二极管导通，u_{R1} 和 u_o 均为正尖脉冲；在 t_2 瞬间，u_i 由 U 下降到零，电容器通过 R_1 迅速放电，u_{R1} 为负尖脉冲，此时二极管截止，u_o 为零。同理可知，在 t_3、t_4 瞬间，u_{R1} 和 u_o 的波形与 t_1、t_2 瞬间相同。图 1-12b 示出了 u_i、u_{R1} 和 u_o 的波形。

在这里，二极管除去了负的尖脉冲，起到对输入方波电压上升沿检波的作用。

3. 二极管钳位电路

在图 1-13 所示的电路中，省去了参考点，图中各电压的数值都是对参考点而言的。现分析二极管的钳位作用。

先把开关 S 断开。由于 A 点电位低于 B 点电位，而 V_1、V_2 管的阳极电位相同，则 V_1 优先导通，忽略二极管导通压降后，P 点电位为零，$u_o = 0$，此时 V_2 因反向偏置而截止。再把开关 S 接通，V_1 仍然导通，P 点电位不变。可见，二极管 V_1 对 P 点电位有钳制到零电位的作用。

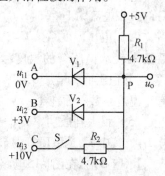

图 1-13　二极管钳位电路

【练习与思考】

1-2-1　怎样使用万用表来判断二极管的正负极与好坏?

第三节　特殊二极管

除了上述普通二极管外，还有一些按专门用途制造的特殊二极管，如稳压二极管、光敏二极管、发光二极管等，现分别介绍如下。

一、稳压二极管

1. 稳压二极管的稳压作用

稳压二极管（简称稳压管）是一种专门用来稳定电压的二极管，它的符号、伏安特性曲线如图 1-14 所示。稳压二极管通常工作在反向击穿区，且当外加反向电压撤除后，管子还是正常的，并未损坏，这种性能称为可逆性击穿。当然，如果反向电流太大，超过允许的最大值，则管子会因过热而烧坏，为此稳压管必须串联一个合适的限流电阻后再接入电路。

稳压管的正向特性与普通二极管基本一样，正向压降约为 0.6V，但它的反向击穿特性曲线更陡些。图 1-14 中的 U_Z 为反向击穿电压，即稳压管的稳定电压。稳压管的稳压作用在于：工作在稳压区时，当流经管内的电流变化很大时，它的端电压变化很小。特性曲线愈陡，稳压管的稳压性能愈好。

2. 稳压管的主要参数

（1）稳定电压 U_Z　这是指稳压管中电流为规定值时，稳压管两端的电压值。由于工艺方面的原因，即使同一型号的稳压管，U_Z 的分散性也较大，例

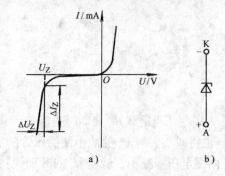

图 1-14　稳压管
a) 特性曲线　b) 符号

如：2CW55 型稳压管的 U_Z 为 6 ~ 7.5V（测试电流为 10mA）。

（2）稳定电流 I_Z　这是指稳压管正常工作时的参考电流值。电流低于此值时，稳压效果变差；高于此值时，只要不超过额定功耗都可以正常工作，且电流愈大，稳压效果愈好，但管子的功耗要增加。

（3）动态电阻 R_Z　这是指稳压管两端电压的变化量 ΔU_Z 与相应的电流变化量 ΔI_Z 之比，$R_Z = \Delta U_Z / \Delta I_Z$。$R_Z$ 随工作电流不同而变化，电流越大，R_Z 越小，例如：2CW51 型稳压管的工作电流为 1mA 时，$R_Z = 400\Omega$；10mA 时为 60Ω。

（4）电压温度系数 C_{TU}　稳压管的稳定电压值随工作温度不同而有所变化，通常用温度系数来表示稳压管的温度稳定性。2CW58 型稳压管 $C_{TU} \leq 8 \times 10^{-4}/^\circ C$，表示温度每升高 1℃，其稳压值将增加 0.08%。硅稳压管 U_Z 低于 4V 时，具有负温度系数；高于 7V 时，具有正温度系数；而在 4 ~ 7V 之间时，温度系数很小。

（5）最大耗散功率 P_{ZM}　这是指管子不致于产生过热损坏时的最大功率损耗值，$P_{ZM} = I_{ZM} U_Z$，其中 I_{ZM} 是稳压管的最大稳定电流。

【例 1-3】　在图 1-15 电路中，稳压管的参数为 $U_Z = 12V$，$I_{ZM} = 18mA$。为使管子不致烧坏，限流电阻取值应为多少？

解
$$R \geq \frac{U_S - U_Z}{I_{ZM}} = \frac{(20 - 12)\text{V}}{18\text{mA}} = 0.44\text{k}\Omega$$

几种常见稳压管的主要参数见附录二。

3. 稳压管稳压电路

图 1-16 是由稳压管 V 和限流电阻 R 组成的最简单的稳压电路。交流电压经整流滤波电路后得到的直流电压 U_i 作为稳压电路的输入，稳压电路的输出是负载 R_L 两端的电压 U_o，即稳压管两端的电压 U_Z。当电网电压波动引起 U_i 上升时，势必引起 U_o 增加，则流过稳压管的电流 I_Z 便大大增加，于是 $I = I_Z + I_o$ 增加很多，电阻 R 上的压降相应增加，致使负载电压 U_o 下降，而其值基本保持不变。就是说，U_i 的增量绝大部分降在 R 上，从而保持了 U_o 的基本稳定。反之，当 U_i 下降时，同样可保证 U_o 的稳定，读者可自行分析。

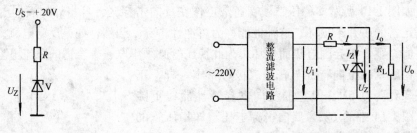

图 1-15　例 1-3 图　　　　　　图 1-16　稳压管稳压电路

同理，当负载 R_L 变动时也能起到稳定输出电压的作用。例如，当 R_L 减小使 I_o 增加时，U_o 也将减小。但 U_o 的减小使稳压管的工作电流 I_Z 大大减小，R 上通过的电流也跟着减小，R 两端电压降减小，就使 U_o 回升而保持输出电压基本不变。实际上，负载电流的增加是由稳压管电流的减少来补偿的，使通过 R 的电流 I 基本不变，输出电压 U_o 也就稳定了。

综上所述，这种稳压电路的实质在于利用稳压管工作在反向击穿区时，其端电压略有变化而使电流变化很大的特性，配合电阻 R 的调整作用来实现稳压。

二、光敏二极管

光敏二极管的特点是，当光线照射在它的 PN 结时，会像热激发一样，可以成对地产生电子和空穴，使半导体中少子的浓度提高。这些载流子在反向偏置下可以产生漂移电流，使反向电流增加。因此，它的反向电流随光照强度的增加而增加，光敏二极管的管壳上备有一个玻璃窗口，以便于接受光照。图 1-17a 是光敏二极管的符号，图 1-17b 是它的特性曲线。灵敏度的典型值为 $0.1\mu A/lx^{⊖}$ 数量级。

光敏二极管可以用来作为光控元件，当制成大面积的光敏二极管时，可当作一种能源而称为光电池。此时它不需外加电源，能够直接把光能变成电能。

三、发光二极管

发光二极管的原理与光敏二极管相反。当这种管子正向偏置通过电流时会发出光来，这是由于电子与空穴直接复合时放出能量的结果。它的光谱范围是比较窄的，其波长由所使用的基本材料决定。发光二极管常用元素周期表 $Ⅲ_A$ 族及 V_A 族元素化合物，如砷化镓、磷化镓等制成。图 1-18 是发光二极管的符号。几种常见发光材料的主要参数见表 1-1。发光二极管常用来作为显示器件，工作电流一般为几毫安至几十毫安。

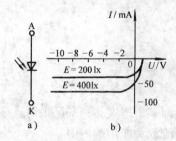

图 1-17 光敏二极管
a) 符号 b) 特性曲线

图 1-18 发光二极管符号

表 1-1 发光二极管的主要特性

颜 色	波 长 /mm	基本材料	正向电压/V （10mA 时）	光功率 /μW	发光强度/mcd[①] （10mA 时，张角 ±45°）
红外	900	砷化镓	1.3 ~ 1.5	100 ~ 500	
红	655	磷砷化镓	1.6 ~ 1.8	1 ~ 2	0.4 ~ 1
鲜红	635	磷砷化镓	2.0 ~ 2.2	5 ~ 10	2 ~ 4
黄	583	磷砷化镓	2.0 ~ 2.2	3 ~ 8	1 ~ 3
绿	565	磷化镓	2.2 ~ 2.4	1.5 ~ 8	0.5 ~ 3

① cd（坎德拉）为发光强度的单位。

【练习与思考】

1-3-1 在图 1-19 电路中，稳压管 $U_Z = 14V$，$I_{ZM} = 18mA$。求：①当 $U_i = 30V$ 时，开关 S 断开与闭合时的 I、I_Z 和 I_L；②当 $U_i = 32V$ 时，开关 S 断开与闭合时的上述电流。[①16mA，16mA，0；16mA，9mA，7mA；②18mA，18mA，0；18mA，11mA，7mA]

1-3-2 利用稳压管或普通二极管的正向压降是否也可以稳压？

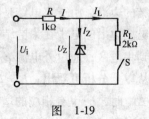

图 1-19

⊖ lx（勒克斯）为光照度 E 的单位。

第四节　半导体三极管

半导体三极管又称晶体管，图1-20a为NPN型管的管芯结构图，图1-20b为NPN示意图。从图中可看出，它有三个区，分别称为发射区、基区和集电区，三个区分别引出三个电极，即发射极E、基极B和集电极C；有两个PN结，发射区和基区间的PN结称发射结，集电区和基区间的PN结称集电结。这种由两个N型区中间夹一个P型区的半导体三极管，称为NPN型管。还有一种由两个P型区中间夹一个N型区的半导体三极管，称为PNP型管。两种类型管子的符号见图1-20c。使用时，两种晶体管的电源极性是相反的。

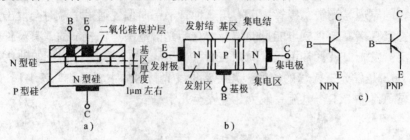

图1-20　晶体管
a）管芯结构图　b）NPN型管示意图　c）符号

晶体管内部结构上的特点是：发射区掺杂浓度高，即多子浓度高；基区很薄且杂质浓度低；集电区体积大，掺杂浓度较低。这是晶体管具有电流放大作用的内因。

一、晶体管的电流放大作用

晶体管内部结构上的特点是其具有电流放大作用的内部条件，而放大的外部条件是发射结要正向偏置，集电结要反向偏置，可由图1-21所示电路来实现。为了简要说明电流放大作用，忽略了一些次要因素。下面以NPN管为例进行介绍。

由于发射结正向偏置，发射区杂质浓度高，所以发射区的多子（电子）源源不断地越过发射结到达基区，形成发射极电流I_E。由于浓度差，到达基区的电子要继续向集电结扩散，在扩散过程中有部分电子与基区的空穴复合，基极电源E_B给基区补充空穴，形成电流I_B。但由于基区很薄，且空穴浓度很低，所以I_B很小，而绝大部分电子扩散到集电结的边沿。由于集电结是反向偏置，所以扩散到集电结边沿的电子在集电结电场作用下，很容易漂移到集电区，通过外电源E_C形成集电极电流I_C。

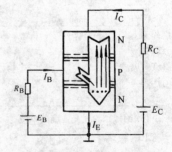

图1-21　晶体管内部电流分配

从以上分析可看出：$I_E = I_B + I_C$，且$I_C \gg I_B$，这就是晶体管的电流分配关系。当I_B有一增量ΔI_B时，I_C也有相应的增量ΔI_C，且$\Delta I_C \gg \Delta I_B$，即一个较小的$\Delta I_B$可以引起一个较大的$\Delta I_C$，这就是所谓的电流放大作用。集电极电流变化量与基极电流变化量之比，称为交流电流放大系数β，即

$$\beta = \frac{\Delta I_C}{\Delta I_B} \qquad (1-1)$$

把 I_C 与 I_B 之比，称为直流电流放大系数 $\bar{\beta}$，即

$$\bar{\beta} = \frac{I_C}{I_B} \qquad (1-2)$$

二、晶体管的特性曲线

晶体管和二极管一样也是非线性元件，通常用特性曲线来反映其性能。晶体管的特性曲线是指极间电压和各极电流间的关系曲线。它的特性曲线有输入和输出两组，图 1-22a 中 E_B、R_B、B、E 组成输入回路，E_C、R_C、C、E 组成输出回路。由于输入和输出电路以发射极为公共端，所以称为共发射极电路，简称共射电路。图 1-22b、c 是 3DG100 硅晶体管共发射极接法时的输入和输出特性曲线。下面以此为例介绍晶体管的特性曲线。

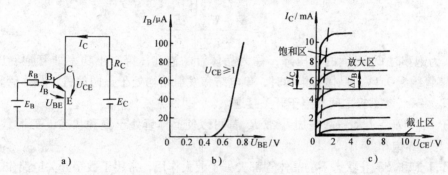

图 1-22　晶体管特性曲线

1. 输入特性

输入特性是指当 U_{CE} 为某一固定值时，输入回路中基极电流 I_B 与 U_{BE} 间的关系，即

$$I_B = f(U_{CE}) \Big|_{U_{CE} = 常数}$$

图 1-22b 所示是 $U_{CE} = 1V$ 时的输入特性曲线，它与二极管正向特性相似，因为 B、E 间是正向偏置的 PN 结。当 $U_{CE} \geqslant 1V$ 后，B、C 间 PN 结的反向偏置电压已足以将扩散到基区的电子绝大部分收集到集电区，因而 U_{CE} 对 I_B 的影响甚小，所以 $U_{CE} > 1V$ 时的输入特性曲线与 $U_{CE} = 1V$ 时的输入特性曲线可认为是重合的。

2. 输出特性

输出特性是指当 I_B 为某一固定值时，输出电路中集电极电流 I_C 与 U_{CE} 间的关系，即

$$I_C = f(U_{CE}) \Big|_{I_B = 常数}$$

图 1-22c 是晶体管的输出特性曲线，它可以划分为以下三个区域，对应于晶体管的三种工作状态。

（1）截止区　当 U_{BE} 小于死区电压时，$I_B = 0$，相应 $I_C = I_{CEO}$（称为穿透电流），说明集电极仍有一微小的漏电流。如果使发射结反偏，则集电极电流接近于零，这时的晶体管呈高阻状态，这种状态称为晶体管工作在截止状态，集射极之间相当于开关断开。因此，在需要管子可靠截止时，常使发射结反偏，即当发射结反向偏置时，晶体管是截止的。通常认为 $I_B = 0$ 曲线以下的区域为截止区。

（2）放大区 当发射结为正偏、集电结反偏时，晶体管工作在放大状态，与这种状态所对应的区域称为放大区。此时集电极电流 I_C 与电压 U_{CE} 几乎无关，特性曲线近似与横轴平行，就是说，当 I_B 一定时，I_C 也就基本不变。考虑到有穿透电流存在，I_C 与 I_B 的关系是 $I_C = \bar{\beta}I_B + I_{CEO}$。放大区的特点是 I_C 的大小受 I_B 控制，当 I_B 变化 ΔI_B 时，I_C 也就相应地变化 ΔI_C，且 $\Delta I_C \gg \Delta I_B$，$\beta = \Delta I_C / \Delta I_B \gg 1$。

性能好的晶体管放大区曲线近于平行等距，且 I_{CEO} 很小，这时 $\beta \approx \bar{\beta}$。由于制造工艺的分散性，同一型号的晶体管 β 值也有很大区别，常用的晶体管 β 值为 20～100。

（3）饱和区 曲线靠近纵轴的区域是饱和区。当 $U_{BE} > U_{CE}$ 时，集电结处于正向偏置，这就不利于集电区收集从发射区到达基区的电子，使得在相同 I_B 时，I_C 的数值比放大状态时小。$I_{CS} < \beta I_B$（I_{CS} 称为集电极临界饱和电流）。这时 I_C 不再受 I_B 控制，而是取决于 E_C 和 R_C，即

$$I_{CS} = \frac{E_C - U_{CES}}{R_C} \approx \frac{E_C}{R_C} \tag{1-3}$$

U_{CES} 为饱和时 C、E 间的电压降，称为晶体管的饱和压降。小功率硅管饱和压降约为 0.3V，锗管约为 0.1V。晶体管饱和时，集电结和发射结均处于正向偏置，晶体管呈现低阻状态，$U_{CES} \to 0$，集射极之间相当于开关接通。

由于 $U_{CE} = E_C - I_C R_C$，故增加 I_C 或 R_C 都可以使晶体管处于饱和状态，工程上定义 $U_{CE} = U_{BE}$ 时为临界饱和。

工作于饱和及截止状态下的晶体管都失去了放大作用，常用于数字开关电路中，这是晶体管的非线性应用。放大区特性曲线基本上是平行等距的，$\Delta I_C = \beta \Delta I_B$，则可视为线性的，常用于线性放大电路。

【例1-4】 在图1-22中，已知 $E_C = 10V$，$E_B = 5V$，$R_C = 3k\Omega$，$R_B = 200k\Omega$，$\bar{\beta} = 100$。求 I_B、I_C，并验证晶体管是否处于放大状态；如果将 R_B 减小到 $100k\Omega$，晶体管是否处于放大状态（设 $U_{BE} = 0.7V$）。

解 发射结正偏，则可能工作在放大状态或饱和状态。若工作在放大状态，则有

$$I_B = \frac{E_B - U_{BE}}{R_B} = \frac{(5 - 0.7)V}{200k\Omega} = 0.0215mA = 21.5\mu A$$

$$I_C = \bar{\beta}I_B = 2.15mA$$

$$U_{CE} = E_C - I_C R_C = 10V - 2.15mA \times 3k\Omega = 3.55V > U_{BE}$$

说明集电结反偏，故晶体管工作在放大状态。

如果将 R_B 减到 $100k\Omega$，则

$$I_B = \frac{E_B - U_{BE}}{R_B} = \frac{(5 - 0.7)V}{100k\Omega} = 0.043mA = 43\mu A$$

晶体管饱和时，集电极电流 I_{CS} 为

$$I_{CS} \approx \frac{E_C}{R_C} = \frac{10V}{3k\Omega} = 3.33mA$$

临界饱和时的基极电流 I_{BS} 为

$$I_{BS} = \frac{I_{CS}}{\beta} = \frac{3.33mA}{100} = 0.033mA = 33\mu A$$

可见
$$I_B > I_{BS}$$
因此管子处于饱和状态。

三、主要参数

晶体管的主要参数除了前面讲到的电流放大系数 $\bar{\beta}$ 和 β 外，还有以下几个。

1. 集电极-基极反向饱和电流 I_{CBO}

这是指发射极开路、集电结反偏时的电流，实质上就是 PN 结的反向饱和电流。良好的晶体管 I_{CBO} 应该是很小的，一般小功率硅管为 $1\mu A$ 以下，锗管为几微安至几十微安。它是由少数载流子漂移形成的，因此受温度影响较大，是造成管子工作不稳定的主要因素。

2. 穿透电流 I_{CEO}

这是指基极开路时（$I_B = 0$），流过集电极和发射极之间的电流，如图 1-23 所示。由于它好像是从集电极直接穿透管子而到达发射极的，故称为穿透电流，可以证明其值约为 $I_{CEO} = (1 + \beta)I_{CBO}$。

晶体管工作在放大区时，集电极电流 $I_C = \beta I_B + I_{CEO}$。当温度升高时，$I_{CBO}$ 增加很快，I_{CEO} 增加得更快，使 I_C 也相应增加，造成晶体管的温度稳定性差。

以上介绍的是晶体管的几个性能参数，下面介绍管子的几个极限参数。

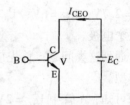

图 1-23 穿透电流

3. 极限参数

（1）集电极最大电流 I_{CM}　当集电极电流 I_C 过大时，β 将下降，通常取 β 值下降到正常值的 2/3 时所对应的集电极电流为 I_{CM}。当 $I_C > I_{CM}$ 时，管子并不一定会损坏。一般小功率管 I_{CM} 为几十毫安，大功率管则在几安以上。

（2）集-射反向击穿电压 $U_{CEO(BR)}$　这是指当基极开路时，加在集电极和发射极间的最大允许工作电压。从图 1-24 所示输出特性曲线可以看出，当

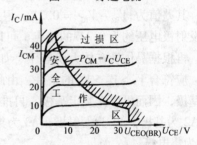

图 1-24 晶体管安全工作区

管子所加的 U_{CE} 超过 $U_{CEO(BR)}$ 时，会引起 I_C 急剧增加，从而造成管子集电结反向击穿。因此管子工作时 $U_{CE} < U_{CEO(BR)}$ 才安全。

（3）集电极最大允许功耗 P_{CM}　这个参数取决于管子的温升，使用时不能超过规定的数值，而且要注意散热条件。一个管子的 P_{CM} 如已确定，则 $P_{CM} = I_C U_{CE}$，可见临界损耗时 I_C 与 U_{CE} 在输出特性上的关系为一双曲线，如图 1-24 所示。此曲线的左下方是管子的安全工作区；右上方为过损区，若管子的工作点处在这个区域里，则管子就有可能损坏。一些常用晶体管的主要参数列于附录二中。

四、温度对晶体管性能参数的影响

和二极管一样，温度对晶体管特性有着不可忽视的影响，因此在电路中采取有效措施加以克服就成为十分重要的问题。温度对晶体管特性的影响通常要考虑以下三个方面。

1. 温度对 I_{CBO} 与 I_{CEO} 的影响

I_{CBO} 是集电结的反向饱和电流，与二极管一样，温度每升高 $10°C$，I_{CBO} 约增加一倍。I_{CEO}

$=(1+\beta)I_{CBO}$，则 I_{CEO} 随温度增加而增加。对于锗管而言，温度变化引起 I_{CEO} 的变化要比硅管严重。

2. 温度对 β 的影响

晶体管的 β 随温度的升高而增加，根据实验结果，温度每升高 $1°C$，β 值增大 $0.5\% \sim 1\%$。

3. 温度对 U_{BE} 的影响

温度升高时，晶体管的输入特性向左移动，如图 1-25 所示，即对同样的 I_B，当温度升高后，U_{BE} 将减小。对于大多数管子来说，温度每升高 $1°C$，U_{BE} 约下降 $2 \sim 2.5mV$。

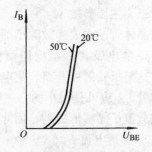

图 1-25 温度对输入特性影响

温度对 U_{BE}、I_{CEO} 和 β 的影响，都集中反映在使集电极电流 I_C 随温度升高而增加上。

【例 1-5】 在一正常工作的放大电路中，测得 A、B 两只晶体管的各极电位为：$V_{A1} = 2V$，$V_{A2} = 2.7V$，$V_{A3} = 6V$；$V_{B1} = -4V$，$V_{B2} = -1.2V$，$V_{B3} = -1.4V$。试判断两只晶体管的类型和三个电极。

解 遇到这类问题，首先应根据硅管和锗管的发射结均为正向偏置电压的特点，确定晶体管的类型。

由题可知，A 管中 $V_{A1} = 2V$，$V_{A2} = 2.7V$，两点电位最接近，可判断其为发射结两端电位，其差值为 $|V_{A2} - V_{A1}| = 0.7V$。同样，B 管中 $V_{B2} = -1.2V$，$V_{B3} = -1.4V$，两点电位最接近，其差值为 $|V_{B2} - V_{B3}| = 0.2V$。根据在放大状态下，硅管的发射极电压约为 $0.7V$，锗管的发射极电压约为 $0.2V$ 的特点，可以判定 A 管为硅管，B 管为锗管。

再根据晶体管在放大状态下，如果是 NPN 型管，应符合 $V_E < V_B < V_C$；如果是 PNP 型管，应符合 $V_E > V_B > V_C$ 的条件。由此可知，无论是 PNP 型管还是 PNP 型管，电位值居中的为基极，因而可以先判定基极，再推出发射极和集电极。据此，可以判定 A 管为 NPN 型管，即 A2 为基极，A1 为发射极，A3 为集电极；B 管为 PNP 型管，即 B3 为基极，B2 为发射极，B1 为集电极。

【练习与思考】

1-4-1 晶体管是由两个 PN 结组成的，若将两个二极管背靠背连接起来，是否能当一只晶体管使用，为什么？若三极管断了一只管脚能当做二极管使用？

1-4-2 晶体管工作时是否允许同时达到 I_{CM} 和 $U_{CEO(BR)}$，为什么？

1-4-3 晶体管的发射极和集电极是否可以调换使用，为什么？

1-4-4 有两只晶体管，V_1 的 $\beta = 200$，$I_{CEO} = 200\mu A$；V_2 的 $\beta = 50$，$I_{CEO} = 10\mu A$，其他参数相同，当用于放大时，你认为应该选哪一只管子比较适合？

第五节　基本放大电路

一、放大器的一般概念

晶体管放大电路（简称放大器）用来将微弱的电信号放大到所需的数值去驱动执行器件（如扬声器、显像管、继电器、指示仪表等）动作。扩音机是应用放大器的典型例子，它由传声器、放大器和扬声器三部分组成，其框图如图 1-26 所示。传声器将声音转变成微弱的电信号（仅几百微伏到几毫伏），放大器把这个信号加以放大，而后利用扬声器把放大了的电信号还原成声音，并且输出足够的能量，使声音宏亮。放大器一般由电压放大和功率放大两部分组成。先由电压放大器将微弱的信号进行电压放大，去推动功率放大器；再由功率放大器输出足够的功率，去推动执行元件动作。由于电压放大器处于功率放大器的前面，故也称它为前置放大器。本节仅讨论电压放大器。

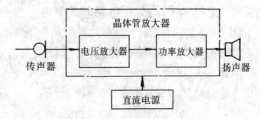

图1-26　晶体管扩音机的框图

电压放大器的任务主要是放大电压信号。在电子技术中，它是最常用的放大器。其输入信号的频率一般在几十赫至几百千赫的范围内，通常称为低频电压放大器。

图1-27　电压放大器的简化框图

电压放大器的框图如图1-27所示，它是一个双口网络，待放大信号作为输入电压$\dot{U}_i$，从1-1'端口加入，经放大后在端口2-2'输出给负载R_L。

图1-28　电压放大器的框图

反映电压放大器放大能力的是电压放大倍数A_U，它定义为输出与输入电压的幅值之比，$A_U = U_{om}/U_{im}$。当放大信号为正弦信号时，电压放大倍数可写成复数形式，即

$$\dot{A}_U = \frac{\dot{U}_o}{\dot{U}_i} \tag{1-4}$$

电压放大器的框图可用图1-28表示。

放大了的输出信号应与输入信号的波形相似，否则称为失真。失真过大，会出现声音变调、图像变形、测量误差大和执行元件误动作等现象。因此，对电压放大器的基本要求主要是有足够高的电压放大倍数和尽量小的波形失真。

下面以常用的共发射极放大器为例，来讨论放大器的基本原理和分析方法。

二、放大器的组成

要使放大器能放大信号，首先晶体管必须处于放大状态，为此应保证其发射结正向偏置，集电结反向偏置。这样，一个实际的放大器除了核心元件晶体管以外，还需配置其他一些电路元件，以提供所需直流偏压和交流信号的通路。图1-29所示放大电路就是图1-27的一种具体组成形式，图中V为NPN型晶体管。

E_C为集电极电源，它是整个放大器的能源，一般为几伏到几十伏。E_C通过基极电阻R_B（一般为几十至几百千欧）给管子发射结提供正向偏压，同时又通过集电极电阻R_C（一般为几千欧）向集电结提供反向偏压，这是使管子工作于放大状态的必要条件。

电容C_1和C_2叫作耦合电容，在电路中起隔直流通交流的作用。耦合电容一方面用来隔开直流，使放大器在输入端与信号源之间、输出端与负载之间（或是前后级放大器之间）的直流通路隔断，以免相互影响而改变各自的工作状态。另一方面又起交流信号的耦合作用。适当选择电容量可以使交流信号尽量不衰减地传入放大器，并在放大后几乎无衰减地传给负载，这就要求耦合电容上的交流压降小到可以忽略，故C_1、C_2的容量应足够大，一般为几微法到几十微法。

图 1-30 是图 1-29 的简化画法。其公共端称为"地"，用符号"⊥"表示，但这点并不是接到大地上，而是分析电路时的零电位参考点。

图 1-30 是应用最广泛的共发射极（简称共射极）放大电路，其电路特点是，晶体管 V 的发射极接于输入、输出回路的公共端。现以此电路为例说明电压放大器的工作原理。

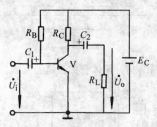

图 1-29　交流放大电路

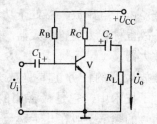

图 1-30　放大器的电位图

三、静态工作情况分析

当放大器的输入信号为零（$u_i = 0$）时，电路各处的电压、电流都是直流，故称放大器为直流工作状态或静态。图 1-31 中画出了放大器静态时各电流电压的波形。

由于电容器对直流稳态相当于开路，输入端直流通路是：$+U_{CC} \rightarrow R_B \rightarrow B \rightarrow E \rightarrow \perp$，其中基极电流为

$$I_B = \frac{U_{CC} - U_{BE}}{R_B} \approx \frac{U_{CC}}{R_B} \tag{1-5}$$

对于硅管而言，U_{BE} 约为 0.7V。

输出端直流通路是：$+U_{CC} \rightarrow R_C \rightarrow C \rightarrow E \rightarrow \perp$，只要 $U_{CE} \geq 1V$，集电结工作在反向偏置状态，则

$$I_C \approx \beta I_B \tag{1-6}$$
$$U_{CE} = U_{CC} - I_C R_C \tag{1-7}$$

由于 $u_i = 0$，这时电容 C_1 的端电压 $U_{C1} = U_{BE}$，电容 C_2 的端电压 $U_{C2} = U_{CE}$，极性均如图 1-31 所示，$u_o = 0$。这时晶体管电流、电压值是直流量（一般称静态值），均用大写字母及大写下标来表示。通常把静态工作时对应的 I_B、U_{CE} 和 I_C 的数值叫做静态工作点。

【例 1-6】　图 1-31 所示电路中，已知 $U_{CC} = 12V$，$R_C = 4k\Omega$，$R_B = 300k\Omega$，管子的 $\beta = 37.5$，估算放大器的静态工作点。若将 R_C 改为 $10k\Omega$ 时，管子工作处于何种状态？

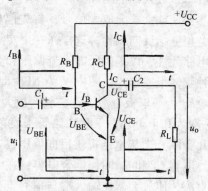

图 1-31　放大器静态工作情况

解

$$I_B = \frac{U_{CC} - U_{BE}}{R_B} \approx \frac{U_{CC}}{R_B} = \frac{12V}{300k\Omega} = 0.04mA = 40\mu A$$

$$I_C \approx \beta I_B = 37.5 \times 0.04mA = 1.5mA$$

$$U_{CE} = U_{CC} - I_C R_C = 12V - 1.5mA \times 4k\Omega = 6V$$

集-基间电压 $U_{CB} = U_{CE} - U_{BE} = 6V - 0.7V = 5.3V$，说明集电结反向偏置，而发射结正向偏置，因此管子处于放大状态。

若将 R_C 改为 $10k\Omega$，集电极临界饱和电流为

$$I_{CS} \approx \frac{U_{CC}}{R_C} = \frac{12\text{V}}{10\text{k}\Omega} = 1.2\text{mA}$$

$$I_{BS} = \frac{I_{CS}}{\beta} = \frac{1.2\text{mA}}{37.5} = 0.032\text{mA} = 32\mu\text{A} < I_B = 40\mu\text{A}$$

说明管子已处于饱和状态。

四、动态工作情况分析

当放大器输入端输入信号 $u_i \neq 0$ 时，放大器处于动态工作情况。设放大器输入信号电压 $u_i = 0.02\sin\omega t$ V，则

$$u_{BE} = U_{C1} + u_i = U_{BE} + u_i \tag{1-8}$$

其中 U_{BE} 是 $u_i = 0$ 时 B、E 之间的电压，在数值上 $U_{BE} = U_{C1}$，波形如图 1-32 所示。

在图 1-33 中，u_{BE} 的变化范围在输入特性的直线段，根据输入特性可找到 i_B 的变化规律，它也包括两个分量，一个是直流分量 I_B，另一个是正弦规律变化的交流分量 i_b。

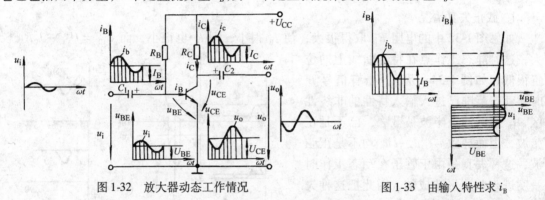

图 1-32　放大器动态工作情况　　　　　　图 1-33　由输入特性求 i_B

$$i_B = I_B + i_b = I_B + I_{bm}\sin\omega t \tag{1-9}$$

当晶体管工作在放大区时，ΔI_C 受 ΔI_B 控制，且 β 为常数，现在 i_b 按正弦规律变化，因此 i_c 也按正弦规律变化，它的最大值 $I_{cm} = \beta I_{bm}$。同样有

$$i_C = I_C + i_c = I_C + I_{cm}\sin\omega t \tag{1-10}$$

集电极、发射极间的电压 u_{CE} 为

$$u_{CE} = U_{CC} - i_C R_C = U_{CC} - (I_C + i_c)R_C = U_{CE} - i_c R_C = U_{CE} + u_{ce} \tag{1-11}$$

$$u_{ce} = -i_c R_C = -I_{cm}\sin\omega t R_C = I_{cm}R_C\sin(\omega t - \pi) = U_{cem}\sin(\omega t - \pi) \tag{1-12}$$

从这里看出 u_{CE} 也包括两个分量，一个是直流分量 U_{CE}，另一个是按正弦规律变化的交流分量 u_{ce}，由于 C_2 的隔直作用，u_{CE} 的直流分量不能输出，而交流分量通过 C_2 作为放大器的输出，即

$$u_o = u_{ce} = U_{cem}\sin(\omega t - \pi) \tag{1-13}$$

这就是放大器的动态工作情况，电流、电压的波形如图 1-32 所示。

综合上面的分析可归纳如下：

1) 当放大器输入正弦交流信号 u_i 时，管子各极电流、电压均有两个分量，即直流分量 U_{BE}、I_B、U_{CE}、I_C 和交流分量 u_{be}、i_b、u_{ce}、i_c。后者是由输入电压控制产生的。如放大器工作在线性放大区，它们均是同频率的正弦波，说明波形没有失真。作为交流放大器，所关心的是电流、电压的交流成分间的关系。从图 1-33 中可看出，输入特性曲线的正常工作范围

比较陡，即使输入微弱的信号，也会产生较大的基极电流 i_b，且 i_c 又比 i_b 放大了 β 倍，i_c 通过 R_C 产生的压降就是输出电压 $u_o = u_{ce} = -i_c R_C$。只要 R_C 取得适当大，就可使 $U_{cem} \gg U_{im}$，因而把输入电压信号放大了许多倍。电压放大倍数 $A_U = \dfrac{U_{cem}}{U_{im}} = \dfrac{U_{om}}{U_{im}} = \dfrac{U_o}{U_i}$（$U_o$、$U_i$ 为有效值）。

2）从能量的观点来看，输入信号的能量是较小的，而输出信号能量较大。其实质是输入信号通过晶体管的控制作用，去控制电源 E_C 供给输出信号的能量。因此放大的实质就是以小能量控制大能量的转换过程。

3）在共射极接法下，输出电压与输入电压在相位上互差 $180°$，即两者相位相反，这就是共发射极放大器的"倒相"作用。

五、静态工作点与输出波形失真的关系

放大器要求不失真地放大输入信号，那么在什么情况下放大器才能不失真地放大信号呢？

1. 截止失真情况

如果图 1-32 中的电阻 R_B 取得很大，使 I_B 很小，则 I_C 也很小，而 $U_{CE} = U_{CC} - I_C R_C$ 较大，这时静态工作点在特性曲线上的位置很低，如图 1-34a 所示。当有信号 u_i 时，动态范围已进入输入特性的非线性区，i_b 波形的负半波被截去，已不是正弦波，因而导致 i_c、u_{ce}、u_o 均不是正弦波，这种失真是由于管子在动态工作时一度进入截止区造成的，因此把这种失真叫截止失真。为了避免这种失真，应设法提高静态工作点，即减小 R_B，使 I_B、I_C 增加，U_{CE} 减小。

2. 饱和失真情况

如果图 1-32 中的电阻 R_B 取得太小，使 I_B 很大，$I_C \approx I_{CS} = E_C/R_C < \beta I_B$，$U_{CE} \approx 0$，即静态工作点在特性曲线上的位置太高。有信号输入且 i_B 正半周时，由于管子已饱和，i_C 不能再增加，因而 i_c 正半波被截去，对应的 u_{ce}、u_o 被截去负半波，因而 i_c、u_{ce}、u_o 均不是正弦波。这种失真是由于管子在动态时进入了饱和区造成的，因此把它叫做饱和失真，如图 1-34b 所示。为了避免这种失真，应设法降低静态工作点，即增加 R_B，使 I_B、I_C 减小，U_{CE} 增加。

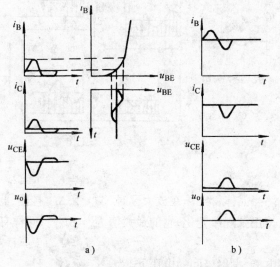

图 1-34 静态工作点对失真的影响

由此可见，放大器的输出波形是否失真与静态工作点有密切关系，一个放大器不失真放大的条件是：必须有合适的静态工作点，从而保证在输入信号的整个周期内，晶体管都工作在放大区。这说明选好静态工作点是晶体管不失真放大的基础。

*六、放大器的图解分析法

放大器可以用图解分析法来分析，图解法是利用晶体管的输入、输出特性，通过作图的方法来分析放大器的工作情况。下面简要介绍一下放大器负载开路时的图解分析。

1. 静态工作分析

（1）估算 I_B　从图 1-35a 电路图中可知

$$I_B = \frac{U_{CC} - U_{BE}}{R_B} \approx \frac{U_{CC}}{R_B} = 40\mu A$$

与静态量 I_B 相对应，有一个静态量 U_{BE}，如图 1-35b 所示。

（2）从输出特性曲线找静态量 I_C 及 U_{CE}　由于 $I_B = 40\mu A$，则晶体管中 I_C 与 U_{CE} 按 $40\mu A$ 那一条输出特性曲线变化，而外部电路方程为

$$U_{CE} = U_{CC} - I_C R_C$$

这是直线方程，可在输出特性的坐标内做出它的直线 AB（称直流负载线），I_C 与 U_{CE} 必须同时满足此关系，因此，它与 $40\mu A$ 输出特性曲线的交点 Q 就是静态工作点，对应的 $I_C = 1.5mA$，$U_{CE} = 6V$，如图 1-35c 所示。

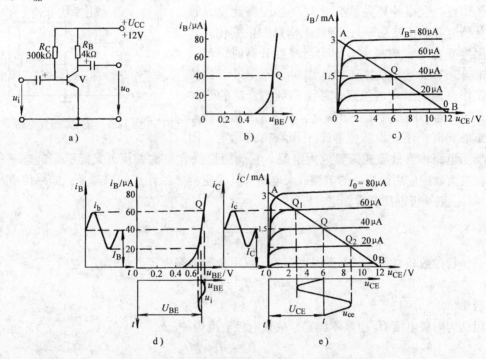

图 1-35　放大器的图解法

2. 动态工作分析

（1）从输入特性找 i_B 变化规律　设输入信号 $u_i = 0.02\sin\omega t$ V，则 $u_{BE} = U_{BE} + u_i$，通过作图（如图 1-35d 所示）可以看出，i_B 的变化范围为 $20 \sim 60\mu A$。由于处在输入特性曲线的线性区，故 i_b 随 u_i 按正弦规律变化，即 $i_b = 20\sin\omega t$ μA。

（2）从输出特性曲线找 i_C 和 u_{CE} 的变化规律　当 i_B 在 $20\mu A$ 到 $60\mu A$ 之间变化时，在输出端，晶体管工作在 $20\mu A$ 到 $60\mu A$ 间的一组输出特性曲线之间。当输出端开路时，外部电路部分 u_{CE} 与 i_C 的关系为 $u_{CE} = U_{CC} - i_C R_C$，这时工作点的变化轨迹与直流负载线 AB 重合。在 $i_B = 20\mu A$ 时，工作于 Q_2 点；在 $i_B = 60\mu A$ 时，工作在 Q_1 点，则随着 u_i 变化，工作点沿着 Q—Q_1—Q—Q_2—Q 往复变化，这就找到了 i_C 与 u_{CE} 的变化规律。由图 1-35e 中可见，i_C 的变化范围为 $0.75 \sim 2.25mA$，因此 $i_C = 0.75\sin\omega t$ mA；u_{CE} 的变化范围为 $3 \sim 9V$，因此 $u_o = u_{ce} = 3\sin(\omega t - \pi)$ V。

从这里可看出

$$\dot{A}_U = \frac{\dot{U}_{om}}{\dot{U}_{im}} = \frac{\dot{U}_o}{\dot{U}_i} = \frac{\dfrac{3}{\sqrt{2}} \angle -\pi}{\dfrac{0.02}{\sqrt{2}} \angle 0°} = -150$$

u_o 在相位上与 u_i 相差 180°。

由以上分析可以看出，各电量的变化情况与前面分析的结果完全一致。

七、静态工作点的稳定

在图 1-31 所示电路中，$I_B \approx U_{CC}/R_B$，U_{CC}、R_B 固定后，I_B 基本不变，因此这种放大电路
又称为固定偏置放大电路，调整 R_B 可获得一个合适的
静态工作点。但当外界条件变化时（如温度变化、管
子老化、电源电压波动等），会使工作点发生变化，其
中以温度变化的影响最大。因为当温度升高时，I_{CEO}、
β 增加，U_{BE} 减少，最终体现为 I_C 增加、U_{CE} 减小，致使
静态工作点偏离原来的位置，甚至移到不合适的饱和
区，使放大器不能正常工作。因此，在设置合适的静态
工作点的同时，还应设法使静态工作点得到稳定。图

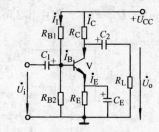

图 1-36　分压式偏置电路

1-36 所示电路称为分压式偏置放大电路，它既能提供合适的偏流，又能稳定静态工作点，
是交流放大器中应用最广泛的单级放大电路。其稳定静态工作点的原理是：如果使 R_{B1} 中电
流 $I_1 \gg I_B$，则基极电压基本固定，即

$$U_B \approx \frac{R_{B2}}{R_{B1} + R_{B2}} U_{CC} \tag{1-14}$$

它与晶体管参数基本无关，不受温度影响，仅由分压电路决定。此时有

$$U_{BE} = U_B - U_E = U_B - I_E R_E$$

若使

$$U_B \gg U_{BE}$$

就可以认为射极电压 U_E 也基本固定，故集电极电流为

$$I_C \approx I_E = \frac{U_B - U_{BE}}{R_E} \approx \frac{U_B}{R_E} \tag{1-15}$$

也基本固定，不受温度影响。

该电路稳定工作点的过程是：温度上升时，$I_C(I_E)$ 将增加，它在 R_E 上产生的压降 $I_E R_E$
也要增加，然后返回到输入回路去控制 U_{BE}，使 U_{BE} 减少（$U_{BE} = U_B - I_E R_E$），则 I_B 跟着减
少，结果牵制了 I_C 的增加，使 I_C 基本稳定。这种将输出量 I_C 通过 R_E 送回输入端的方法称
为反馈。显然 R_E 越大，稳定性越好，但 R_E 太大，晶体管会进入饱和区，因为

$$U_{CE} = U_{CC} - I_C R_C - I_E R_E \approx U_{CC} - I_C (R_C + R_E) \tag{1-16}$$

因此 R_E 数值应适当选取。

为使工作点稳定性好，I_1 愈大于 I_B、U_B 愈大于 U_{BE} 愈好，但为兼顾其他指标，一般选
取

$$I_1 = (5 \sim 10) I_B (硅管) \qquad I_1 = (10 \sim 20) I_B (锗管)$$

$$U_B = (3 \sim 5)\text{V}(硅管) \qquad U_B = (1 \sim 3)\text{V}(锗管)$$

R_E 的反馈作用稳定了静态电流 I_C，但它也使交流分量减小，即降低了交流放大倍数（见例 1-7）。为此可在 R_E 两端并联一个大电容 C_E（几十至几百微法），C_E 对交流分量可视为短路，称为交流旁路电容。

【练习与思考】

1-5-1 画出用 PNP 管组成固定偏置的放大电路图。

1-5-2 什么是静态工作点？放大器为什么要设置静态工作点？

1-5-3 为什么输出电压 U_o 的大小和集电极负载电阻 R_C 的大小有关，是否 R_C 愈大，U_o 也愈大？R_C 太大会出现什么问题？

1-5-4 有一硅管，$\beta = 100$，工作在图 1-30 所示的电路中，$I_C = 2mA$，$U_{CE} = 6V$，①当 $U_{CC} = 12V$ 时，求 R_C 和 R_B；②如果 $\beta = 40$ 时，R_B 值保持不变，计算 I_C 的数值。

[①3kΩ，600kΩ；②0.8mA]

1-5-5 在图 1-31 中，用直流伏特计测得的集电极对"地"电压和负载电阻 R_L 上的电压是否一样？用示波器观察集电极对"地"的交流电压波形和集电极电阻 R_C 及负载电阻 R_L 上的交流电压波形是否一样？分析原因。

第六节 微变等效电路分析法

在定量分析放大器的动态性能指标时，除采用图解法外，还可采用微变等效电路分析法。图解法便于分析大信号情况，微变等效电路分析法适用于分析小信号情况，例如，小信号电压放大器通常采用微变等效电路法分析动态性能指标。

一、晶体管的微变等效电路

晶体管的输入、输出特性是非线性的，当信号电压很小时，晶体管工作在特性曲线的一个小范围内。这时可把此范围的曲线近似视为一段直线，这样就可用线性电路元件来等效代替晶体管这个非线性元件，从而可以用分析线性电路的方法来分析晶体管放大电路。

图 1-37a 所示晶体管是一个三端元件，在放大器里，总是接成双口网络形式，即它必有输入口与输出口。用微变等效电路表示晶体管，就是要找到等效的电路元件来分别表示输入口与输出口的电流电压关系。当然，用该电路分析出的结果必须与用特性曲线分析出的结果相同。下面就从三极管的特性曲线找其微变等效电路。

1. 输入端口的微变等效电路

从输入端口 BE 来看，伏安关系就是输入特性，在 $u_{CE} \geqslant 1V$ 时，输入特性曲线基本上是重合

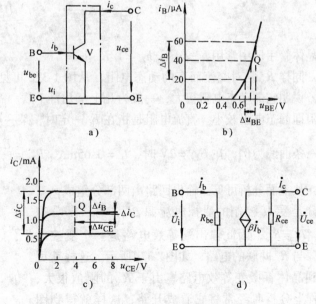

图 1-37 晶体管的等效电路

的一根。在静态工作点 Q 附近，输入信号 Δu_{BE} 的微小变化会引起 Δi_B 的变化，在这段范围内 Δi_B 与 Δu_{BE} 可视作按线性规律变化，如图 1-37b 所示，即 Δu_{BE} 与 Δi_B 成正比，其比值是一个常数，用 R_{be} 来表示，在晶体管手册中也用 h_{ie} 来表示，称为晶体管的输入电阻，即

$$R_{be} = \frac{\Delta u_{BE}}{\Delta i_B}\bigg|_{u_{CE} = 常数}$$

当输入信号是正弦量时，微变量就是此正弦交流量，上式可写成

$$R_{be} = \frac{\dot{U}_{be}}{\dot{I}_{be}} \tag{1-17}$$

因此输入端口等效电路是一个电阻 R_{be}，如图 1-37d 所示。R_{be} 就是基射极之间的输入信号电压与基极信号电流的有效值之比，其数值等于输入特性曲线在静态工作点 Q 处切线斜率的倒数。如图 1-37b 所示，对于不同的静态工作点，R_{be} 的数值大小是不一样的。

对低频小功率管，工程上常用下式估算它的输入电阻，即

$$R_{be} = 300\Omega + (1 + \beta)\frac{26mV}{I_E(mA)} \tag{1-18}$$

式中，I_E 为发射极电流的静态值。一般 R_{be} 为几百欧到几千欧，是对交流而言的动态电阻。

2. 输出端口的微变等效电路

从输出端口 CE 来看，伏安关系就是输出特性。如前所述，当晶体管工作在放大区时，输出特性曲线近似为一组与横轴平行的直线，Δi_C 受 Δi_B 控制，且 $\Delta i_C = \beta \Delta i_B$。可见它是一个受基极电流控制的电流源，称受控电流源。β 就是前面所讲的晶体管电流放大系数，在晶体管手册中也用 h_{fe} 来表示。对于正弦交流小信号，可用 $\dot{I}_c = \beta \dot{I}_b$ 来表示。

实际的输出特性曲线，在 i_B 一定时，随 u_{CE} 增加，i_C 稍有增加，且在放大区 Δi_C 和 Δu_{CE} 也是按线性规律变化的，即 Δi_C 和 Δu_{CE} 成正比，其比例常数可用 R_{ce} 来表示，即

$$R_{ce} = \frac{\Delta u_{CE}}{\Delta i_C}\bigg|_{i_B = 常数} = \frac{\dot{U}_{ce}}{\dot{I}_c} \tag{1-19}$$

在晶体管手册中常用 h_{oe} 表示，$h_{oe} = 1/R_{ce}$。

同样 R_{ce} 是对交流而言的动态电阻，从图 1-37c 可见，在 Δu_{CE} 变化较大时，Δi_C 变化很小。说明它的动态电阻很大，一般为几十至几百千欧。需要指出，晶体管 C、E 之间的直流电阻即静态电阻较小。直流电阻是指在 I_B 一定时，某一点的 U_{CE} 与 I_C 之比。以图 1-37c 最下面一条曲线为例，在 $U_{CE} = 2V$ 时，$I_C = 0.65mA$，$R_{CE} = \dfrac{U_{CE}}{I_C}\bigg|_{I_B = 常数} = \dfrac{2V}{0.65mA} = 3.07k\Omega$。

从上面分析可见，输出回路由两部分组成，一部分是受 $\dot{I}_b$ 控制的受控电流源 $\beta\dot{I}_b$，另一部分是 $\dot{U}_{CE}/\dot{I}_C = R_{ce}$，因此输出端等效电路是一个受控电流源与 R_{ce} 并联的电路，如图1-37d所示。这样就可得到晶体管微变等效电路。由于 R_{ce} 的阻值很大，工程上分析时经常将它看成开路，这样就得到图1-38 所示的晶体管简化微变等效电路。

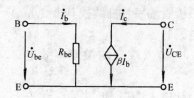

图 1-38 晶体管简化
微变等效电路

使用微变等效电路时应注意以下几点：

1）它只能用来分析计算交流分量，不能用来计算静态工作点。

2）图 1-38 中的电流、电压方向均是参考方向，根据晶体管的工作原理，当 $\dot{I}_b$ 的流向与假定参考方向相同时，则受控电流源 $\beta\dot{I}_b$ 的流向是由集电极流向发射极，如图 1-38 中箭头所示，所以等效电流源 $\beta\dot{I}_b$ 的方向是由 $\dot{I}_b$ 的方向来决定的，不能随意假定，否则会得出错误的结果。

二、放大电路的微变等效电路

有了晶体管的微变等效电路，就可以方便地得到放大电路的微变等效电路。首先画出放大电路的交流通路，它是表示交流分量传递路径的。图 1-39a 的交流通路如图 1-39b 所示。画交流通路的原则是：①图 1-39a 中的隔直电容 C_1 和 C_2 都看作短路；②电源 U_{CC} 的内阻很小，也可看作短路。将交流通路中的晶体管用其微变等效电路代替后，就可得到整个放大电路的微变等效电路，如图 1-39c 所示。

三、放大电路的动态性能分析

画出微变等效电路以后，就可用分析线性电路的方法，计算放大器的主要动态性能指标：电压放大倍数 A_U、输入电阻 R_i 和输出电阻 R_o。

1. 电压放大倍数

根据电压放大倍数的定义，由图 1-39c 可得

$$\dot{A}_U = \frac{\dot{U}_o}{\dot{U}_i} = \frac{-\beta\dot{I}_b R_L'}{\dot{I}_b R_{be}} = -\frac{\beta R_L'}{R_{be}} \qquad (1\text{-}20)$$

其中 $R_L' = R_C /\!/ R_L$，称为放大器的交流等效负载电阻，式中负号表示输出与输入电压反相。

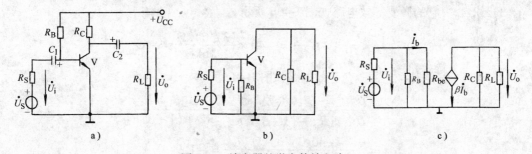

图 1-39　放大器的微变等效电路

【例 1-7】　在图 1-40a 中，若晶体管为 3DG100，已知在工作点处 $\beta = 40$，设 $U_{BE} = 0.7\text{V}$。

1）计算放大倍数 $\dot{A}_U = \dot{U}_o / \dot{U}_i$。

2）若 C_E 开路，计算此时电压放大倍数。

解　1）确定静态工作点。

$$U_B \approx \frac{R_{B2}}{R_{B1} + R_{B2}} U_{CC} = \frac{7.5\text{k}\Omega}{(39 + 7.5)\text{k}\Omega} \times 12\text{V} = 1.94\text{V}$$

$$I_C \approx I_E = \frac{U_B - U_{BE}}{R_E} = \frac{(1.94 - 0.7)\text{V}}{1\text{k}\Omega} = 1.24\text{mA}$$

$$I_B = \frac{I_C}{\beta} = \frac{1.24\text{mA}}{40} \approx 0.040\text{mA} = 31\mu\text{A}$$

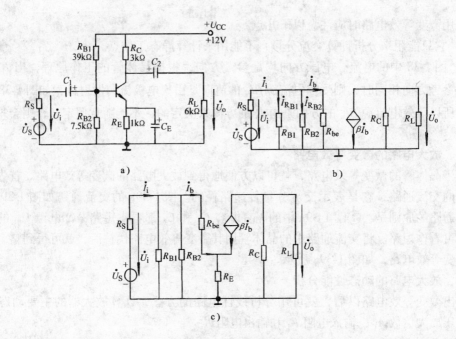

图 1-40　例 1-7 图

$$U_{CE} \approx U_{CC} - I_C(R_C + R_E) = 12V - 1.24(1 + 3)V = 7.04V$$

2）求 R_{be}。

$$R_{be} = 300\Omega + (1 + \beta)\frac{26mA}{I_E} \approx 300\Omega + (1 + 40)\frac{26mA}{1.24mA} \approx 1160\Omega = 1.16k\Omega$$

3）求 $\dot{A}_U$。它的微变等效电路如图 1-40b 所示。

$$\dot{A}_U = \frac{\dot{U}_o}{\dot{U}_i} = -\beta\frac{R'_L}{R_{be}} = -40 \times \frac{(3//6)k\Omega}{1.16k\Omega} \approx -69$$

4）当 C_E 开路时，它的微变等效电路如图 1-40c 所示。

$$\dot{A}'_U = \frac{\dot{U}_o}{\dot{U}_i} = \frac{-\beta\dot{I}_b(R_C//R_L)}{\dot{I}_b R_{be} + (1 + \beta)\dot{I}_b R_E} = \frac{-\beta(R_C//R_L)}{R_{be} + (1 + \beta)R_E}$$

$$= \frac{-40(3//6)k\Omega}{[1.16 + (1 + 40) \times 1]k\Omega} = -1.9$$

可见在 C_E 开路时，电路的电压放大能力大大减小，因而在分压式放大电路中，通常需加旁路电容 C_E。

2. 计算输入电阻及输出电阻

（1）概念　当输入信号电压加到放大器输入端时，放大器相当于信号源的一个负载，这个负载电阻也就是放大器的输入电阻，即

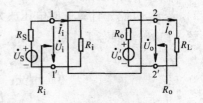

$$R_i = \frac{\dot{U}_i}{\dot{I}_i} \qquad (1-21)$$

R_i 的大小影响实际加于放大器输入端信号的大小，从图 1-41 中可见 $\dot{U}_i$ 要比 $\dot{U}_S$ 小，即

图 1-41　放大器的输入和输出电阻

$$\dot{U}_{i} = \frac{R_{i}}{R_{S} + R_{i}} \dot{U}_{S} \tag{1-22}$$

说明输入电压受到一定的衰减。R_i 越大，衰减越小；同时，放大器从信号源取用的电流越小，信号源的负担越轻。因此通常要求放大器的输入电阻高一些。

放大器的输出端对负载 R_L 供电，因此整个放大器可看成是一个内阻为 R_o 和一个开路电压为 $\dot{U}_o'$ 的电压源，如图 1-41 所示。这个等效电压源的内阻 R_o 就是放大器的输出电阻，$\dot{U}_o'$ 就是放大器开路时的输出电压。由于输出电流 $\dot{I}_o$ 在 R_o 上产生压降，因此 $\dot{U}_o$ 小于 $\dot{U}_o'$。R_o 越小，带负载后输出电压 $\dot{U}_o$ 下降越小，即放大器受负载影响小，说明放大器带负载的能力强，因此通常要求输出电阻小一些。显然输入电阻、输出电阻均是对交流信号而言的，因此是动态电阻。

（2）输入电阻、输出电阻的计算　利用图 1-40b 的微变等效电路，根据输入电阻的定义

$$R_{i} = \dot{U}_{i} / \dot{I}_{i}$$

$$\dot{I}_{i} = \dot{I}_{R_{B1}} + \dot{I}_{R_{B2}} + \dot{I}_{b} = \frac{\dot{U}_{i}}{R_{B1}} + \frac{\dot{U}_{i}}{R_{B2}} + \frac{\dot{U}_{i}}{R_{be}}$$

所以

$$R_{i} = R_{B1} /\!/ R_{B2} /\!/ R_{be}$$

根据戴维南定理，计算等效电源的内阻即放大器的输出电阻时，应将信号电压源 $\dot{U}_S$ 短路，负载 R_L 开路，其等效电路如图 1-42 所示。此时 $\dot{U}_S = 0$，$\dot{I}_b = 0$，$\beta\dot{I}_b = 0$，所以

$$R_{o} \approx R_{C}$$

【例 1-8】　与例 1-7 的电路参数相同，如果 $R_S = 500\Omega$，求 $\dot{A}_{US} = \dfrac{\dot{U}_o}{\dot{U}_S}$。

解　1）由于电路参数与例 1-7 相同，故本题的静态工作点和 R_{be} 与例 1-7 相同。

2）求 $\dot{A}_{US}$。考虑信号源内阻时

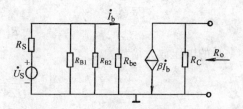

图 1-42　求共射极放大电路输出电阻

$$\dot{U}_{i} = \frac{R_{i}}{R_{S} + R_{i}} \dot{U}_{S}$$

$$R_{i} = R_{B1} /\!/ R_{B2} /\!/ R_{be} = 39\text{k}\Omega /\!/ 7.5\text{k}\Omega /\!/ 1.16\text{k}\Omega = 0.98\text{k}\Omega$$

$$\dot{A}_{US} = \frac{\dot{U}_{o}}{\dot{U}_{S}} = \frac{\dot{U}_{i}}{\dot{U}_{S}} \frac{\dot{U}_{o}}{\dot{U}_{i}} = \frac{R_{i}}{R_{S} + R_{i}} \left(-\beta \frac{R_{L}'}{R_{be}} \right) = \frac{0.98\text{k}\Omega}{(0.5 + 0.98)\text{k}\Omega} \times (-69) = -45.7$$

第七节　多级放大器及频率特性

一、阻容耦合多级放大器

在实际应用中，一级放大器的放大倍数是有限的，为了使微弱的信号得到足够的放大，常常将几级放大器连接起来构成多级放大器。常用的级间耦合方式有阻容耦合、变压器耦合和直接耦合三种，这里介绍阻容耦合多级放大器。图 1-43a 所示为两级阻容耦合放大器，前后级间通过电容 C_2 连接起来，将第一级放大后的交流信号电压 $\dot{U}_{o1}$ 传送到第二级继续进行放大。同时又把前后级间的直流电隔开，使各级静态工作点互不影响。

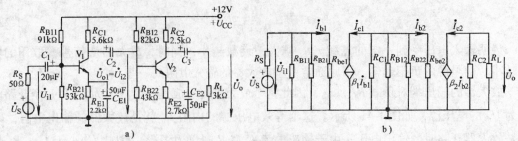

图 1-43　两级阻容耦合放大电路

阻容耦合多级放大器的静态工作点的分析计算与单级放大器完全一样，因此无需讨论。它的动态性能分析可采用微变等效电路。图 1-43b 为两级阻容耦合电压放大器的微变等效电路，第二级的输入电阻 R_{i2} 就是第一级的负载电阻。

由图可知，第一级的电压放大倍数为

$$\dot{A}_{U1} = \frac{\dot{U}_{o1}}{\dot{U}_{i1}} = -\beta \frac{R'_{L1}}{R_{be1}}$$

$$R'_{L1} = R_{C1} /\!/ R_{i2}$$

$$R_{i2} = R_{B12} /\!/ R_{B22} /\!/ R_{be2}$$

第二级的电压放大倍数为

$$\dot{A}_{U2} = \frac{\dot{U}_o}{\dot{U}_{i2}} = -\beta_2 \frac{R'_L}{R_{be2}}$$

$$R'_L = R_{C2} /\!/ R_L$$

总的电压放大倍数为

$$\dot{A}_U = \frac{\dot{U}_o}{\dot{U}_{i1}} = \frac{\dot{U}_{o1}}{\dot{U}_{i1}} \frac{\dot{U}_o}{\dot{U}_{i2}} = \dot{A}_{U1} \dot{A}_{U2} \tag{1-23}$$

同理，n 级放大器总的电压放大倍数为各级电压放大倍数的连乘积。在计算多级放大器的输入电阻时，输入级的输入电阻就是整个多级放大器的输入电阻。同样，输出级的输出电阻就是整个多级放大器的输出电阻。

【例 1-9】　按图 1-43 中给定的参数，并设 $\beta_1 = \beta_2 = 50$，$R_{be1} = 1.4\text{k}\Omega$，$R_{be2} = 1.3\text{k}\Omega$。

1）计算第一级的静态工作点。

2）计算 $\dot{A}_U$、R_i、R_o。

解　1）第一级静态工作点：

$$U_{B1} \approx \frac{R_{B21}}{R_{B11} + R_{B21}} U_{CC} = \frac{33\text{k}\Omega}{(91+33)\text{k}\Omega} 12\text{V} = 3.2\text{V}$$

$$I_{E1} = \frac{U_{B1} - U_{BE1}}{R_{E1}} = \frac{(3.2 - 0.7)\text{V}}{2.2\text{k}\Omega} = 1.18\text{mA} \approx I_{C1}$$

$$I_{B1} = \frac{I_{C1}}{\beta_1} = \frac{1.18\text{mA}}{50} \approx 23.6\mu\text{A}$$

$$U_{CE1} \approx U_{CC} - I_{C1}(R_{C1} + R_{E1}) = 12\text{V} - 1.18\text{mA}(5.6+2.2)\text{k}\Omega = 2.8\text{V}$$

2）计算 $\dot{A}_U$、R_i、R_o：

$$R_{i2} = R_{B12} /\!/ R_{B22} /\!/ R_{be2} = (82 /\!/ 43 /\!/ 1.3)\text{k}\Omega \approx 1.24\text{k}\Omega$$

$$R'_{L1} = R_{C1} /\!/ R_{i2} = (5.6 /\!/ 1.24)\text{k}\Omega = 1\text{k}\Omega$$

$$\dot{A}_{U1} = -\beta_1 \frac{R'_{L1}}{R_{be1}} = -50 \times \frac{1\text{k}\Omega}{1.4\text{k}\Omega} = -35.7$$

$$\dot{A}_{U2} = -\beta_2 \frac{R'_{L}}{R_{be2}} = -50 \times \frac{(2.5/\!/3)\text{k}\Omega}{1.3\text{k}\Omega} = -52.4$$

两级总电压放大倍数

$$\dot{A}_{U} = \dot{A}_{U1}\dot{A}_{U2} = (-35.7) \times (-52.4) \approx 1870(\text{倍})$$

$$R_i = R_{i1} = R_{B11} /\!/ R_{B21} /\!/ R_{be1} = (91/\!/33/\!/1.4)\text{k}\Omega = 1.32\text{k}\Omega$$

$$R_o = R_{o2} = R_{C2} = 2.5\text{k}\Omega$$

从上面计算可知：

1）多级放大器的分析计算是在单级放大器的分析计算基础上进行的，在计算各级放大倍数时，必须注意后一级放大器的输入电阻为前一级的负载电阻。

2）多级放大器总的电压放大倍数等于各级电压放大倍数的连乘积。

二、放大器的频率特性

实际放大器的输入信号往往不是单一频率的正弦波，而是有一定频率范围。例如，广播中的语言和音乐信号一般在 20Hz ~ 200kHz 的频率范围内；工业控制系统中，信号的频率范围常在 0 ~ 1000kHz 之间。但在放大电路中存在着电容（或电感）元件，由于它们在各种频率时的电抗值是不同的，因而对不同频率的信号，放大器的放大倍数 A_U 和输出电压与输入电压间的相位差是不一样的。

放大器的频率特性是指：$\dot{A}_U = A_U(f) \underline{/\varphi(f)}$，其中 A_U 随 f 变化的特性 $A_U(f)$ 称幅频特性，φ 随 f 变化的特性 $\varphi(f)$ 称相频特性。

下面以基本放大电路为例来介绍频率特性。在图 1-44a 电路中存在耦合电容 C_1、C_2，它们的数值一般是几十微法。由于 C_1、C_2 的作用相同，为使讨论问题简便，下面只考虑 C_1，并设 $C_1 = 20\mu\text{F}$。此外，在晶体管中还存在 PN 结的结电容、电路元件和连接导线对地的分布电容及后一级放大器的输入电容等，它们一起统用一个等效电容 C_o 来表示，并可视作与输出端并联。它的数值很小，一般为几百皮法，设 $C_o = 100\text{pF}$。

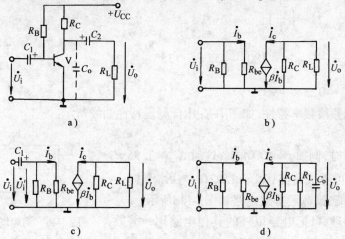

图 1-44　单级放大器不同频段等效电路

1. 中频段

由于容抗 $X_C = 1/(2\pi fC)$，随着信号频率的变化而变化。对于中频频率，如 $f = 1000\text{Hz}$，$X_{C1} = 1/(2\pi fC_1) \approx 7.96\Omega$，$R_i \approx R_{be}$，大约在几百至几千欧，因此 $R_i \gg X_{C1}$，可将电容 C_1 看成短路；$X_{Co} = 1/(2\pi fC_o) = 1592\text{k}\Omega$，而 $R_L' = R_C /\!/ R_L$，大约几千欧，$X_{Co} \gg R_L'$，可将 C_o 看成开路，就可得到中频段的等效电路，如图 1-44b 所示。它的放大倍数

$$\dot{A}_{UM} = -\beta \frac{R_L'}{R_{be}} = \beta \frac{R_L'}{R_{be}} \angle -180°$$

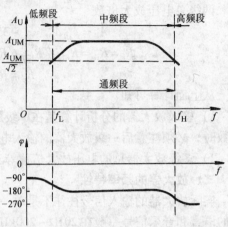

可以认为在中频段放大倍数与频率无关。放大倍数等于常数，其值为 $\beta R_L'/R_{be}$，而 $\dot{U}_o$ 在相位上与 $\dot{U}_i$ 相差 $180°$，也与频率基本无关，如图 1-45 所示。

2. 低频段

输入低频信号时，如 $f = 10\text{Hz}$，这时 $X_{C1} = 796\Omega$，它与 R_i 是同一个数量级，这时 C_1 的影响就不能忽略。$X_{Co} = 159.2\text{M}\Omega$，比中频时更大，因而仍可看成开路，低频段的等效电路如图 1-44c 所示。从图中可得出它的放大倍数为

图 1-45 单级放大器频率特性

$$\dot{A}_{UL} = \frac{\dot{U}_o}{\dot{U}_i} = \frac{\dot{U}_i'}{\dot{U}_i} \frac{\dot{U}_o}{\dot{U}_i'} = \frac{\dot{U}_i'}{\dot{U}_i} \dot{A}_{UM} = \frac{R_i}{R_i - j\dfrac{1}{2\pi fC_1}} \dot{A}_{UM} = \frac{1}{1 - j\dfrac{1}{2\pi fR_iC_1}} \dot{A}_{UM}$$

$$= \frac{1}{1 - j\dfrac{f_L}{f}} A_{UM} \angle -180° = \frac{A_{UM}}{\sqrt{1 + \left(\dfrac{f_L}{f}\right)^2}} \Big/ -180° + \arctan\frac{f_L}{f} \tag{1-24}$$

式中，$R_i = R_B /\!/ R_{be}$，$f_L = 1/(2\pi R_iC_1)$。

从式 (1-24) 中可以看出

当 $f \gg f_L$ 时，$A_U = \dfrac{A_{UM}}{\sqrt{1 + \left(\dfrac{f_L}{f}\right)^2}} \approx A_{UM}$，$\varphi = -180° + \arctan\dfrac{f_L}{f} \approx -180°$

当 $f = f_L$ 时，$A_U = \dfrac{A_{UM}}{\sqrt{2}}$，$\varphi = -180° + 45° = -135°$

当 $f \ll f_L$ 时，$A_{UL} \to 0$，$\varphi \to -90°$

这就找出了低频段频率特性，如图 1-45 中低频段特性曲线所示。

3. 高频段

输入高频信号时，例如 $f = 1000\text{kHz}$，这时 $X_{C1} = 7.96 \times 10^{-3}\Omega$，与 R_i 相比可看成短路，$X_{Co} = 1592\Omega$，与 R_L' 是同一数量级，C_o 不可忽略，高频段等效电路如图 1-44d 所示。

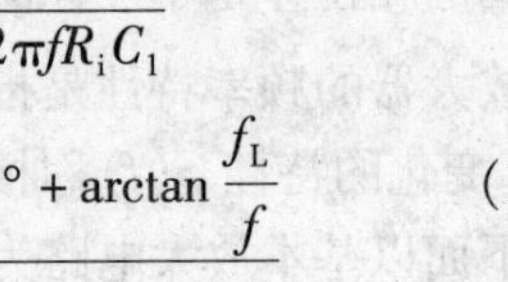

根据戴维南定理，可把电容以外的其他电路用一等效电压源替代，如图 1-46 所示。其中电压 $\dot{U}_o' = \dot{A}_{UM}\dot{U}_i$，电阻 $R_L' = R_C /\!/ R_L$。由图 1-46 可见

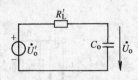

图 1-46 高频段戴维南定理

$$\dot{A}_{UH} = \frac{\dot{U}_o}{\dot{U}_i} = \frac{\dfrac{\dfrac{1}{j2\pi fC_o}}{R'_L + \dfrac{1}{j2\pi fC_o}}\dot{U}'_o}{\dot{U}_i}$$

将 $\dot{U}'_o = \dot{A}_{UM}\dot{U}_i$ 代入上式,可以得出

$$\dot{A}_{UH} = \frac{A_{UM}}{\sqrt{1 + \left(\dfrac{f}{f_H}\right)^2}} \left/ -180° - \arctan\frac{f}{f_H} \right. \tag{1-25}$$

式中,$f_H = 1/(2\pi C_o R'_L)$。

由此可以看出

当 $f \ll f_H$ 时,$A_U = \dfrac{A_{UM}}{\sqrt{1 + \left(\dfrac{f}{f_H}\right)^2}} \approx A_{UM}$,$\varphi = -180° - \arctan\dfrac{f}{f_H} \approx -180°$

当 $f = f_H$ 时,$A_U = \dfrac{A_{UM}}{\sqrt{2}}$,$\varphi = -225°$

当 $f \gg f_H$ 时,$A_U \to 0$,$\varphi \to -270°$

这就找出了高频段频率特性,如图 1-45 中高频段特性曲线所示。

在工程上规定,当频率下降使放大倍数下降到中频放大倍数的 $1/\sqrt{2}$ 时,对应的低频频率称下限频率 f_L;当频率上升使放大倍数下降到中频放大倍数的 $1/\sqrt{2}$ 时,对应的高频频率称为上限频率 f_H。f_H 与 f_L 之差称为放大器的通频带。

由图 1-45 中可看出:放大器对不同频率的信号放大倍数不一样,即不能同等放大,因而当输入信号含有丰富的频率成分时,就会使输出信号的波形与输入信号的波形不一样而产生失真,这种失真称频率失真。如果放大器的通频带很窄,则对信号的高频、低频分量衰减很大,则放大后的信号必然产生明显的频率失真,因此实际应用中,对放大器的通频带是有一定要求的。

第八节　共集电极放大电路(射极输出器)

图 1-47 是共集电极放大电路的原理图,图 1-48 是它的微变等效电路。由微变等效电路可见:输入信号 $\dot{U}_i$ 加在基极和地(集电极)之间,而输出信号 $\dot{U}_o$ 从发射极和地之间取出,所以集电极是输入、输出回路的公共端,因此这种电路是共集电极接法。信号从发射极输出,故又称为射极输出器。

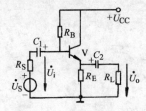

图 1-47　射极输出器

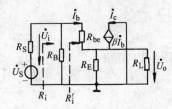

图 1-48　射极输出器的微变等效电路

一、静态工作点的计算

根据图 1-47，在静态时 C_1、C_2 看成开路，可列出基极回路的方程式

$$U_{CC} = I_B R_B + U_{BE} + U_E$$

式中，U_E 表示发射极与地之间的直流电压。

$$U_E = I_E R_E = (1 + \beta) I_B R_E$$

所以

$$I_B = \frac{U_{CC} - U_{BE}}{R_B + (1 + \beta) R_E} \tag{1-26}$$

$$I_C = \beta I_B$$

$$U_{CE} = U_{CC} - I_C R_E$$

二、动态性能指标的计算

1. 电压放大倍数

根据图 1-48 微变电路可得出

$$\dot{A}_U = \frac{\dot{U}_o}{\dot{U}_i}$$

$$\dot{U}_o = (1 + \beta) \dot{I}_b R_L'$$

$$\dot{U}_i = \dot{I}_b R_{be} + (1 + \beta) \dot{I}_b R_L'$$

$$\dot{A}_U = \frac{\dot{U}_o}{\dot{U}_i} = \frac{(1 + \beta) R_L'}{R_{be} + (1 + \beta) R_L'} \tag{1-27}$$

其中 $R_L' = R_E /\!/ R_L$。

一般 $(1 + \beta) R_L' \gg R_{be}$，故射极输出器电压放大倍数接近于 1 而略小于 1。由于 $\dot{U}_o = \dot{U}_i - \dot{U}_{be}$，因此电压 $\dot{U}_o$ 总是略小于输入电压 $\dot{U}_i$，而且 $\dot{U}_o$ 与 $\dot{U}_i$ 同相，因此射极输出器又称射极跟随器。它虽然没有电压放大作用，但因 $I_c = \beta I_b$，故仍具有电流放大和功率放大作用。

2. 输入电阻

由图 1-48 输入端可得

$$R_i' = \frac{\dot{U}_i}{\dot{I}_b} = \frac{\dot{I}_b R_{be} + (1 + \beta) \dot{I}_b R_L'}{\dot{I}_b} = R_{be} + (1 + \beta) R_L' \tag{1-28}$$

所以

$$R_i = R_B /\!/ R_i'$$

由此可见，与共射极放大电路比较，它的输入电阻高得多，可达几千欧到几百千欧。

3. 输出电阻

根据戴维南定理应将信号电压源短路、负载电阻开路来求输出电阻。因该电路有受控电流源，可采用在输出端外加电压 $\dot{U}_o$ 的方法来求得 R_o，即

$$R_o = \frac{\dot{U}_o}{\dot{I}}$$

由图 1-49 可知

$$\dot{I} = -\dot{I}_b + \dot{I}_{RE} - \beta \dot{I}_b$$

$$\dot{I}_{RE} = \frac{\dot{U}_o}{R_E}$$

$$\dot{I}_b = \frac{-\dot{U}_o}{R_{be} + R_S'} \qquad R_S' = R_S /\!/ R_B$$

则可得出输出电阻

$$R_o = R_E /\!/ \frac{R_S' + R_{be}}{1 + \beta} \tag{1-29}$$

这说明射极输出器输出电阻很低，其值约为几十至几百欧范围内。例如，当 $\beta = 50$，$R_{be} = 1k\Omega$，$R_S = 50\Omega$，$R_B = 100k\Omega$ 时，可算得 $R_o = 21\Omega$。

射极输出器具有输入电阻高和输出电阻低的特点，使它在各种电子线路中获得极为广泛的应用。例如，可作多级放大器的输入级，以减轻信号源的负担，尤其在需要输入阻抗高的测量仪器中，采用射极输出器作输入级，可减小仪器接入时对被测电路产生的影响，提高测量精度。射极输出器也可用作多级放大器的输出级，以提高带负载的能力；还

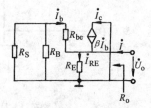

图 1-49　计算输出电阻电路

可用作多级放大器的中间级，隔离前后级间的影响，这时称它为缓冲级，利用其输入电阻高、输出电阻低来作阻抗变换。

第九节　光 耦 合 器

一、基本结构和工作原理

光耦合器是一种光电结合的半导体器件，它是将一个发光二极管和一个光电管（光敏二极管或光敏晶体管）封装在同一管壳内组成的，其符号如图 1-50 所示。图中左边是发光二极管，右边是光敏晶体管。

当在光耦合器的输入端加上适当的电压信号时，发光二极管发光，光电管受到光照后产生光电流，由输出端引出，于是实现了电-光-电的传输和转换。

二、电流传输比 *CTR*

CTR 是在直流工作状态下，光耦合器的输出电流 I_L 与输入电流 I_F 之比，即

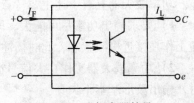

图 1-50　光耦合器符号

$$CTR = \frac{I_L}{I_F}$$

它的大小反映光耦合器传输效率的高低，在不加复合管时，*CTR* 总是小于 1。

三、应用举例

光耦合器的主要特点是：以光为媒介实现电信号传输，输入端与输出端在电气上是绝缘的，因此能有效地抗干扰、隔噪声。此外，它还具有响应速度快、工作稳定可靠、寿命长、传输信号失真小、工作频率高等优点，同时具有完成电平转换、实现电位隔离等功能。因此，它在电子技术中已得到越来越广泛的应用。

图 1-51 是光耦合器组成线性电路应用的例子。图中光耦合器工作在线性区，可以不失真地传输交流信号。为了实现输入和输出回路的电气上隔离，达到抗干扰目的，常要求两个

回路的接地端分开。

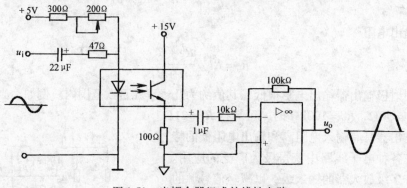

图 1-51　光耦合器组成的线性电路

第十节　互补对称功率放大电路

一、功率放大器的一般概念

在科学实验和生产实践中，常常要求电子设备或放大器最后一级能带动一定的负载。例如，使扬声器的音圈振动发出声音，推动电动机旋转，使继电器或记录仪表动作，在雷达显示器或电视机中使光点随信号偏转等都要求放大器能输出一定的信号功率，因此，通常将这最后一级称为功率放大器。

放大电路实质上是能量转换电路，从能量控制的观点来看，功率放大器和电压放大器没有本质区别，但是功率放大器和电压放大器完成的任务是不同的。电压放大器主要把微弱的电信号不失真地放大，讨论的主要指标是电压放大倍数等，其输出功率并不一定大。而功率放大器则不同，它要求获得足够大的不失真功率去直接驱动负载，通常是在大信号状态下工作。功率放大器具有下述主要特点：

1）要求输出功率尽可能大，即输出交流电压和交流电流都要有足够大的幅度。管子往往工作在接近极限状态，此时需注意使管子参数不超过极限参数。

2）功率放大器工作在大信号情况下，动态范围大，容易产生失真，要求输入为正弦波时，输出波形基本不失真。

3）由于它输出功率大，则消耗在电路内的能量和电源提供的能量也大，这就要求提高效率。所谓效率，就是负载得到的交流信号功率 P_o 和电源提供的直流功率 P_E 的比值，即

$$\eta = \frac{P_o}{P_E}$$

效率、失真和输出功率是功率放大要考虑的主要问题。首先讨论效率问题。

根据对晶体管静态工作点设置的不同，功率放大电路分为甲类、乙类和甲乙类三种工作状态，如图 1-52 所示。在图 1-52a 中，放大器集电极静态电流 I_C 大于或等于交流分量的最大值 I_{cm}，即 $I_C \geq I_{cm}$，这种工作状态称甲类。甲类放大时，电源提供的功率 $P_E = I_C U_{CC}$ 是固定不变的。在没有输入信号时，这些功率全部消耗在晶体管和电阻中；而当有信号输入时，其中一部分转化为交流输出功率 $P_o = I_{cm} U_{cem}/2$，信号愈大，转化的交流输出功率愈大，其效率也愈高。可以证明，在理想情况下，甲类放大器的效率最高只能达到 50%，因此说甲类放

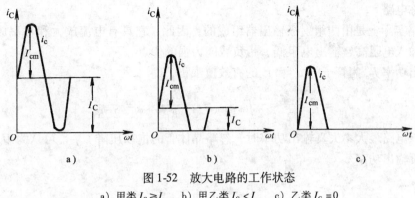

图 1-52　放大电路的工作状态

a）甲类 $I_C \geqslant I_{cm}$　b）甲乙类 $I_C < I_{cm}$　c）乙类 $I_C = 0$

大效率较低。

在 U_{CC} 一定的条件下，甲类放大效率低的原因是由于静态电流 I_C 较大。为提高效率，可降低静态电流 I_C，如图 1-52b 所示，这种工作情况 $I_C < I_{cm}$，称为甲乙类工作状态。若将静态电流降低到 $I_C \approx 0$，则管耗更小，如图 1-52c 所示，这称为乙类工作状态。在理想情况下，乙类工作状态的效率可提高到 78.5%。

功率放大器工作在甲乙类或乙类时，虽然可提高效率，但会产生严重的失真。为解决这一问题，又设计出互补对称功率放大电路。

二、双电源互补对称功率放大电路（OCL⊖电路）

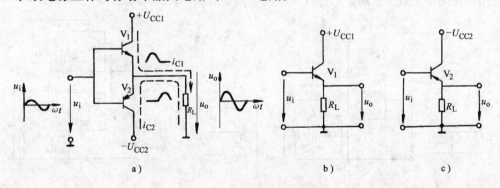

图 1-53　OCL 功率放大电路

图 1-53 所示为 OCL 电路。图 1-53a 中，$+U_{CC1}$ 和 $-U_{CC2}$ 分别是由两个电源提供的电压；V_1、V_2 分别为 NPN 管和 PNP 管，两管的基极和发射极分别连接在一起，信号从基极输入，从射极输出，R_L 为负载。该电路可看成是由图 1-53b、c 两个射极输出器组合而成。显然，每个管子均无直流偏置，故静态时两管基本上都无电流。当有信号 u_i 输入时，在正半周时，V_1 导通，V_2 截止，电流 i_{C1} 自 $+U_{CC1}$ 经 V_1 流过负载 R_L 到地。在负半周时，V_1 截止，V_2 导通，电流 i_{C2} 自地经 R_L、V_2 流到 $-U_{CC2}$。每当输入信号交变一周，V_1 和 V_2 轮流导通半周，i_{C1} 和 i_{C2} 流过 R_L 方向正好相反，因而在负载上合成了一个完整的波形。但对每个管子来说都只导通了半个周期。这种电路是利用两只性能对称的 NPN 和 PNP 管交替工作，互相补足，

⊖　OCL 是 Output Capacitorless（无输出电容器）的缩写。

故称互补对称电路。

OCL 电路实际上是由两组射极输出器组成的，因此，它具有电流放大和功率放大作用，并且还具有输入电阻高、输出电阻低、带负载能力强的优点。

它的输出功率 P_o 为管子的 u_{ce} 和 i_c 的有效值乘积，即

$$P_o = \frac{I_{cm}}{\sqrt{2}} \frac{U_{cem}}{\sqrt{2}} = \frac{1}{2} I_{cm} U_{cem} = \frac{1}{2} \frac{U_{cem}}{R_L} U_{cem} = \frac{1}{2} \frac{U_{cem}^2}{R_L}$$

在估算该电路最大不失真输出功率时，忽略晶体管的饱和压降 U_{ces}，可认为 $U_{cem} \approx U_{CC}$，则最大不失真输出功率

$$P_{om} \approx \frac{1}{2} \frac{U_{CC}^2}{R_L}$$

三、单电源互补对称功率放大电路（OTL[⊖]电路）

为了省去一个电源，可采用图 1-54 所示的单电源供电电路。静态时，两管都处于截止状态，仅有很小的穿透电流 I_{CEO} 通过。由于 V_1 和 V_2 性能对称，A 点的电位为 $U_{CC}/2$。电容 C 上的电压即为 A 点和地之间的电位差，等于 $U_{CC}/2$。有信号 u_i 输入，在正半周时，V_1 导通，V_2 截止，电流 i_{C1} 自 $+U_{CC} \to V_1 \to C \to R_L \to$ 地；在负半周时，V_1 截止，V_2 导通，电流 i_{C2} 自地 $\to R_L \to C \to V_2 \to$ 地。从以上分析可看出，在 V_1 导通时，电容 C 被充电；当 V_2 导通时，C 代替电源向 V_2 供电，即 C 向 R_L 放电。但是，要使输出波形对称，则必须使 C 上的电压为 $U_{CC}/2$，即在 C 充、放电过程中，保持其端电压基本不变，因此 C 的容量必须足够大。上述电路结构简单，效率较高，但存在一些问题需要解决。

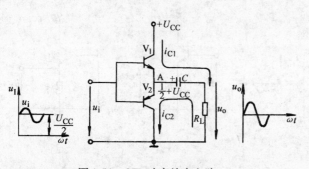

图 1-54　OTL 功率放大电路

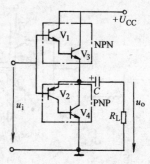

图 1-55　采用复合管的 OTL 电路

首先，在要求输出功率较大时，输出管应采用大功率管。但是，要使大功率的 PNP 和 NPN 管的性能对称是困难的，而选择性能相同的两个 PNP 管或两个 NPN 管是较容易的。因此通常采用复合管解决这一问题，即由两个（或多个）管子连接起来作一个管子使用，如图 1-55 中，两个 NPN 管 V_1、V_3 复合组成一个 NPN 管；一个 PNP 管 V_2 和一个 NPN 管 V_4 复合组成一个 PNP 管。一般前面的推动管（V_1 和 V_2）是小功率管，性能可选得比较对称，后面的（V_3 和 V_4）是大功率管。复合管的类型由推动管的类型决定。复合管的电流放大系数是各组成管电流放大系数的连乘积，例如 V_1 和 V_3 组成的复合管 $\beta = \beta_1 \beta_3$。这样就可采用两只同类型的大功率管作输出管，性能就容易选得对称了。

　　⊖　OTL 是 Output Transformer less（无输出变压器）的缩写。

其次，因无直流偏置，在｜u_i｜低于晶体管死区电压时，两管均截止。只有在｜u_i｜值高于两管死区电压后，管子才有电流通过，因而使两输出管交替导通时合成波形的衔接处产生了失真，如图 1-56 所示，这种失真叫做交越失真。为了防止这种失真，可给两管一个略大于死区电压的正向偏压，使两输出管在静态时就处于微导通状态。

图 1-57 是一种消除交越失真 OTL 功率放大电路，其中 R_1、R_2、V_3、V_4、R_3 为偏置电路。调节 R_1 使 V_1、V_2 发射极电位等于 $U_{CC}/2$，并使 V_1、V_2 处于甲乙类状态所需的偏置电压，这样就可以克服交越失真了，但调节时应注意偏流不宜过大，以免影响功放电路的效率。当有 u_i 输入时，因为 R_2 及 V_3、V_4 的动态电阻极小，两管基极交流电位基本相等，即加到两管基极信号基本相同而不会造成输出电压正负半波不对称。

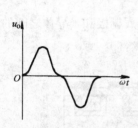

图 1-56　乙类放大时的交越失真

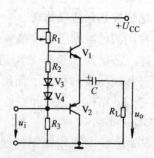

图 1-57　消除交越失真的 OTL 电路

四、集成功率放大器

随着集成电路的发展，功率放大器的集成化器件相应出现并获得日益广泛的应用。它的种类很多，如通用型的 FX0021，其内部是由 F007 集成运算放大器（在第二章介绍）后面带互补共射形式的功率放大电路所构成的。又如 LM384 集成音频功率放大器，广泛用于收录机、电视机、对讲机等多种音响电路中，它的外部接线如图 1-58 所示。信号电压 u_i 从反相端输入，输出端经耦合电容 C 驱动扬声器 R_L。其最大电源电压 U_{CC} 为 28V。当 $U_{CC} = 26V$，$R_L = 8\Omega$ 时，可能获得输出电压的峰-峰值为 22V，失真约为 5%。当输出电压峰-峰值减少到 18V 时，失真仅为 0.2%。为

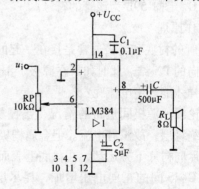

图 1-58　LM384 集成功率
放大器的外部接线

了便于组件散热和降低连线阻抗，输出端备有 7 个地线管脚（3、4、5、7、10、11、12）。电容 C_1、C_2 用于改善放大器的性能。

国产的 5G37 集成功放，内部是由两级直接耦合电路组成的 OTL 电路，当电源电压为 18V 时，能向 8Ω 负载提供 2～3W 的不失真功率。

第十一节 场效应晶体管放大电路

场效应晶体管是用电场效应来控制导电的一种半导体器件。其特点是输入电阻很高，绝缘栅场效应晶体管最高可达 $10^{15}\,\Omega$，信号源基本上不提供电流，因而它是一种电压控制型器件。此外还有噪声低、热稳定性好、抗辐射能力强、耗电省等优点，因此广泛地应用于各种电子线路中。

根据结构和原理的不同，场效应晶体管分为结型场效应晶体管和绝缘栅场效应晶体管两大类。绝缘栅场效应晶体管制造工艺简单，便于大规模集成，所以应用十分普遍。本节只介绍绝缘栅场效应晶体管放大电路。

一、绝缘栅场效应晶体管

目前常用的绝缘栅场效应晶体管是以二氧化硅作为金属栅极和半导体之间的绝缘层，简称 MOS$^{\ominus}$管。它有 N 沟道和 P 沟道两类，而每类又分增强型和耗尽型两种。下面以 N 沟道增强型为例介绍它们的结构、原理和特性。

1. 基本结构

图 1-59a 是 N 沟道增强型绝缘栅场效应晶体管的结构示意图。它以一块杂质浓度较低的 P 型硅片为衬底，在其中利用扩散的方法制造两个高掺杂 N$^+$ 区，分别引出源极（S）和漏极（D），然后在硅平面上覆盖一层很薄的二氧化硅绝缘层，在漏、源之间的绝缘层上部再制造一层金属铝，称为栅极 G。图 1-59b 为该管的符号。

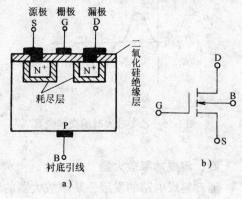

图 1-59 N 沟道绝缘栅场效应晶体管（增强型）

2. 工作原理

MOS 管的衬底和源极通常是接在一起的，在管内，N$^+$ 型的源区与漏区间隔着 P 区，犹如两个背向的 PN 结。此时如果在源极、漏极间加电压 U_{DS}，不论其极性如何也不会有电流通过，怎样才能产生电流呢？

先讨论漏、源极间短路的情况，当栅极、源极间加正向电压 U_{GS}（G 为正，S 为负），由于存在绝缘层，故没有电流。但金属栅极带正电荷，形成电场，P 型衬底中的多子空穴被正电荷排斥向衬底下方运动，在衬底上表面留下带负电的离子区，形成耗尽层如图 1-60a 所示。随着 G、S 间的正向电压增加，耗尽层加宽。当 U_{GS} 增大到一定值时，衬底中的电子（少子）被栅极中的正电荷吸引到表面，在耗尽层和绝缘层之间形成一个 N 型薄层，称为反型层，如图 1-60b 所示。该反型层就构成了漏、源之间的导电沟道，这时的 U_{GS} 称为开启电压 $U_{GS(TH)}$。此后再增加 U_{GS}，导电沟道加宽，沟道电阻减小。因此用 U_{GS} 的大小可控制导电沟道的宽度。导电沟道形成后，若在漏、源之间加一个正向电压 U_{DS}（漏极接正，源极接负），则有电流由漏极经导电沟道流向源极，这就是漏极电流，用 I_D 表示，如图 1-60c 所示。I_D 出现后，它沿沟道产生电压降，使沟道各点与栅极间的电压不再相等。显然，它沿

⊖ MOS 是英文 Metal-oxide-semiconductor 的缩写。

沟道从源极到漏极逐渐减小，在漏极附近最小，$U_{GD} = U_{GS} - U_{DS}$，结果使导电沟道从源极到漏极逐渐变窄。随 U_{DS} 增加，I_D 增加，沟道不等宽的情况越明显，沟道在漏极附近越来越窄。当 U_{DS} 增大到使 $U_{GD} = U_{GS(TH)}$ 时，沟道在漏极附近消失，称为预夹断，如图 1-60d 所示。再继续增加 U_{DS}，夹断区只是稍有加长，而沟道电流基本上保持预夹断时的数值不变。预夹断并不是完全将沟道夹断，而是允许电子在它的窄缝中以较高的速度流过，保证沟道电流的连续性。

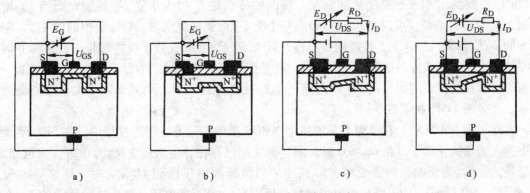

图 1-60 U_{GS}、U_{DS} 对导电沟道的影响

值得指出，I_D 是由一种载流子形成的（N 沟道是电子，P 沟道是空穴），而普通的晶体管中的电流包含两种载流子（电子与空穴），故场效应晶体管是一种单极型晶体管，而普通晶体管是一种双极型晶体管。

3. 特性曲线

场效应晶体管的特性曲线有转移特性和漏极特性两种。

（1）转移特性   它是指 U_{DS} 等于常数时，I_D 和 U_{GS} 间的关系，即 $I_D = f(U_{GS}) \Big|_{U_{DS}=常数}$。当 $0 < U_{GS} < U_{GS(TH)}$ 时，漏、源间没有导电沟道，$I_D \approx 0$；当 $U_{GS} > U_{GS(TH)}$ 后，漏、源间有了导电沟道，有 I_D 流过。随着 U_{GS} 增加，导电沟道加宽，沟道电阻减小，漏极电流随 U_{GS} 增加而增加。这就是栅源电压 U_{GS} 对漏极电流 I_D 的控制作用。图 1-61a 为增强型 NMOS 管的转移特性。

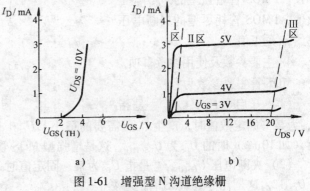

图 1-61   增强型 N 沟道绝缘栅场效应晶体管特性曲线

在 $U_{GS} > U_{GS(TH)}$ 时，I_D 与 U_{GS} 的关系也可用近似式

$$I_D = I_{DO} \left(\frac{U_{GS}}{U_{GS(TH)}} - 1 \right)^2 \tag{1-30}$$

表示，其中 I_{DO} 是 $U_{GS} = 2U_{GS(TH)}$ 时的 I_D 值。

（2）输出特性（漏极特性）　它是指在栅压 U_{GS} 一定时，I_D 与 U_{DS} 间的关系曲线，即 $I_D = f(U_{DS})\Big|_{U_{GS}=常数}$。图 1-61b 是增强型 NMOS 管的输出特性。图中 U_{DS} 较小，曲线靠近纵轴的部分（Ⅰ）是可变电阻区。该区的特点是：当 U_{DS} 增加时，I_D 几乎与 U_{DS} 成线性增加，U_{GS} 一定时，沟道电阻基本一定。这时场效应晶体管的 D、S 间可看成一个由 U_{GS} 控制的可变电阻区（控制沟道宽度）。图中 U_{DS} 较大时，其曲线近似水平的部分是恒流区（也称饱和区）（Ⅱ），它表示了管子预夹断后的情况。该区的特点是 I_D 的大小受 U_{GS} 控制，而当 U_{DS} 增加时，I_D 只略有增加。可以把 I_D 近似看成一个受 U_{GS} 控制的电流源。对应于不同的 U_{GS}，I_D 也不同，U_{GS} 越大，I_D 越大，特性曲线上移，且 I_D 随 U_{GS} 增加近似于线性增长，故也称Ⅱ区为线性放大区。场效应晶体管作放大器时，就是工作于这个区域。随着 U_{DS} 进一步增加到一定值时，漏极与衬底间的反向 PN 结击穿，使 I_D 突然迅速上升，功耗急剧增大，容易烧毁管子，这是图 1-61b 的Ⅲ区。

耗尽型 NMOS 管，在结构上与增强型 NMOS 相似，只是在制造过程中，在 SiO_2 绝缘层中掺入大量的正离子。在 $U_{GS}=0$ 时，漏、源之间已存在导电沟道，U_{GS} 为正时，沟道加宽，I_D 增大；U_{GS} 为负时，沟道变窄，I_D 减小。当负栅源电压增到 $U_{GS(OFF)}$ 时，原来导电沟道"耗尽"，使 $I_D \approx 0$，沟道刚耗尽时的临界电压 $U_{GS(OFF)}$ 称夹断电压。由于这种管子的 U_{GS} 在一定范围内正、负电压均可控制 I_D 的大小，它的应用更加灵活。图 1-62 是耗尽型 NMOS 管的符号和转移特性。

P 沟道 MOS 管是 N 沟道 MOS 管的对偶型，正像双极型晶体管中 PNP 管是 NPN 管的对偶型一样。使用时 U_{GS}、U_{DS} 的极性与 N 沟道相反。PMOS 管增强型的 $U_{GS(TH)}$ 是负值，PMOS 管耗尽型的夹断电压 $U_{GS(OFF)}$ 是正值。

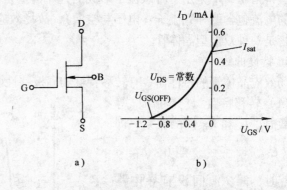

a)　　　　b)

图 1-62　耗尽型 NMOS 管

4. 主要参数及使用注意事项

MOS 管主要参数为：

（1）开启电压 $U_{GS(TH)}$　是指 U_{DS} 为某一固定数值时，产生 I_D 所需要的最小 $|U_{GS}|$ 值。为便于测量，通常取一个微小电流（如 $10\mu A$）时的 U_{GS} 为 $U_{GS(TH)}$，这是增强型 MOS 管的参数。

（2）夹断电压 $U_{GS(OFF)}$　是指 U_{DS} 为某一固定值时，使 I_D 等于某一微小电流时所对应的 $|U_{GS}|$，这是耗尽型 MOS 管的参数。

（3）饱和漏极电流 I_{sat}　这是耗尽型 MOS 管的参数，是指在 $U_{GS}=0$、$U_{DS}=10V$ 时的漏极电流。

（4）直流输入电阻 R_{GS}　是指栅、源间的直流电阻，由于 MOS 管的栅、源间隔着一层绝缘层，其值高至 $10^9 \sim 10^{15}\Omega$。

（5）跨导 g_m　它表示栅、源电压对漏极电流控制作用大小的参数。其定义为：在 U_{DS} 为某一定值的条件下，U_{GS} 的微小变化量引起 I_D 微小变化量的比值。

$$g_m = \frac{\Delta I_D}{\Delta U_{GS}}\Bigg|_{U_{DS}=常数} \tag{1-31}$$

其单位为 μA/V 或 mA/V，显然其大小可以从转换特性在 Q 点的切线斜率来求得，如图1-63 所示。需要指出的是：g_m 与管子的工作电流有关，I_D 越大，g_m 越大。

除上述参数外还有最大漏极电流 I_{DM}，最大耗散功率 P_{DM}，漏、源击穿电压 $U_{DS(BR)}$，栅、源击穿电压 $U_{GS(BR)}$ 等，使用时应注意不可超过这些值。

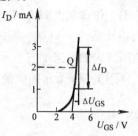

图1-63 计算跨导 g_m

由于 MOS 管的输入电阻极大，使得栅极的感应电荷不易泄漏掉，且 SiO_2 绝缘层极薄，栅极和衬底间的电容量很小，栅极只要有少量感应电荷，即可产生高压。在管子保存和使用不当时，极易造成管子击穿。为避免上述现象，关键在于避免栅极悬空，因此在栅、源之间必须绝对保持直流通路。为此在存放时应使三个电极短接；在焊接时，烙铁要良好接地，最好焊接时拔下烙铁的电源插头。在电路中栅源间要有直流通路，取管子时手腕上最好用一个接大地的金属箍。

MOS 管的漏极与源极通常可互换使用，但有些产品源极与衬底已连接在一起，这时漏极与源极不能对调，使用时必须注意。

二、绝缘栅场效应晶体管放大电路

场效应晶体管用于低频放大时和普通晶体管比较，场效应晶体管的源极、漏极、栅极相当于晶体管的发射极、集电极、基极。两者的放大电路也相似，图1-64a 所示为 NMOS 管的共源极接法电压放大器，它与图1-36 所示 NPN 管共射极电压放大器的结构相类似。

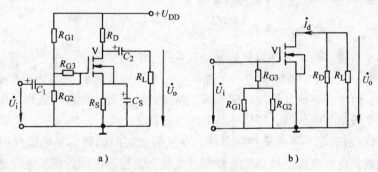

a)   b)

图1-64 共源放大器

为了保证不失真地放大，场效应晶体管放大电路必须设置合适的静态工作点。场效应晶体管是电压控制元件，其工作点是靠提供一定的 U_{GS} 来得到的。在图1-64 中，当输入信号 $\dot{U}_i$ 为零时，静态值 U_{GS} 为

$$U_{GS} = V_G - V_S = \frac{R_{G2}}{R_{G1} + R_{G2}} U_{DD} - I_D R_S \tag{1-32}$$

再利用转移特性的近似公式

$$I_D = I_{DO} \left(\frac{U_{GS}}{U_{GS(TH)}} - 1 \right)^2$$

解联立方程可得 U_{GS}、I_D，并且 $U_{DS} = U_{DD} - I_D(R_D + R_S)$。

电阻 R_{G3} 对静态工作点不起作用，因 R_{G3} 中没有静态电流，R_{G3} 是为提高放大器输入电阻

而设的。图 1-64 中其他各元件的作用与图 1-36 中对应元件相同。

当交流信号加到输入端时，$u_{GS} = U_{GS} + u_i$，u_{GS} 的控制将使漏极电流产生交流分量 i_d，只要静态工作点和电阻 R_D 选得合适，电阻 R_D 两端所产生的电压变化 $i_d R_D$（即输出电压）可以比 u_i 大得多。可见，场效应晶体管是利用栅源电压对漏极电流的控制作用，通过 R_D 来实现电压放大的。当然它本质上同样是一个以小能量控制大能量的转换装置。

从图 1-64b 所示的交流通路中可得出

$$\dot{U}_o = -\dot{I}_d R'_L$$

$$R'_L = R_D /\!/ R_L$$

由跨导定义 $g_m = \dfrac{\Delta I_D}{\Delta U_{GS}} \bigg|_{U_{DS}=常数}$，对正弦交流写成 $g_m = \dfrac{\dot{I}_d}{\dot{U}_{gS}}$，所以 $\dot{I}_d = g_m \dot{U}_{gS}$。代入上式得

$$\dot{U}_o = -g_m \dot{U}_{gS} R'_L \qquad \dot{U}_i = \dot{U}_{gS}$$

则电压放大倍数为

$$\dot{A}_U = \frac{\dot{U}_o}{\dot{U}_i} = \frac{-g_m \dot{U}_{gS} R'_L}{\dot{U}_{gS}} = -g_m R'_L \tag{1-33}$$

A_U 与 g_m 成正比，说明栅极电压变化控制漏极电流变化的能力（即 g_m）是场效应晶体管电压放大作用的一个重要指标。式中负号表示输出电压与输入电压反相。

与双极型晶体管类似，场效应晶体管除了作线性放大器外，也可作开关使用，故在数字电路中应用极广，有关内容将在第五章讨论。

小　结

1）PN 结是组成一切半导体器件的基础，一个 PN 结可制成一个二极管，两个 PN 结可制成一个三极管，三个 PN 结可制成一个晶闸管。半导体二极管的基本性能是单向导电性，利用这一特点，可进行整流、检波、限幅等。特殊的二极管，如稳压管则可用来稳压。二极管的伏安特性曲线是非线性的，所以它是非线性器件。

2）半导体三极管是一种电流控制器件。在发射结正向偏置，集电结反向偏置时，可通过基极电流控制集电极电流。所谓放大作用，实质上是控制作用，模拟电路通常工作在这种状态。在数字电路中晶体管常工作在饱和或截止状态，模拟电路应避免工作在这两种状态，否则会产生失真。晶体管也是非线性元件。

3）本章介绍了几种基本放大电路，共射极电路（包括静态工作点稳定电路），它具有较大的电压放大倍数、较小的输入电阻和较大的输出电阻，适用于一般放大；共集电极电路，输入电阻大，输出电阻小，电压放大倍数接近于 1，适用于信号跟随等。阻容耦合放大器用于交流多级放大。功率放大器工作在大信号条件下，研究的重点是如何在允许失真范围内，尽可能提高输出功率和效率。

4）本章着重介绍了用微变等效电路来分析放大器的性能。放大器的性能指标有：电压放大倍数 A_U，输入电阻 R_i，输出电阻 R_o，上、下限截止频率 f_L、f_H，通频带 BW，最大输出功率 P_{OM} 和效率 η。

5）场效应晶体管具有输入电阻高、噪声低等一系列优点，它是电压控制元件，MOS 管常用来制成集成电路。

习　题

1-1　把一个 1.5V 的干电池直接接到二极管两端，如图 1-65 所示，估计会出现什么问题？

1-2　判断图 1-66 电路中的二极管是导通还是截止？为什么？

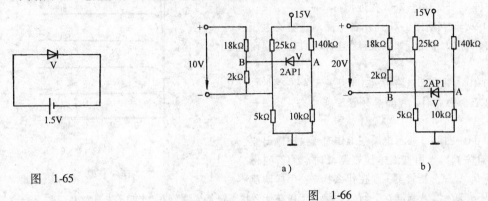

图　1-65

图　1-66

1-3　在图 1-67 所示电路中，已知 $u_i = 30\sin\omega t$ V，二极管的正向压降和反向电流均可忽略，试画出 u_o 的波形。

1-4　有两个稳压管，V_1 的稳定电压是 5.5V，V_2 是 8.5V，正向压降都是 0.5V，如果要得到 0.5V、3V、9V 和 14V 几种稳定电压，两个稳压管和限流电阻应该如何连接，画出各电路。

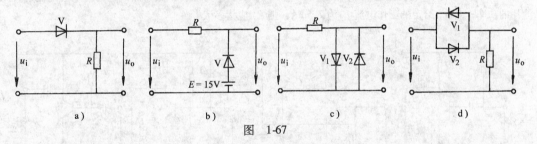

图　1-67

1-5　稳压管稳压电路如图 1-68 所示，已知稳压管的稳压值为 6V，稳定电流为 10mA，额定功耗为 200mW，限流电阻 $R = 500\Omega$，试问：

1）当 $U_i = 20V$，$R_L = 1k\Omega$ 时，$U_o = ?$　$I_Z = ?$

2）当 $U_i = 20V$，$R_L = 100\Omega$ 时，$U_o = ?$　$I_Z = ?$

1-6　用直流电压表测某放大电路中三只晶体管 V_1、V_2、V_3 的三个电极①、②、③对地的电压分别如图 1-69 所示，判断它们是 NPN 型，还是 PNP 型？是硅管还是锗管？确定 E、B、C 三个电极。

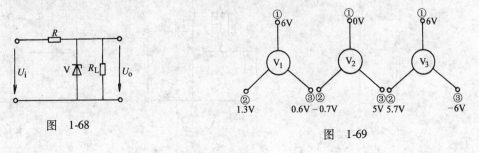

图　1-68

图　1-69

1-7 已知某一晶体管 3DG100A 的 $P_{CM} = 100mW$，$U_{CEO(BR)}$ 为 20V，$I_{CM} = 20mA$，如果取 $U_{CE} = 1.5V$，管子是否允许 I_C 工作在 50mA？

1-8 某晶体管的输出特性曲线如图 1-70 所示，试由图确定该管的主要参数：I_{CEO}，$U_{CEO(BR)}$，P_{CM}，β（在 $U_{CE} = 25V$，$I_C = 2mA$ 附近）。

1-9 试判断图 1-71 所示各电路对于交流电压信号有无放大作用？如果没有，电路元件应如何改动？

1-10 图 1-72 电路所示，当开关 S 分别接到 A、B、C 三个触点时，判断晶体管工作状态，设 $\beta = 50$。

1-11 图 1-73 所示电路在工作时，发现输出波形严重失真，当用直流电压表测量时，①若测得 $U_{CE} \approx U_{CC}$，试分析管子工作在什么状态？怎样调节才能不失真？②若测得 $U_{CE} < U_{BE}$，管子工作在什么状态？怎样调节 R_B 才能不失真？

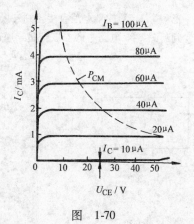

图 1-70

1-12 在图 1-74 中，晶体管是 PNP 锗管。①U_{CC} 和 C_1、C_2 的极性应如何考虑，请在图中标出；②设 $U_{CC} = -12V$，$R_C = 3k\Omega$，$\beta = 75$，如果要将静态值 I_C 调到 1.5mA，问 R_B 调到多大？③调整静态工作点时，如果不慎将 R_B 调到零，对晶体管有无影响？为什么？通常采用什么措施来防止发生这种情况？

1-13 在图 1-75 电路中，稳压管 V_1 用来为晶体管 V_2 提供稳定的基极偏压。已知 $U_{CC} = 12V$，$R_1 = 220\Omega$，$R_E = 680\Omega$，V_1 的稳定电压 $U_Z = 7.5V$，$I_{ZM} = 50mA$，V_2 为硅管，试求晶体管的集电极电流和 V_1 所消耗的功率；若 V_2 给定的工作电流 I_C 为 2.5mA，则 R_E 应为多大？

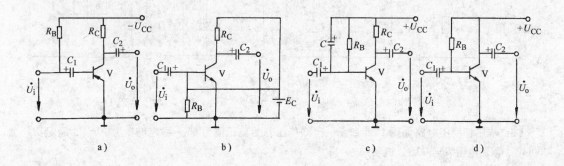

a)   b)   c)   d)

图 1-71

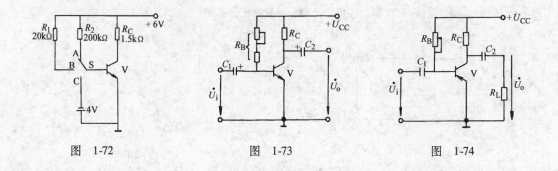

图 1-72   图 1-73   图 1-74

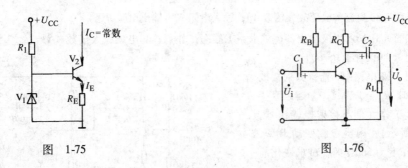

图 1-75
图 1-76

1-14 图 1-76 所示电路，已知 $U_{CC} = 12V$，$R_C = 3k\Omega$，$R_B = 240k\Omega$，$\beta = 40$。①估算静态工作点 I_B、I_C、U_{CE}；②计算 R_{be}；③设 $u_i = 0.02\sin\omega t$ V，求输出端开路时的输出电压（有效值）；④若所接负载是一个内阻为 $6k\Omega$ 的电压表，问电压表的读数为多少？并与③比较之。

1-15 画出图 1-77 所示各电路的微变等效电路，图中各电容的容抗均可忽略。

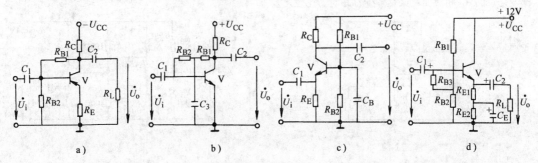

a) b) c) d)

图 1-77

1-16 放大电路如图 1-78 所示，$\beta = 80$，$R_{B1} = 30k\Omega$，$R_{B2} = 10k\Omega$，$R_C = 5.1k\Omega$，$R_{E1} = 100\Omega$，$R_{E2} = 2k\Omega$，$R_L = 5.1k\Omega$，$R_S = 600\Omega$。①估算放大器静态工作点；②求放大电路的输入电阻与输出电阻；③今测得 $U_o = 400mV$，计算信号源电压 U_S 为多少？④若使 $R_{E1} = 0$，仍保持信号电压 U_S 不变，输出电压 U_o 将为多少？

1-17 某一放大器的输出电阻为 $2k\Omega$，开路时的输出电压有效值为 $1.8V$，当它接上后一级放大器后，为使其输出电压不低于 $1.2V$，则后一级放大器的输入电阻至少要多大？

1-18 图 1-79 所示电路，晶体管的 $\beta = 50$，$U_S = 20mV$；①估算静态工作点及 R_{be}；②求自 M 点的输出电压 U_{oM} 和自 N 点输出电压 U_{oN}（U_{oM}、U_{oN} 均为有效值）；③求 N 端输出时的输出电阻。

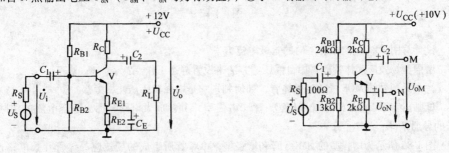

图 1-78
图 1-79

1-19 在上题中，如 $\dot{U}_S$ 保持不变，用同一负载电阻 $R_L = 2k\Omega$ 分别接到 M 端和 N 端，求输出电压 $\dot{U}_{oM}$ 和 $\dot{U}_{oN}$。

1-20 一个两极放大器如图 1-80 所示，问第一级负载电阻等于多少？这里第一级的输出作为第二级的信号源，那么这个信号源的内阻等于多少？（设 $\beta_1 = \beta_2 = 50$，$R_{be1} = 1.2k\Omega$，$R_{be2} = 800\Omega$）。

1-21　求图 1-80 电路的电压放大倍数 $\dot{A}_U$；输入电阻 R_i；输出电阻 R_o。

1-22　如图 1-81 所示射极输出器，试求：①静态工作点；②电压放大倍数 $\dot{A}_{US} = \dot{U}_o / \dot{U}_S$；③输入电阻 R_i，输出电阻 R_o。（设管子 $\beta = 60$）。

1-23　图 1-82 电路中，前级共射极放大器，$\beta_1 = 50$，$R_{be} = 1.2k\Omega$，①当它直接带动负载 R_L 工作（即不接射极输出器，如图中虚线所示），则当负载变动 10%，即 R_L 由 400Ω 变为 360Ω 时，试求变化前后 A_U 之值及其相对变化 $\dfrac{\Delta A_U}{A_U}$（%）；②若再加一级 V_2 构成射极输出器带动同一负载，设 $\beta_2 = 50$，$R_{be2} = 1k\Omega$，则当 R_L 作同样变化，问 A_U 相对变化又是多少？并与①比较之。

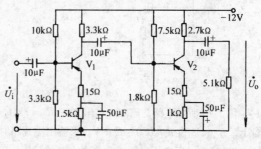

图　1-80

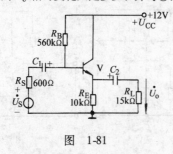

图　1-81

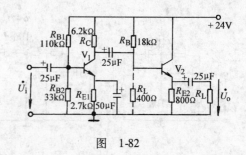

图　1-82

1-24　试判断图 1-83 复合管接法是否合理？合理者用图来表示它的类型。

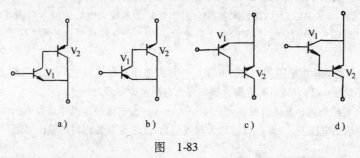

a)　　　　　　b)　　　　　　c)　　　　　　d)

图　1-83

1-25　试计算图 1-84 电路中静态时的基极电流 I_B。

1-26　增强型场效应晶体管能否用自偏压的方法来设置静态工作点？

1-27　一个无型号的 MOS 场效应晶体管，如何判别它是增强型还是耗尽型？

1-28　试画出与图 1-64a 相对应的 PMOS 管（增强型）共源放大电路，标出静态电流的实际方向，并说明管子的导通条件。

1-29　图 1-85 所示为增强型的 NMOS 管和增强型 PMOS 管所组成的场效应晶体管开关电路，试问图 a 中 U_{GS} 从 0V 增加到 5V；图 b 中 U_{GS} 从 0V 降到 -10V 时，两管的输出端 D 的电位各有何变化（设管子导通时 $I_D = 1.9mA$）？

1-30　图 1-86 是两级放大电路，前级为场效应晶体管放大电路，后级为晶体管放大电路，已知 $g_m = 1.5mA/V$，$U_{BE} = 0.6V$，$\beta = 80$，$R_{be} = 2k\Omega$，求：①放大电路的总电压放大倍数；②放大电路的输入电阻和输出电阻。

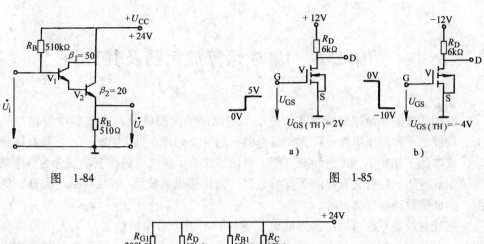

图 1-84　　　　　　　　　　　　图 1-85

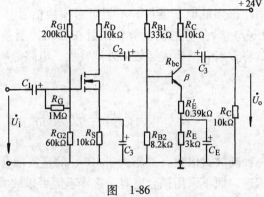

图 1-86

第二章　集成运算放大器及其应用

利用特殊的半导体制造工艺，把电子电路中的元器件及其连线集中制作在一块硅基片上，构成的一种固体组件，称为集成电路。与分立元件电路[⊖]相比较，它具有体积小、重量轻、成本低、耗能小、可靠性高、便于维护等优点。集成电路按其功能分为数字集成电路和模拟集成电路。后者又有集成运算放大器（简称集成运放）、集成功率放大器、集成稳压电源、集成模数转换器等多种。

集成运放是一种通用性很强的电子器件，不但可对模拟信号（其大小随时间作连续变化）进行比例、加减、积分、微分等数值运算，而且在自动控制系统、测量技术、信号变换等方面应用极广。本章将重点介绍集成运放的外部特性、电路分析方法及其在工程实际中的应用。

第一节　直接耦合放大器

集成运算放大器是一种高放大倍数（通常大于 10^4）的直接耦合放大器。直接耦合放大器的级间用导线或电阻相连，而不采用耦合电容。这样不但可以放大交流信号，而且也可以放大频率很低或缓慢变化的信号，图 2-1 是一个直接耦合放大器。

与阻容耦合放大器相比较，直接耦合放大器存在着两个特殊的问题：

1. 前后级静态工作点相互影响

在阻容耦合放大器中，由于电容的隔直作用，各级的静态工作点是相互独立的。而直接耦合放大器，前级的输出端与后级的输入端直接相连，因此前后级的静态工作点就互相影响，互相牵制，使电路设计和调试比较困难。图 2-1 中的

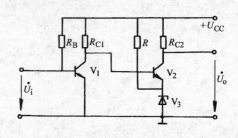

图 2-1　直接耦合放大器

电阻 R 和稳压管 V_3 是为了保证前级和后级均有合适的静态工作点而设置的。

2. 零点漂移

一个理想的直接耦合放大器，当输入信号为零时，其输出电压应保持恒定。但实际上直接耦合放大器输入端短路（$u_i = 0$）后，输出电压会偏离原来的起始值作上下漂动。这种现象称为零点漂移（简称零漂）。

产生零漂的原因很多，如晶体管的参数（I_{CEO}、U_{BE}、β）随温度变化、电路元器件参数变化、电源电压波动等都会引起放大器静态工作点缓慢变化，使输出端的电压相应地波动。其中温度的影响最为严重，由它造成的零点漂移称为温漂。

⊖　前面所讨论的电子线路是把彼此独立的二极管、三极管、电阻器、电容器等单个元器件分别焊在电路板上，再用导线或印制电路连接而成，称为分立元件电路。

在阻容耦合放大器中，虽然各级也存在着零漂，但因有级间耦合电容的隔离作用，使零漂只限于本级范围内。而在直接耦合放大器中，前级的漂移将传送到后级并逐级放大，使放大器输出端产生很大的电压漂移，特别是在输入信号比较微弱时，零漂造成的虚假信号会淹没掉有用信号，使放大器丧失作用。显然，在输出端的总漂移中，第一级的零漂产生的影响最大。

需要指出，放大器零点漂移是否严重，不能只看输出电压漂移了多少，还要看放大器的放大倍数。一般都是将输出零漂值折算到输入端，用等效输入零漂电压来衡量漂移的大小。如某放大器输出零漂电压 $u_{od}=100mV$，电压放大倍数 $A_U=1000$，则折算到输入端的等效输入零漂电压 $u_{id}=u_{od}/A_U=100mV/1000=0.1mV$。为了不使有用信号被淹没，输入的有用信号必须比 $0.1mV$ 大得多。

抑制零漂最有效的方法是采用下节将要介绍的差动放大器。差动放大器是集成运放的重要组成单元。

【练习与思考】

2-1-1　根据直接耦合放大器的电路特点，试定性画出它的幅频特性。

2-1-2　有两个直接耦合放大器，它们的电压放大倍数分别为 10^3 和 10^5。如果两者的输出漂移电压都是 $500mV$，若要放大 $0.1mV$ 的信号，两个放大器都可以用吗？为什么？

第二节　差动放大器

一、典型差动放大电路

典型的差动放大电路如图 2-2 所示，它是由两个特性相同的晶体管 V_1、V_2 组成的理想对称电路。图中，正负电源及射极电阻 R_E 为两管共用。整个电路有两个输入端（两管的基极）和两个输出端（两管的集电极）。静态（$u_{i1}=u_{i2}=0$）时，两管的偏流由 U_- 通过 R_E 供给。由于电路两边完全对称，两集电极电位相等，即 $V_{C1}=V_{C2}$，所以输出电压 $u_o=V_{C1}-V_{C2}=0$。可见，输入信号为零时，输出信号也为零。

二、差动放大电路的工作原理

1. 差模输入

信号电压 u_i 加在两管输入端之间（称双端输入），如图 2-3 所示。u_i 经过两个电阻 R 分压后，使两输入端对地间获得一对大小相等、极性相反的信号，即 $u_{i1}=-u_{i2}=u_i/2$。这样的一对输入信号称为差模信号，这种输入方式称为差模输入。图中 +、- 号表示输入电压 u_i 为正时，各个信号电压的相应极性。

在差模信号作用下，V_1 管集电极电流增加，V_2 管集电极电流等量地减小，这就使得 V_1 管集电极电位下降，

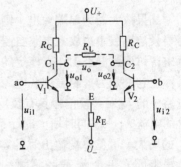

图 2-2　典型差动放大电路

V_2 管集电极电位等量地升高。如果两管集电极对地的电压变化量分别用 u_{o1} 和 u_{o2} 表示，则两管集电极之间的输出电压（称双端输出）为 $u_o=u_{o1}-u_{o2}\neq0$。显然，有信号电压输出。

由于两管电流的变化量大小相等、方向相反，故流过射极电阻 R_E 中的电流变化量为零，即电阻 R_E 对差模信号不起作用，射极 E 相当于交流接地点。这时电路两边均相当于普通的

单管放大器。整个放大器的电压放大倍数为

$$A_\mathrm{D} = \frac{u_\mathrm{o}}{u_\mathrm{i}} = \frac{u_\mathrm{o1} - u_\mathrm{o2}}{u_\mathrm{i1} - u_\mathrm{i2}} = \frac{2u_\mathrm{o1}}{2u_\mathrm{i1}} = A_\mathrm{D1} \tag{2-1}$$

式中，A_D1 为单管放大器的差模电压放大倍数。这就是说，双端输出时，差动放大器的电压放大倍数与单边电路的电压放大倍数相同。

有时负载要求一端接地，输出电压需从一管的集电极与地之间取出（称单端输出），由于输出电压只是一管的集电极电压的变化量，故单端输出时，电压放大倍数只有双端输出时的一半，即

$$A_\mathrm{D} = \frac{u_\mathrm{o1}}{u_\mathrm{i}} = \frac{u_\mathrm{o1}}{2u_\mathrm{i1}} = \frac{1}{2}A_\mathrm{D1} \tag{2-2}$$

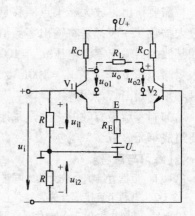

图 2-3 差模输入电路

以上分析说明，差动放大器不论是双端输出还是单端输出，它对差模信号都有放大作用，即差动放大器可以放大差模信号。

2. 共模输入

在图 2-2 中，若两输入端所加的信号电压大小相等、极性相同，即 $u_\mathrm{i1} = u_\mathrm{i2}$，则这一对信号称为共模信号，这种输入方式为共模输入。

在共模信号作用下，由于 V_1、V_2 管集电极电流变化相同，集电极电位变化也相同，因此输出电压 $u_\mathrm{o} = 0$，说明双端输出的差动放大器对共模信号没有放大作用，其共模电压放大倍数 $A_\mathrm{C} = u_\mathrm{o}/u_\mathrm{i} = 0$。

3. 对零漂的抑制

在差动放大器中，无论是温度变化还是电源电压波动都会引起两管集电极电流及相应集电极电位的相同变化，其效果相当于在两个输入端加了共模信号。由于电路的对称性，两管集电极之间的输出电压 u_o 仍然为零。可见，双端输出的理想差动放大器能够完全抑制零点漂移。

如果放大器为单端输出，则对称抵消不复存在，那么又是如何抑制零点漂移的呢？这就需要设法克服单边放大电路自身的零漂，电路中的射极电阻 R_E 就是为此而设置的。在第一章中曾讨论过静态工作点稳定的电路（见图 1-36），其中的射极电阻 R_E 起直流负反馈作用，实际上它就是为抑制温度、电源电压等变化对静态工作点的影响而设置的。同理，差动放大电路中的 R_E 对共模信号具有负反馈作用。例如，输入某一共模信号（或是温度变化）使两管的电流 I_C1、I_C2 同时增大时，R_E 上的电压也增大，迫使两管的 U_BE 减小，从而限制了 I_C1、I_C2 的增大。可见单端输出时的零漂也由于 R_E 对共模信号有很强的负反馈作用而大为减小。R_E 虽降低了每个管子的零漂，但对于差模信号无负反馈作用，故不影响差模放大倍数。

由前述可知，R_E 值越大，则共模负反馈作用越强，抑制零漂的效果越好。但是随着 R_E 值的增大，R_E 上的直流电压也相应加大。在保持一定 I_C，并使 E 点电位接近地电位的条件下，势必要增大负电源电压值。例如，差动放大器在每管的 $I_\mathrm{E} = 1\mathrm{mA}$ 下，当 $R_\mathrm{E} = 10\mathrm{k}\Omega$ 时，$U_- = -20\mathrm{V}$；而当 $R_\mathrm{E} = 50\mathrm{k}\Omega$ 时，则需 $U_- = 100\mathrm{V}$。这么高的电源电压显然是不合适的。为了在较低的 U_- 下得到和高值 R_E 相同的效果，电阻 R_E 可用晶体管恒流源电路代替，如图 2-

4a 所示（有时用图 2-4b 表示）。图中，V_3 管的基极电位由 R_1、R_2 的分压固定，因此 V_3 管的集电极电流（$I_{C3} \approx I_{E3}$）近似等于 R_2 两端的电压除以 R_E（忽略 U_{BE3}），只要所选电阻性能稳定，则 I_{C3} 近似于恒流。由晶体管的特性曲线可知，V_3 管的动态电阻（R_{ce}）很高，可达数十千欧到几兆欧，因此当流过它的电流有微小增量（$\Delta I_{E1} + \Delta I_{E2}$）时，E 点电位就会发生较大的变化，从而产生很强的抑制共模信号及温漂的作用。由于 V_3 管的静态电阻很小，故即使 $I_{C3} = I_{C1} + I_{C2}$ 较大，U_{CE3} 也不会很高，这就使 U_- 的值不需要太大了。

4. 差动输入

在差动放大器的实际应用中，常会遇到两个任意的信号电压 u_{i1}、u_{i2}（既非共模，又非差模）分别加到它的两个输入端与地之间（图 2-2），这样的输入方式称为差动输入。

为了便于分析，可以把 u_{i1} 和 u_{i2} 分解为共模信号和差模信号，即

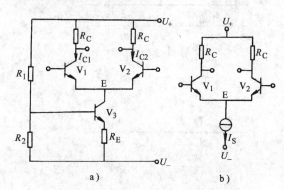

$$u_{i1} = u_{iC} + u_{iD} \qquad (2\text{-}3)$$

$$u_{i2} = u_{iC} - u_{iD} \qquad (2\text{-}4)$$

图 2-4　具有恒流源的差动放大器

式中，共模信号 $u_{iC} = (u_{i1} + u_{i2})/2$；差模信号 $u_{iD} = (u_{i1} - u_{i2})/2$。

对于线性放大器，可用叠加原理求得输出电压，即

$$u_{o1} = A_{C1} u_{iC} + A_{D1} u_{iD}$$

$$u_{o2} = A_{C1} u_{iC} - A_{D1} u_{iD}$$

式中，A_{C1} 为差动放大器单边电路的共模电压放大倍数；A_{D1} 为单边电路的差模电压放大倍数。

双端输出时，总输出电压为

$$u_o = u_{o1} - u_{o2} = 2A_{D1} u_{iD}$$

即

$$u_o = A_{D1}(u_{i1} - u_{i2}) = A_D(u_{i1} - u_{i2}) \qquad (2\text{-}5)$$

这就是差动放大器输出电压与输入电压的一般关系式，也称为差值特性。它表示差动放大器只放大两输入信号的差值。这一差值实质上就是输入信号中的差模成分，而夹杂在信号中的零漂或一些干扰所构成的共模成分被抑制了。这是差动放大器的特点。

希望一个差动放大器既能有效地放大差模信号，又能强烈地抑制共模信号，用来衡量这一性能的参数是共模抑制比 K_{CMR}，其定义是

$$K_{CMR} = \left| \frac{\text{差模电压放大倍数}}{\text{共模电压放大倍数}} \right| = \left| \frac{A_D}{A_C} \right|$$

可以把它看成是输出有用信号与干扰成分的对比。其值越大，说明它放大差模信号的能力越强，而受共模干扰的影响越小。

实用中，K_{CMR} 常用分贝（dB）数来表示，即

$$K_{CMR} = 20\lg \left| \frac{A_D}{A_C} \right|$$

大多数集成运放的 K_{CMR} 值在 80dB 以上。表 2-1 列出了 K_{CMR} 的某些换算值。

在理想情况下，差动放大器的 A_C 为零，K_{CMR} 为 ∞。但实际上要做到电路两边完全对称是不可能的。为了解决对称问题，通常可在 V_1、V_2 管集电极或发射极之间接入一个调零电位器 RP，如图 2-5 所示。当输入电压为零（把两输入端接地）时，调节 RP 可以改变两输出端的初始直流电位而使双端输出电压为零。

表 2-1 K_{CMR} 的对照换算表

$|A_D/A_C|$	K_{CMR}/dB
10^1	20
10^2	40
10^3	60
10^4	80
10^5	100

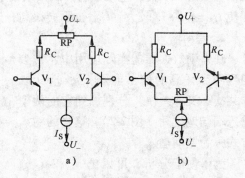

图 2-5　差动放大器的调零

三、单端输入方式

图 2-6 是单端输入差动放大电路。设信号电压 u_i 从 V_1 管基极加入，V_2 管基极接地。由于 V_1 管的射极跟随作用，使 V_1、V_2 管的发射极 E 与地之间的电压与输入信号 u_i 同相，E 点电位的变化又作用于 V_2 管，而 V_2 管的基极接地，所以使 V_2 管基、射极间得到一个与 u_i 反相的信号电压。只要 R_E 值足够大，它对信号电流的分流作用可以忽略，即 R_E 支路可视为开路，这样，输入信号 u_i 将被两管均分，使 V_1、V_2 管的基、射极间分别得到一对大小相等、极性相反的差模信号，即

$$u_{be1} \approx -u_{be2} \approx u_i/2$$

因此，当信号为单端输入时，只要 R_E 值足够大，两对称管仍得到一对近似的差模信号，而且与双端输入时的状态基本相同。故其电压放大倍数与双端输入时一样。

如果采用单端输出（即单端输入-单端输出方式），则应注意放大器输入信号与输出信号的相位关系。在图 2-6 中，假设由 V_1 集电极输出，则输出电压与输入电压为反相关系。若换为由 V_2 集电极输出，则输出电压与输入电压就是同相关系。

以上分析说明，差动放大器可以有两种输入方式和两种输出方式，组合以后便可有四种不同的输入、输出方式，具体应用时可根据需要灵活选择。

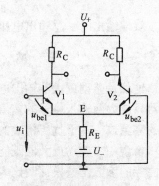

图 2-6　单端输入差动
放大电路

【练习与思考】

2-2-1　双端输入、双端输出差动放大器为什么能抑制零点漂移？单端输出的差动放大器是怎样抑制零点漂移的？

2-2-2　解释下列名词：差模输入信号，共模输入信号，差模放大倍数，共模放大倍数，共模抑制比。

第三节　集成运算放大器简介

一、运算放大器的组成

运算放大器由差动输入级、中间级、输出级以及为各级提供合适工作点的偏置电路四个部分组成，如图 2-7 所示。

输入级应具有尽可能高的共模抑制比和高输入电阻，几乎所有运放的输入级都采用差动放大电路，它使零漂在第一级就得到有效地抑制。为了提高输入电阻，有的采用复合管或场效应晶体管组成差动电路。中间级的主要任务是电压放大，运放的高放大倍数主要是由中间级决定的，中间级可由多级组成。输出级应提供足够的输出功率和具有较强的带负载能力，它通常由互补射极输出器组成。

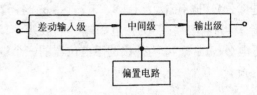

图 2-7　运算放大器组成框图

二、集成运放的特点

1）组件内各元器件是通过同一工艺过程制作在同一硅片上，彼此十分接近，因而同类元件的对称性好，温度性能一致，易于制成两个特性相同的管子或阻值相等的电阻，特别适于差动放大电路。

2）集成工艺制造的电阻值范围有限，一般在几十欧到二十千欧之间，并且阻值的精度不易控制，因此需要高阻值时，常用晶体管恒流源等有源器件代替（或用外接电阻）。

3）集成工艺不宜制作大容量（几十皮法以上）的电容器，误差也较大，制作电感更困难，故集成电路级间都采用直接耦合方式。

4）组件中的二极管多以三极管的发射结来代替，即将三极管的基极和集电极短接而由发射结构成二极管，以便用它与同类型晶体管进行温度补偿。

三、集成运放的符号、外引线与参数

1. 符号

不论集成运放内部线路如何，作为一个电路器件，它在电路图中常用图 2-8a 所示的符号来表示。A_U 是其电压放大倍数。运放有两个输入端和一个输出端。图中用 "–" 号表示的称为反相输入端，当信号电压 u_- 由此端输入时，输出电压 u_o 与 u_- 反相；用 "+" 号表示的称为同相输入端，当信号电压 u_+ 由此端输入时，输出电压 u_o 与 u_+ 同相。在运放的线性工作区内，输出电压 u_o 与输入电压 u_+、u_- 的差值成比例，即

$$u_o = A_U(u_+ - u_-) \qquad (2\text{-}6)$$

或　　　　$u_o = -A_U(u_- - u_+)$

在此，输入电压和输出电压都是指运放输入、输出端相对于地（即电源公共端）之间的电压。为了简便起见，图中常不画出接地端，如图 2-8b 所示。值得注意，这里的 "+"、"–" 号并不意味着 "+" 端必须比

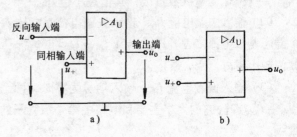

图 2-8　运算放大器的电路符号

"－"端电位高,仅是说明该端与输出端的相对相位或相对极性。实际的运放还有正、负电源端(U_+、U_-),通常它们不在符号图中标出。

2. 外部引线

在应用集成运算放大器时,需要知道它的各个管脚的用途以及放大器的主要参数,至于它的内部电路结构如何,一般是无关紧要的。图 2-9 是目前国内较为通用的 F007 型集成运放的管脚排列和外部引线图。八只管脚按反时针方向排列,从外部的结构特征(凸出或凹进部分)开始依次为 1、2、3、…、8。各管脚的用途是:2 为反相输入端;3 为同相输入端;6 为输出端;7 为正电源端,一般接 +15V 稳压电源;4 为负电源端,一般接 -15V 稳压电源;1、5、4 为外接调零电位器的三个端子,8 为空脚。

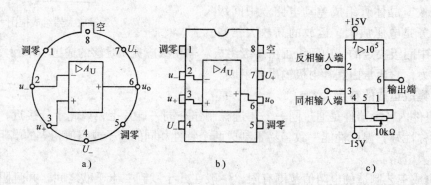

图 2-9 F007 型集成运算放大器

a)圆型 b)双列直插型 c)外部引线

不同类型运放的管脚引线端含义不同,使用时必须查阅产品说明书来确定。

3. 主要参数

运算放大器的性能可用一些参数来表示。为了合理选择和正确使用运算放大器,必须了解各主要参数的含义。

(1)输入失调电压 U_{IO} 当运算放大器的输入电压为零(如图 2-10 所示,$u_- = u_+ = 0$)时,在理想的情况下,其输出电压也应为零。但实际上由于制造工艺等多方面的原因,它的差动输入级很难做到完全对称,故当输入为零时,$u_o \neq 0$。反过来说,如果要 $u_o = 0$,必须在输入端加一个很小的补偿电压,它就是输入失调电压 U_{IO}。一般 U_{IO} 为毫伏数量级,其值越小越好。

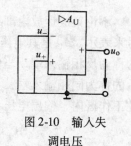

图 2-10 输入失调电压

(2)输入失调电流 I_{IO} 输入失调电流是指输入信号为零时,两个静态基极电流之差,即 $I_{IO} = |I_{B1} - I_{B2}|$。$I_{IO}$ 一般为零点几微安,其值越小越好。

(3)输入偏置电流 I_{IB} 输入信号为零时,两个输入端静态基极电流的平均值,即 $I_{IB} = (I_{B1} + I_{B2})/2$。它的大小主要和电路中第一级管子的性能有关。其值越小越好,一般为微安数量级。

(4)开环电压放大倍数 A_U 指放大器无外接反馈电路且输出端开路,在输入端加一个低频小信号电压时测得的电压放大倍数。A_U 越高且越稳定，则运算精度也越高。A_U 约为 10^4 ~ 10^7。

（5）最大输出电压 U_{OM}　能使输出电压和输入电压保持不失真关系的最大输出电压，称为运放的最大输出电压。其余还有一些参数，此处从略。表 2-2 列出几种集成运放的主要参数。

表 2-2　几种集成运放的主要参数

主要参数名称		集　成　运　放			
		F004	F007	FG3240（双运放）	F124（四运放）
开环电压放大倍数	A_U/万倍	10 ~ 40	10 ~ 40	10	10
输入失调电压	U_{IO}/mV	≤8	≤10	5	2
输入失调电流	I_{IO}/nA	≤1000	5 ~ 100	0.0005	3
输入偏置电流	I_{IB}/nA	≤3000	200 ~ 300	0.01	45
最大输出电压	U_{OM}/V	≥10	≥10	12	
共模抑制比	K_{CMR}/dB	≥80	≥80	90	85
电源电压	U_+、U_-/V	±15	±15	±15	+3 ~ +30 ±1.5 ~ ±15

四、集成运放的电路模型与传输特性

1. 电路模型

在分析电子电路时，可把运算放大器视为一个独立的器件，它的低频等效电路如图 2-11 所示。其输入端口可用一个输入电阻 R_i（指两输入端之间呈现的电阻）来表示，输出端口由受控电压源 A_U（$u_+ - u_-$）与运放的输出电阻 R_o 串联组成，A_U 为运放的开环电压放大倍数。利用这一模型可以方便地对运算放大器电路进行分析与计算。但为简便起见，这些物理量通常不在符号图中标出。

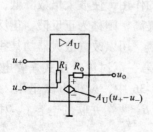

图 2-11　运算放大器的
低频等效电路

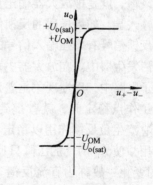

图 2-12　运放的传输特性

2. 传输特性

表示运算放大器输出电压与输入电压之间关系的特性曲线，称为运放的传输特性，如图 2-12 所示。从运放的传输特性看，可分为线性区和饱和区。运算放大器可以工作在线性区，

也可以工作在饱和区。当工作在线性区时，u_o 和（$u_+ - u_-$）是线性关系，即 $u_o = A_U(u_+ - u_-)$，运放是一个线性器件。由于运放的开环电压放大倍数 A_U 很高，所以在线性区工作时，其输入电压在毫伏级以下。要使运放工作在线性区，通常需要在运放电路中引入深度负反馈（见下节）。运放工作在饱和区时，其输出电压的饱和值 $+U_{o(sat)}$ 或 $-U_{o(sat)}$ 达到或接近正电源电压或负电源电压值。

【练习与思考】

2-3-1　两组稳压电源的输出电压均为15V，如何连接才能获得 F007 电源电压所要求的 ±15V？

2-3-2　各种运放内部电路虽不相同，但它们差动输入级的两个输入端中，总有一个与输出端是同相关系，而另一个与输出端是反相关系。试以图 2-13 所示简单运算放大器原理图为例，说明图中 a 端为反相输入端，b 端为同相输入端。

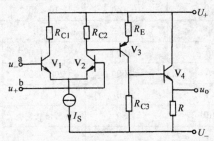

图 2-13　简单运算放大器原理电路图

第四节　集成运放电路中的负反馈

负反馈在放大器中应用十分广泛，采用负反馈可以改善放大器的性能，并且使集成运放的线性应用得以实现。本节将从反馈的基本概念入手，着重讨论负反馈放大器的分类及负反馈对放大器性能的影响。

一、基本概念

所谓反馈，就是把放大器输出量（电压或电流）的一部分或全部，经过一定的电路送回到它的输入端。如果送回的反馈信号有削弱输入信号的作用，使放大倍数降低，则称为负反馈；若反馈信号有增强输入信号的作用，使放大倍数提高，则称为正反馈。正反馈用于振荡器和波形发生器中。在放大器中采用的几乎都是负反馈，用以改善放大器的某些性能。

在电子电路中，反馈现象是普遍存在的。例如，在第一章讨论分压式偏置电路（图1-36）静态工作点稳定时，就曾提到过反馈的概念。图 1-36 中，射极电路里串入一只电阻 R_E，利用它产生负反馈作用以稳定集电极电流 I_C。由于 R_E 两端并联的电容 C_E 对交流信号的旁路作用，使 R_E 两端的压降只反映集电极电流直流分量 I_C 的变化，故称为直流反馈。若 R_E 两端不并联 C_E，则除了有直流反馈外，还有交流反馈。本节主要讨论放大器中的交流反馈。

图 2-14 为负反馈放大器的原理框图。通常带负反馈的放大器都包括两个部分：基本放大器和反馈网络。基本放大器是指不带反馈的各类放大器。反馈网络是

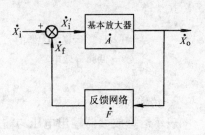

图 2-14　负反馈放大器原理框图

联系放大器的输出与输入的环节。图中，$\dot{X}$ 表示信号（可以是电压或电流），并设为正弦量，故用相量表示。反馈网络从放大器的输出信号 $\dot{X}_o$ 中取出一部分或全部（称为取样）送回到输入端，这就是反馈信号 $\dot{X}_f$，它和原输入信号 $\dot{X}_i$ 比较（符号 $\otimes$ 表示比较电路）所得的差值信号 $\dot{X}_i'$ 为基本放大器的净输入信号。图中箭头表示信号的传递方向。信号从输入端经放大后输出，同时又把输出的一部分反馈回来重新影响原输入信号，这样从输入到输出间构成了一个闭合环路，包括反馈网络在内的整个放大器就称为闭环放大器。

下面分析图中各变量间的关系。$\dot{A}$ 是基本放大器的放大倍数，称为开环放大倍数，其定义为

$$\dot{A} = \frac{\dot{X}_o}{\dot{X}_i'}$$

故

$$\dot{X}_o = \dot{A}\dot{X}_i' \tag{2-7}$$

反馈信号 $\dot{X}_f$ 取自输出信号 $\dot{X}_o$，两者之比称为反馈系数，用 $\dot{F}$ 表示，即

$$\dot{F} = \frac{\dot{X}_f}{\dot{X}_o}$$

则

$$\dot{X}_f = \dot{F}\dot{X}_o \tag{2-8}$$

$\dot{X}_f$ 与 $\dot{X}_i$ 在输入端比较的结果得差值信号为

$$\dot{X}_i' = \dot{X}_i - \dot{X}_f \tag{2-9}$$

当 $\dot{X}_f$ 与 $\dot{X}_i$ 同相时，$\dot{X}_f$ 也与 $\dot{X}_i'$ 同相。这时上式可改写为

$$X_i' = X_i - X_f$$

可见 X_i' 为 X_i 与 X_f 之差，即 X_f 有削弱 X_i 的作用，使 X_i' 减小，故为负反馈。

由式（2-7）~式（2-9）消去 $\dot{X}_f$、$\dot{X}_i'$ 就可得到

$$\dot{X}_o = \frac{\dot{A}\dot{X}_i}{1 + \dot{F}\dot{A}} \tag{2-10}$$

则闭环放大倍数为

$$\dot{A}_f = \frac{\dot{X}_o}{\dot{X}_i} = \frac{\dot{A}}{1 + \dot{F}\dot{A}} \tag{2-11}$$

这就是反馈放大器的基本公式，它表明了闭环放大倍数 $\dot{A}_f$ 与开环放大倍数 $\dot{A}$ 和反馈系数 $\dot{F}$ 三者之间的关系。$\dot{F}\dot{A} = (\dot{X}_f/\dot{X}_o)(\dot{X}_o/\dot{X}_i') = \dot{X}_f/\dot{X}_i'$，在负反馈情况下，$\dot{X}_f$ 与 $\dot{X}_i'$ 同相，因此 $\dot{F}\dot{A}$ 是正实数，并有 $|1 + \dot{F}\dot{A}| > 1$，则 $A_f < A$。故引入负反馈后，放大倍数下降了 $|1 + \dot{F}\dot{A}|$ 倍。反馈系数愈大（F 愈接近于1），放大倍数下降就愈多，因此 $|1 + \dot{F}\dot{A}|$ 反映了负反馈的强弱，故称其为反馈深度。

二、负反馈放大器的分类

根据反馈网络对基本放大器输出量采样的不同，可分为电压反馈和电流反馈。如果反馈网络对输出电压采样，反馈信号与输出电压成比例，则为电压反馈；如果对输出电流采样，反馈信号与输出电流成比例，则为电流反馈。

根据反馈网络与放大器输入端连接方式的不同，可分为串联反馈和并联反馈。如果反馈信号是电压，在输入回路中，反馈电压、输入电压与净输入电压三者为串联关系，则为串联

反馈。其电路特点是输入电路是一个电压比较回路。如果反馈信号是电流，反馈电流所在支路与输入电流所在支路及净输入电流所在支路为并联关系，则为并联反馈。其电路特点是输入电路中有一个电流比较节点。

综上所述，负反馈放大器可以分为下列四种反馈类型：①电压串联负反馈；②电压并联负反馈；③电流串联负反馈；④电流并联负反馈。下面通过具体电路进行介绍。

1. 电压串联负反馈

电路如图 2-15 所示，图中基本放大器是集成运放；由电阻 R_f 和 R_1 组成的分压器是反馈网络。

判断一个放大器有无反馈，有一个简单的办法，即观察有没有把放大器输出回路和输入回路连接起来的电路元件或连线，若有，则有反馈；反之，则无反馈。图 2-15 中，电阻 R_f 与 R_1 把放大器的输出与输入回路联系起来了，因此有反馈。至于是正反馈还是负反馈，可用瞬时极性法来判断。设想在放大器的输入端接入一个正弦电压信号 $u_S^{\ominus}$，其瞬时极性为

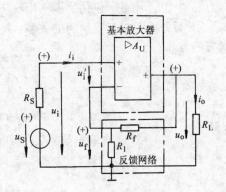

图 2-15　电压串联负反馈电路

（＋）（对地），由于 u_S 加到运放的同相输入端，则 u_o 也为（＋），经反馈网络后，u_f 也为（＋），于是净输入信号 $u_i' = u_i - u_f$，必然使 $u_i' < u_i$，即反馈信号削弱了输入信号，所以电路中引入的是负反馈。

当反馈信号较强（u_f 较大）时，即使 u_i 较大，也可使 u_i' 很小，从而使运放工作在线性区。由于运放的输入电阻很大（可达兆欧级），在很小输入电压 u_i'（毫伏级以下）作用下，流入运放内部的电流极小。忽略电流的影响后，可以写出 $u_f = \dfrac{u_o}{R_f + R_1} R_1$，即反馈信号（$u_f$）与输出电压（$u_o$）成比例，因此电路中的反馈是电压反馈。初学者常易把电压反馈和电流反馈混淆，这是因为当负载电阻 R_L 一定时，输出电压 u_o 与输出电流 i_o 成正比，即 $u_o = R_L i_o$，因此，认为反馈信号与输出电压成正比就必然与输出电流成正比。但当负载 R_L 改变时，这个结论就不存在了。例如，图 2-15 所示电路，当 R_L 减小到零时，输出电压为零，输出电流不为零。输出电压为零时，反馈信号就消失了，说明反馈信号与输出电压成比例，而不与输出电流成比例，所以图 2-15 是电压反馈电路，而不是电流反馈电路。

从电路的输入端来看，由于反馈信号是电压，在输入回路中，反馈电压 u_f 与输入电压 u_i 及净输入电压 u_i' 为串联关系，故是串联反馈。因此，图 2-15 为电压串联负反馈电路。

电压负反馈电路的主要特点是维持输出电压基本不变。例如，当 u_i 一定时，若负载电阻 R_L 减小，使输出电压 u_o 下降，则电路将有如下的自动调整过程：

$$R_L \downarrow \rightarrow u_o \downarrow \rightarrow u_f \downarrow \rightarrow u_i' \uparrow$$
$$u_o \uparrow \leftarrow$$

可见，引入了电压负反馈，牵制了 u_o 的下降，使 u_o 基本维持恒定。

对于串联负反馈，信号源的内阻愈小，则反馈效果愈好。这是因为单独对反馈电压 u_f 来讲，信号源的内阻和运放的输入电阻是串联的。当 R_S 小时，u_f 被它分去的部分也小，u_i'

的变化就大，反馈效果好。当 $R_S = 0$ 时，反馈效果最好。

【例 2-1】 电路如图 2-16 所示，试判断它是何种类型的反馈电路。

解 图中 R_f 把输出回路与输入回路相连接，故该电路存在着反馈。

设输入信号 u_i 的瞬时极性为（+），则运放输出端电压及 u_o、u_f 均为（+）。在输入回路中，有 $u_i' = u_i - u_f$，因为三者同相，故 u_i 与 u_f 相减后使净输入电压 u_i' 减小，因此为负反馈。

从电路的输出端看，u_f 是 u_o 的一部分，假如把 R_L 短路，使 $u_o = 0$（但 $i_o \neq 0$），则 u_f 将会消失，可见，u_f 取决于输出电压 u_o，而不是取决于输出电流 i_o，故为电压反馈。

从电路的输入端看，u_i 与 u_f、u_i' 相串联，故为串联反馈。总的说来，图 2-16 是电压串联负反馈电路。

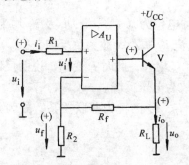

图 2-16　例 2-1 图

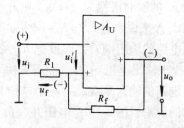

图 2-17　例 2-2 图

【例 2-2】 试判断图 2-17 所示电路中的反馈是正反馈还是负反馈？

解 图中 u_i 加到运放的反相输入端，而反馈信号则被送回到同相输入端。假设 u_i 为（+），则 u_o 为（−），u_f 也为（−）（如图所示）。于是正的输入电压减去负的反馈电压使净输入电压 $u_i' > u_i$，可见图 2-17 电路中引入了正反馈。

2. 电压并联负反馈

电路如图 2-18 所示，电阻 R_f 把放大器的输出与输入回路相连，故电路中有反馈。反馈的性质仍用瞬时极性法判断。由图可知，输出电压通过电阻 R_f 以电流 i_f 的形式送回到反相输入端。假设 u_S 的瞬时极性为（+），则输出信号 u_o 为（−），此时电流 i_i 及 i_f 均为正值，由于运放的净输入电流 $i_i' = i_i - i_f$，显然，反馈电路的引入对输入电流 i_i 起分流作用，使净输入电流 i_i' 减小，故属于负反馈。

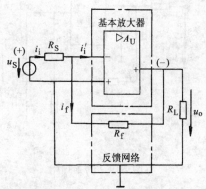

图 2-18　电压并联负反馈电路

当负反馈较强（i_f 较大）时，R_S 上的压降较大，使得运放反相输入端的电位接近地电位（这是使 i_i' 变得很小的根本原因），此时运放工作于线性区。忽略掉运放两输入端之间的电位差后，可以写出 $i_f \approx -u_o/R_f$，故反馈信号（i_f）与输出电压（u_o）成比例。同时由于 i_f、i_i、i_i' 所在的三条支路为并联关系，故图 2-18 是电压并联负反馈电路。

由于采用了电压负反馈，电路的输出电压基本上是恒定的。其自动调整过程如下：

$$R_{\text{L}} \downarrow \rightarrow u_{\text{o}} \downarrow \rightarrow i_{\text{f}} \downarrow \rightarrow i_{\text{i}}' \uparrow \overline{}$$

$$u_{\text{o}} \uparrow \longleftarrow$$

对于并联反馈，信号源的内阻 R_{S} 愈大，则反馈效果愈好。这是因为单独对反馈电流 i_{f} 来说，R_{S} 与运放的输入电阻 R_{i} 是并联的，当 R_{S} 大时，i_{f} 被 R_{S} 所在支路分去的部分小，i_{i}' 变化部分就大，所以反馈效果好。当 $R_{\text{S}} = 0$ 时，无论 i_{f} 多大，i_{i}' 将只由 u_{S} 决定，没有反馈作用。

【例2-3】 在图 2-19 所示电路中，反馈属何种类型？

解 图中 R_{f}、C（C 对交流信号而言可视为短路）及 R_1、R_2 把输出回路与输入回路连接起来了，因此该电路有反馈。

设 u_{S} 的瞬时极性为（+），则 u_{o} 及 R_2 非接地端的电位为（−），i_{i}、i_{f} 及 i_{i}' 均为正值。对于节点 A 来说，有 $i_{\text{i}}' = i_{\text{i}} - i_{\text{f}}$，$i_{\text{f}}$ 的存在使净输入电流 i_{i}' 减小，故为负反馈。

从电路的输出端看，假设把 R_{L} 减小，则 u_{o} 减小、i_{o} 增大，此时 i_{f} 变小，说明反馈信号 i_{f} 是取决于输出电压 u_{o} 的，而不取决于输出电流 i_{o}，故为电压反馈。

从电路的输入端看，有一个电流比较节点 A，i_{i}、i_{f}、i_{i}' 三者为并联关系，故为并联反馈。总的说来，图 2-19 是电压并联负反馈电路。

【例2-4】 试判断图 2-20 所示电路的反馈类型。

解 设 u_{i} 的瞬时极性为（+），由它引起电路中各点电位的瞬时极性及各支路电流的瞬时流向如图中（+）、（−）号和电流箭头所示。由前面分析可知，电路中的反馈为电压并联负反馈。

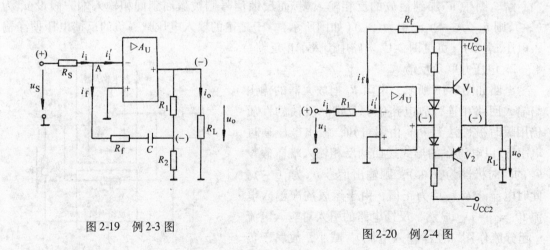

图 2-19　例 2-3 图　　　　　　　　　图 2-20　例 2-4 图

3. 电流串联负反馈

电路如图 2-21 所示，图中 R_{L} 为负载电阻，其两端电压为 u_{o}。设 u_{S} 的瞬时极性为（+），由于同相输入的关系，运放的输出端极性为（+），此时输出电流 i_{o} 为正。忽略运放反相端的电流后，反馈电压可以写为

$$u_{\text{f}} = i_{\text{o}} R$$

此时 u_f 也为（＋）。显然，反馈电压的存在使运放的净输入电压 u_i' 减小，故为负反馈。由于反馈电压与输出电流成比例，所以是电流反馈。从电路的输入回路来看，反馈信号 u_f、输入信号 u_i 及净输入信号 u_i' 是串联关系，因此图 2-21 为电流串联负反馈电路。

电流负反馈的主要特点是维持输出电流 i_o 基本不变。例如，当信号源电压 u_i 一定时，若负载电阻 R_L 增大，使 i_o 减小，电路将进行如下自动调整：

$$R_L \uparrow \to i_o \downarrow \to u_f \downarrow \to u_i' \uparrow$$
$$i_o \uparrow \longleftarrow$$

可见，引入了电流负反馈，牵制了 i_o 的下降，使输出电流 i_o 基本维持恒定。

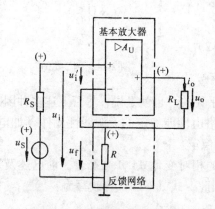

图 2-21　电流串联负反馈电路

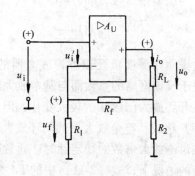

图 2-22　例 2-5 图

【例 2-5】　电路如图 2-22 所示，试判断它是属于何种类型的反馈电路。

解　由于 R_f 把输出回路与输入回路相连，所以电路中有反馈。设 u_i 瞬时极性为（＋），则 u_o、i_o 及 u_f 均为（＋），因为 $u_i' = u_i - u_f$，u_f 使 u_i' 减小，故为负反馈。从电路的输出端看，u_f 是输出电流 i_o 在 R_1 中分流形成的电压，与 i_o 成比例（R_L 短路 $u_o = 0$，$i_o \neq 0$ 时，u_f 仍然存在），故为电流反馈。从电路的输入端看，u_i 与 u_f、u_i' 相串联，故为串联反馈。总的说来，图 2-22 是电流串联负反馈电路。

4. 电流并联负反馈

电路如图 2-23 所示，设 u_S 瞬时极性为（＋），则运放输出端瞬时极性为（－），据此可知反馈电流 i_f 及输出电流 i_o 均为正值。此时流入运放的净输入电流 $i_i' = i_i - i_f$，可见反馈信号 i_f 的存在使净输入信号 i_i' 减小，故为负反馈。由于 i_f 是 i_o 的分流（即反馈信号取样于输出电流），且 i_f、i_i 及 i_i' 所在支路为并联关系，所以图 2-23 为电流并联负反馈电路。

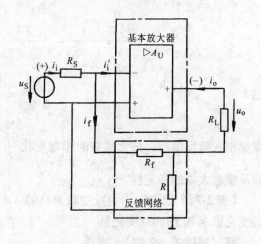

图 2-23　电流并联负反馈电路

【例 2-6】　电路如图 2-24 所示，试分析其反馈类型。

此题由读者自行分析。结论是：图 2-24 为电流并联负反馈电路。

三、负反馈对放大器性能的影响

放大器引入负反馈后虽然放大倍数下降，但能从多方面改善放大器的性能。如提高放大倍数的稳定性，改变输入、输出电阻，展宽频带，减小波形失真等。下面分别加以讨论。

1. 提高放大倍数的稳定性

环境温度变化、元器件老化、电源电压变化及负载的变化等原因都会使放大器的放大倍数发生变化。引入负反馈后，可使放大器的输出信号趋于稳定，即可使放大倍数得到稳定。由反馈的基本公式 $\dot{A}_f = \dfrac{\dot{A}}{1 + \dot{F}\dot{A}}$

来看，当反馈很深时，即 $|\dot{F}\dot{A}| \gg 1$，该式可化简为

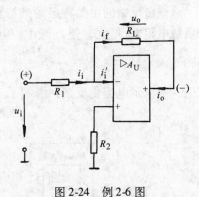

图 2-24 例 2-6 图

$$\dot{A}_f \approx \frac{1}{\dot{F}} \qquad (2\text{-}12)$$

这说明在深度负反馈下，放大器的闭环放大倍数只取决于反馈网络的参数而与基本放大器的特性几乎无关。也就是说，尽管上述多种因素可能造成开环放大倍数 $\dot{A}$ 的较大变化，但只要反馈网络由性能稳定的无源线性元件（如电阻、电容等）组成，整个放大器的闭环放大倍数 $\dot{A}_f$ 就很稳定。

在讨论放大倍数的稳定性时，通常以放大倍数的相对变化 $\mathrm{d}A/A$ 来衡量。前已述及，在负反馈的情况下，式（2-11）中的 $\dot{F}\dot{A}$ 为正实数，因此，式（2-11）可改写为

$$A_f = \frac{A}{1 + FA}$$

对 A 求导数，得

$$\frac{\mathrm{d}A_f}{\mathrm{d}A} = \frac{1}{1 + FA} - \frac{FA}{(1 + FA)^2} = \frac{1}{(1 + FA)^2} = \frac{A_f}{A}\frac{1}{1 + FA}$$

即

$$\frac{\mathrm{d}A_f}{A_f} = \frac{\mathrm{d}A}{A}\frac{1}{1 + FA} \qquad (2\text{-}13)$$

说明引入负反馈后，放大倍数的相对变化 $\dfrac{\mathrm{d}A_f}{A_f}$ 是无反馈时的相对变化 $\dfrac{\mathrm{d}A}{A}$ 的 $\dfrac{1}{1 + FA}$ 倍，提高了负反馈放大器的稳定性。

【例 2-7】 已知一个负反馈放大器的 $A = 100$，$F = 0.05$，由于某种原因使 A 产生 $\pm 30\%$ 的变化，求 A_f 的相对变化量。

解 根据式（2-13），求得

$$\frac{\mathrm{d}A_f}{A_f} = \frac{1}{1 + FA}\frac{\mathrm{d}A}{A} = \frac{1}{6} \times (\pm 30\%) = \pm 5\%$$

由此可见，在 A 变化 $\pm 30\%$ 的情况下，A_f 只变化了 $\pm 5\%$。

2. 改变输入电阻、输出电阻

负反馈的类型不同，对放大器的输入、输出电阻影响也不同。采用串联负反馈可以提高放大器的输入电阻，这是因为串联负反馈的反馈信号总是以电压的形式（u_f）送回到输入

端，如图 2-25a 所示。它抵消了一部分输入电压而使净输入电压 u'_i 减小，则同样 u_i 下的输入电流 i_i 减小，故放大器的输入电阻提高。采用并联负反馈可以使输入电阻降低，因为并联负反馈的引入相当于在输入回路中增加了一条并联支路，如图 2-25b 所示。信号源提供的输入电流为 $i_i = i'_i + i_f$，显然比无反馈时（$i_i = i'_i$）增大了，因而使输入电阻降低。

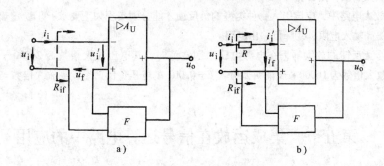

图 2-25　负反馈对输入电阻的影响

负反馈使放大器的输出电阻降低还是提高与反馈类型有关。电压负反馈具有稳定输出电压的作用，电路近于恒压源，因此电压负反馈可使输出电阻降低。实际的集成运放输出电阻本来就很小（一般为几十欧至几百欧），采用电压负反馈后，可使其输出电阻降至小于 1Ω，近似为零。因此，引入电压负反馈的集成运放，输出电压非常稳定，带负载能力很强。电流负反馈起稳定输出电流的作用，电路近于恒流源，因此电流负反馈可使输出电阻提高。

3. 展宽频带

放大器都有一定的频带宽度，超过这一频带范围，放大倍数将显著减小。引入负反馈可以展宽放大器的频带。由式

$\dot{A}_f = 1/\dot{F}$ 可知，在深度负反馈下，$\dot{A}_f$ 不随 $\dot{A}$ 变化，仅取决于 $\dot{F}$。若选用纯电阻元件构成反馈网络，则 $\dot{F}$ 将是一个与频率无关的常数，因此当信号频率变化引起 $\dot{A}$ 变化时，只要 $|\dot{F}\dot{A}| \gg 1$，则 $|\dot{A}_f| = 1/|\dot{F}|$ 几乎不变。显然，负反馈展宽了放大器的频带。

4. 减小波形失真

第一章中已述，放大器中存在着非线性失真。当输入信号 x_i 为正弦波时，输出信号 x_o 不是纯正弦波，例如，正半周大，负半周小，如图 2-26a 所示。引入负反馈后送回到输入端的反馈信号 x_f 波形与输出波形相似，也是上大、下小。它使净输入信号 x'_i 变成上小、下大，这一信号经过放大后使输出波形的失真得到一定程度的补偿，如图 2-26b 所示。

由上述可知，负反馈虽然使放大器的

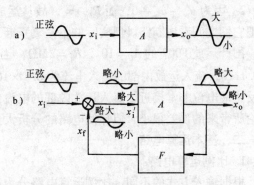

图 2-26　波形失真的改善

放大倍数下降，却换来了一系列其他性能的改善。因此，负反馈在放大器中应用极为广泛。

【练习与思考】

2-4-1 从反馈效果来看，为什么说在串联负反馈电路中，信号源内阻 R_S 越小越好？而在并联负反馈电路中，R_S 越大越好？

2-4-2 两级放大电路中，若前级用电压负反馈，后级用并联负反馈，是否合理？如果前级用电流负反馈，后级用串联负反馈，是否合理？

2-4-3 在放大电路中，应该引入哪种类型的负反馈才能分别实现如下要求：①稳定输出电压；②稳定输出电流；③提高输入电阻；④降低输出电阻。

2-4-4 一个无反馈的放大器，在电源电压为额定值时，其电压放大倍数为 24000，当电源电压下降 25% 时，电压放大倍数为 16000。试证明如引入 $F = 0.001$ 的电压负反馈后，则放大倍数与电源电压的变化几乎无关。

第五节 集成运放在信号运算电路中的应用

一、理想运算放大器、虚短、虚断的概念

在分析由运算放大器组成的各种运算电路时，通常把运算放大器视为理想器件。理想运放应具有如下参数：

1）开环电压放大倍数 $A_U \rightarrow \infty$。

2）输入电阻 $R_i \rightarrow \infty$。

3）输出电阻 $R_o \rightarrow 0$。

4）共模抑制比 $K_{CMR} \rightarrow \infty$。

由于实际运算放大器的上述技术参数接近于理想化的参数，因此在分析时用理想运算放大器代替实际运算放大器所引起的误差并不显著，在工程上是允许的。

运算放大器引入深度负反馈后，可使其工作在线性区。此时利用它的理想化参数可以导出下面两条重要结论：

1）在线性区内，运放的输出电压 u_o 为有限值，而认为 $A_U \rightarrow \infty$ 后，则有 $u_+ - u_- = \dfrac{u_o}{A_U} \rightarrow$ 0。这样在分析电路时，可把理想运放的同相输入端和反相输入端之间看成短路，即认为 $u_+ = u_-$。但不是真正短路，故称为虚假短路（简称虚短）。

2）因为 $u_+ - u_- \rightarrow 0$，而 $R_i \rightarrow \infty$，故从运放输入端流入其内部的电流几乎为零，因此可以把它们之间看成断路。但实际并不是真正断开，故称为虚假断路（简称虚断）。

国产运放 F007 的 $A_U = 10^5$，$R_i = 2M\Omega$，当其输出电压为 10V 时，则 $u_+ - u_- = 10/10^5 V = 0.1mV$，流入运放内部的输入电流为 $0.1 \times 10^{-3}/(2 \times 10^6)A = 0.05nA$。可见，同相端电位与反相端电位非常接近，流入运放内部的电流值极微，因此，在分析计算时，运用上述两条结论所带来的误差很小，但却使电路的分析大为简化。

二、基本运算电路

1. 比例运算电路

根据输入方式的不同，比例运算电路分为反相比例运算电路和同相比例运算电路。

（1）反相输入 图 2-27 是反相比例运算电路。输入信号 u_i 经电阻 R_1 加到反相输入端，同相输入端经 R_2 接地，R_f 为反馈电阻。

下面分析该电路的运算关系。根据虚断，R_2 上无信号压降，$u_+ = 0$；又根据虚短，则 $u_- = u_+ = 0$，因此反相端的电位等于地电位，可把它看成与地相接，但又不是真正的接地，故称为虚地。

由于反相端虚地，则

$$i_i = \frac{u_i}{R_1}$$

$$i_f = -\frac{u_o}{R_f}$$

又因为虚断，则 $i_i = i_f$，故有

$$A_{Uf} = \frac{u_o}{u_i} = -\frac{R_f}{R_1} \tag{2-14}$$

此式表明，当反相输入的运放 A_U 足够大时，整个电路的闭环电压放大倍数 A_{Uf} 仅由外接电阻之比 R_f/R_1 来决定，而与运放本身的 A_U 无关。只要阻值 R_f、R_1 足够精确与稳定，输出电压与输入电压的比例关系也就足够精确与稳定。式中负号表示 u_o 与 u_i 反相。当 $R_1 = R_f$ 时，$u_o = -u_i$，该电路就构成了反相器或称反号器。

图 2-27 中 R_2 为平衡电阻。在运放的实际应用中，为了保证其输入级差放的两个输入端的外接电路结构对称，同相端并不直接接地，而是通过平衡电阻接地。图 2-27 中 $R_2 = R_1 // R_f$。

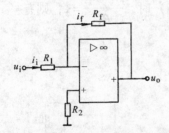

图 2-27　反相比例运算电路

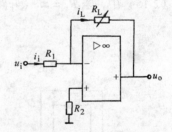

图 2-28　例 2-8 图

【例 2-8】　图 2-28 电路中，运放的最大输出电压 $U_{OM} = \pm 13V$，$R_1 = 1k\Omega$。①$R_L = 2k\Omega$，求当输出为最大电压 U_{OM} 时，所对应的输入电压 u_{imax}；②$R_L = 2k\Omega$，若 $u_i = 8V$，求 i_L 及 u_-。

解　1）因 $\dfrac{u_o}{u_i} = -\dfrac{R_L}{R_1}$，运放的 $U_{OM} = \pm 13V$，故

$$u_{imax} = -\frac{R_1}{R_L}U_{OM} = -\frac{1}{2} \times (\pm 13)V = \pm 6.5V$$

即 u_i 在 $-6.5 \sim 6.5V$ 范围内运放的输出电压与输入电压呈线性关系。

2）若 $u_i = 8V$，此时 $u_i > u_{imax}$，故运放不在线性区工作，但因运放输入电阻很大，仍可认为流入运放的净输入电流为零；另外，此时运放的输出电压为负饱和值 $-U_{o(sat)}$，现按 $-U_{o(sat)} = -13V$ 计，则

$$i_i = i_L = \frac{u_i - [-U_{o(sat)}]}{R_1 + R_L} = \frac{8 - (-13)}{1 + 2}mA = 7mA \neq \frac{u_i}{R_1}$$

$$u_- = u_i - i_i R_1 = (8 - 7 \times 1)V = 1V$$

可见此时 $u_+ \neq u_-$。

（2）同相输入　图 2-29 是同相比例运算电路。信号 u_i 由同相端输入，反相输入端通过电阻 R_1 接地，R_f 是反馈电阻。

根据虚断

$$u_+ = u_i$$

$$u_- = \frac{R_1}{R_1 + R_f}u_o$$

根据虚短，$u_+ = u_-$，所以

$$u_i = \frac{R_1}{R_1 + R_f}u_o$$

$$A_{Uf} = \frac{u_o}{u_i} = \frac{R_1 + R_f}{R_1} = 1 + \frac{R_f}{R_1} \tag{2-15}$$

说明输出电压与输入电压成比例且相位相同，电压放大倍数 ≥ 1，这是与反相比例运算电路所不同的。

同前所述，为使之平衡，应使电阻 $R_2 = R_1 /\!/ R_f$。

式（2-15）中，当 $R_1 = \infty$（开路）或 $R_f = 0$（短路）时，$\frac{R_1 + R_f}{R_1} = 1$，则有

$$A_{Uf} = \frac{u_o}{u_i} = 1$$

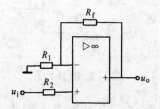

图 2-29　同相比例运算电路

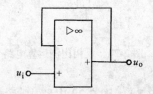

图 2-30　电压跟随器原理图

显然，输出电压跟随着输入电压作相同变化，故称其为电压跟随器，或称同号器，图 2-30 是其原理电路图。电压跟随器的电压放大倍数接近于 1。这与射极跟随器相似。它的输入电阻非常高，输出电阻又非常低，这是普通射极跟随器所难以达到的，其性能更接近于理想的电压跟随器，在电路中常作阻抗变换用。

【例 2-9】　在图 2-31 中，试计算 u_o 的大小。

解　图中

$$u_+ = U_Z$$

$$u_- = \frac{R_1}{R_1 + R_f}u_o$$

故
$$u_o = \left(1 + \frac{R_f}{R_1} \right) U_Z$$

只要所选阻值 R_f、R_1 及稳压值 U_Z 精密和稳定,就可得到精密而稳定的输出电压 u_o。若 R_f 是可调电阻,则该电路就是一个连续可调的稳压电源。

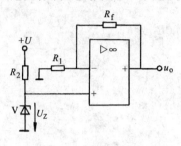

图 2-31　例 2-9 图

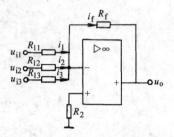

图 2-32　反相输入加法运算电路

2. 加法运算电路

图 2-32 是反相输入方式的加法运算电路,信号电压均通过电阻接在电路的反相输入端。

由于反相端虚地,可得

$$i_1 = \frac{u_{i1}}{R_{11}}, i_2 = \frac{u_{i2}}{R_{12}}, i_3 = \frac{u_{i3}}{R_{13}}, i_f = -\frac{u_o}{R_f}$$

而
$$i_f = i_1 + i_2 + i_3$$

故有
$$u_o = -\left(\frac{R_f}{R_{11}} u_{i1} + \frac{R_f}{R_{12}} u_{i2} + \frac{R_f}{R_{13}} u_{i3} \right) \tag{2-16}$$

图中平衡电阻 $R_2 = R_{11} /\!/ R_{12} /\!/ R_{13} /\!/ R_f$,当 $R_{11} = R_{12} = R_{13} = R_f$ 时,上式为

$$u_o = -(u_{i1} + u_{i2} + u_{i3})$$

若在后面再接一级反相器,就可消去负号,实现几个信号的代数相加。

【例 2-10】　设计一个反相加法器,实现下面的运算表达式

$$u_o = u_{i1} + 5u_{i2} + 4u_{i3}$$

其中,R_{11}、R_{12}、R_{13} 不能小于 $10\mathrm{k}\Omega$。

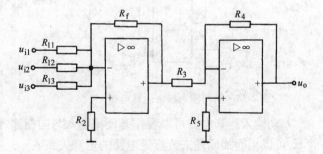

图 2-33　例 2-10 图

解　将式 $u_o = u_{i1} + 5u_{i2} + 4u_{i3}$ 与式(2-16)比较得知,可采用两级集成运放来实现给定的运算表达式。第一级用来实现加法运算,第二级则用来变号,其电路如图 2-33 所示。

电路中,$\dfrac{R_f}{R_{11}} = 1$,$\dfrac{R_f}{R_{12}} = 5$,$\dfrac{R_f}{R_{13}} = 4$。取 $R_{12} = 10\mathrm{k}\Omega$,$R_3 = 10\mathrm{k}\Omega$,则有 $R_f = 50\mathrm{k}\Omega$,$R_{11} = 50\mathrm{k}\Omega$,$R_{13} = 12.5\mathrm{k}\Omega$,$R_2 = R_{11} /\!/ R_{12} /\!/ R_{13} /\!/ R_f \approx 4.5\mathrm{k}\Omega$,$R_4 = 10\mathrm{k}\Omega$,$R_5 = 5\mathrm{k}\Omega$。

【例 2-11】　图 2-34 为同相输入加法运算电路。试用弥尔曼定理求证该电路的运算关系为

$$u_o = \left(1 + \frac{R_f}{R_1} \right) \left(R_{11} /\!/ R_{12} \right) \left(\frac{u_{i1}}{R_{11}} + \frac{u_{i2}}{R_{12}} \right)$$

解 利用弥尔曼定理分别求同相、反相输入端的对地电压

$$u_+ = \frac{\dfrac{u_{i1}}{R_{11}} + \dfrac{u_{i2}}{R_{12}}}{\dfrac{1}{R_{11}} + \dfrac{1}{R_{12}}} = \left(\frac{u_{i1}}{R_{11}} + \frac{u_{i2}}{R_{12}} \right) \left(R_{11} /\!/ R_{12} \right)$$

$$u_- = \frac{\dfrac{u_o}{R_f}}{\dfrac{1}{R_1} + \dfrac{1}{R_f}} = \frac{R_1}{R_1 + R_f} u_o$$

因为 $u_+ = u_-$，所以 $u_o = \left(1 + \dfrac{R_f}{R_1} \right) \left(R_{11} /\!/ R_{12} \right) \left(\dfrac{u_{i1}}{R_{11}} + \dfrac{u_{i2}}{R_{12}} \right)$

若 $R_{11} = R_{12} = R_1 = R_f$，则

$$u_o = u_{i1} + u_{i2}$$

实现了加法运算。如果利用叠加原理来分析，也可得到上述结果。

3. 减法运算电路

前述的运算电路，信号电压都是从运放的单端输入的。如果两个输入端都有信号输入，则为差动输入。差动输入运算电路如图 2-35 所示。

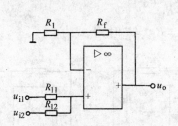
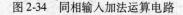

图 2-34　同相输入加法运算电路

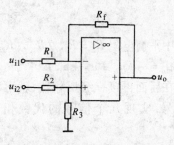

图 2-35　差动输入运算电路

差动输入运算电路可以看作是反相输入与同相输入比例运算电路的组合。在线性工作条件下，可以用叠加原理来分析该电路的运算关系。

当 u_{i1} 单独作用（$u_{i2} = 0$）时，为反相输入电路，其输出为

$$u_{o1} = -\frac{R_f}{R_1} u_{i1}$$

当 u_{i2} 单独作用（$u_{i1} = 0$）时，为同相输入电路，其输出为

$$u_{o2} = \frac{R_3}{R_2 + R_3} \left(1 + \frac{R_f}{R_1} \right) u_{i2}$$

然后叠加，$u_o = u_{o1} + u_{o2}$，故得

$$u_o = \frac{R_3}{R_2 + R_3} \left(1 + \frac{R_f}{R_1} \right) u_{i2} - \frac{R_f}{R_1} u_{i1} \tag{2-17}$$

当 $R_1 = R_2, R_3 = R_f$ 时，上式变为

$$u_o = \frac{R_f}{R_1}(u_{i2} - u_{i1}) \tag{2-18}$$

即输出电压与两输入电压的差值成正比。

当 $R_1 = R_2 = R_3 = R_f$ 时，得

$$u_o = u_{i2} - u_{i1}$$

即成为减法器。被减数 u_{i2} 接在同相端，而减数 u_{i1} 接在反相端。

【例 2-12】 电路如图 2-36 所示，求证：

$$u_o = 2\left(1 + \frac{2R}{R_1}\right)(u_{i2} - u_{i1})$$

解 图中三个运放 A_1、A_2、A_3 均为差动输入状态。设它们的输出分别为 u_{o1}、u_{o2} 和 u_o。根据虚短并应用叠加原理，可得 A_1 的输出为

$$u_{o1} = \left(1 + \frac{R}{R_1}\right)u_{i1} - \frac{R}{R_1}u_{i2}$$

A_2 的输出为

$$u_{o2} = \left(1 + \frac{R}{R_1}\right)u_{i2} - \frac{R}{R_1}u_{i1}$$

A_3 的输出为

$$u_o = \frac{R}{R/2}(u_{o2} - u_{o1})$$

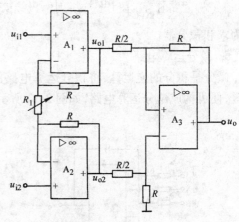

将 u_{o1}、u_{o2} 表达式代入 u_o 表达式可得

$$u_o = 2(u_{o2} - u_{o1}) = 2\left(1 + \frac{2R}{R_1}\right)(u_{i2} - u_{i1})$$

证毕。

图 2-36 例 2-12 图

此例所示电路，在非电量(如温度、压力、应变等)电测系统(把非电量通过传感器变换成电量进行测量的系统)中广泛使用。它被称为测量放大器或数据放大器。

4. 积分运算电路

图 2-37 是积分运算电路。根据虚断和虚短，$i_f = i_i = \dfrac{u_i}{R}$，这个电流对电容 C 进行充电，即

$$u_C = \frac{1}{C}\int i_f \mathrm{d}t$$

输出电压

$$u_o = -u_C = -\frac{1}{RC}\int u_i \mathrm{d}t = -\frac{1}{\tau}\int u_i \mathrm{d}t \tag{2-19}$$

即输出和输入电压之间有积分关系。式中 $\tau = RC$ 为积分时间常数。

当信号电压 u_i 为阶跃电压 U_i 时，输出电压 u_o 与时间 t 成线性关系，即

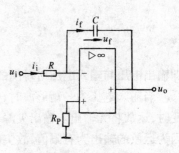

图 2-37 积分运算电路

$$u_o = -\frac{U_i}{\tau}t$$

由于积分电路的最大输出电压为 $\pm U_{OM}$，故其有效积分时间 t_m 为

$$t_m = \left|\frac{U_{OM}}{U_i}\right|\tau = \left|\frac{U_{OM}}{U_i}\right|RC$$

超过 t_m 时间后，积分不能继续进行，u_o 将达到输出饱和电压（设 $\pm U_{o(sat)} = \pm U_{OM}$），如图 2-38 所示。如果要使有效积分时间增加，可用改变时间常数的方法来实现。

需要指出，当输入信号消失（$u_i = 0$）时，$i_i = 0$，电容器没有放电回路，u_o 将保持该瞬时电容电压的值。

图 2-39 所示电路有多个输入信号，根据叠加原理可得，该电路的输出电压为

$$u_o = -\left(\frac{1}{R_1C}\int u_{i1}dt + \frac{1}{R_2C}\int u_{i2}dt + \frac{1}{R_3C}\int u_{i3}dt\right)$$

称为求和积分器。

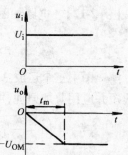

图 2-38 积分电路波形

5. 微分运算电路

微分是积分的逆运算，将积分运算电路的电容与电阻互换位置，便可构成微分运算电路，如图 2-40 所示。

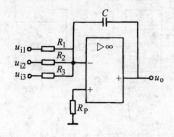

图 2-39 求和积分器

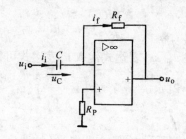

图 2-40 微分运算电路

由图可以看出

$$i_i = C\frac{du_C}{dt} = C\frac{du_i}{dt}$$

$$u_o = -i_fR_f = -i_iR_f$$

故

$$u_o = -R_fC\frac{du_i}{dt} \tag{2-20}$$

即输出电压与输入电压对时间的一次微分成正比。

当输入电压为一矩形波时，仅在 u_i 发生跃变时，运放才有尖峰电压输出，而当输入电压不变时，运放将无输出。输出尖峰电压幅度不仅与 R_fC 的大小有关，而且还决定于 u_i 的变化率。因为运放的输出为有限值，故尖峰电压的幅度不可能为无穷大，波形如图 2-41 所示。

【例 2-13】 为了保证自动控制系统的稳定运行，提高控制质量，在一些自动控制系统中常引入比例-积分-微分校正电路，简称 PID 校正电路，如图 2-42 所示。

解 根据虚地和虚断，由图可得

$$i_{R1} = \frac{u_i}{R_1}$$

$$i_{C1} = C_1 \frac{\mathrm{d}u_i}{\mathrm{d}t}$$

$$i_f = i_{R1} + i_{C1} = \frac{u_i}{R_1} + C_1 \frac{\mathrm{d}u_i}{\mathrm{d}t}$$

$$u_o = -\left(i_f R_f + \frac{1}{C_f}\int i_f \mathrm{d}t \right)$$

$$= -\left[\left(\frac{u_i}{R_1} + C_1 \frac{\mathrm{d}u_i}{\mathrm{d}t} \right) R_f + \frac{1}{C_f}\int \left(\frac{u_i}{R_1} + C_1 \frac{\mathrm{d}u_i}{\mathrm{d}t} \right)\mathrm{d}t \right]$$

$$= -\left[\left(\frac{R_f}{R_1} + \frac{C_1}{C_f} \right) u_i + \frac{1}{C_f R_1}\int u_i \mathrm{d}t + R_f C_1 \frac{\mathrm{d}u_i}{\mathrm{d}t} \right]$$

此式说明输出电压与输入电压成比例、积分和微分关系。有时也称它为比例-积分-微分放大器或 PID 调节器。

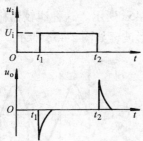

图 2-41　微分电路波形

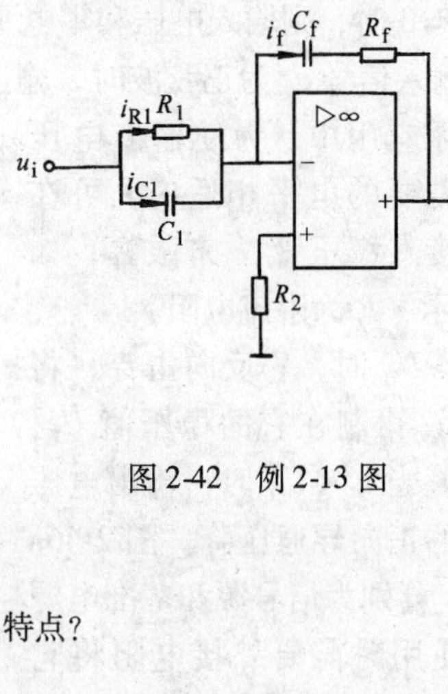

图 2-42　例 2-13 图

【练习与思考】

2-5-1　运算放大器工作在线性区和非线性区时，各有什么特点?

2-5-2　在基本运算电路中，运放应工作在什么区域?

2-5-3　设计一个电压放大倍数为 -10 的比例放大器，其输入端电阻 $R_1 = 10\mathrm{k}\Omega$。

2-5-4　根据 $u_o = -10\int u_i \mathrm{d}t$ 关系式，确定图 2-37 电路中的输入端电阻与平衡电阻值（设 $C = 1\mu\mathrm{F}$）。

2-5-5　设积分运算电路（图 2-37）的输入信号 u_i 波形如图 2-43 所示，画出对应的输出信号 u_o 的波形。

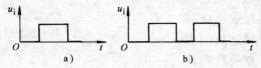

图　2-43

第六节　集成运放在信号处理电路中的应用

集成运放除了能对输入信号进行运算外，还能对输入信号进行处理。信号处理电路在自动控制系统中有着广泛的应用。本节只介绍电压比较器、有源滤波器及采样-保持电路。

一、电压比较器

图 2-44a 为电压比较器电路。它可以用来比较两个电压信号的相对大小。通常在运放的一个输入端加参考电压 U_R 作为基准（其值可正可负），而另一端加被比较的信号 u_i。图中，运算放大器工作在开环状态，由于开环电压放大倍数很高，即使输入端有一个非常微小的差值信号，也会使输出电压达到饱和值。因此，用作比

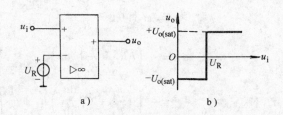

图 2-44　电压比较器
a) 电路　b) 传输特性

较器时，运算放大器工作在饱和区，即非线性区。当 $u_i < u_R$ 时，$u_o = -U_{o(sat)}$；当 $u_i > U_R$ 时，$u_o = +U_{o(sat)}$。图 2-44b 是电压比较器的传输特性。可见，当两个输入端接入比较信号时，在输出端则以高电平或低电平来反映比较结果。

当 $U_R = 0$ 时，则输入电压和零电平比较，电路如图 2-45a 所示。这种比较器称为过零比较器。当输入信号 u_i 为正弦波时，输出信号 u_o 近似为矩形波，如图 2-45b 所示。

在实际应用中，为使输出电压与负载所需要的电平相适应，可在比较器中接入稳压管 V 来限幅，如图 2-46 所示（R 为限流电阻）。

当 $u_i > U_R$ 时，V 反向击穿，将输出电压 u_o 钳制在它的稳压值 U_Z，即 $u_o = U_Z$。当 $u_i < U_R$ 时，输出电压则为 V 管的正向导通压降。图 2-46a 中 R_1 和 R_2 分别为信号源和基准电源的内阻，使用时需要外接电阻将它们配成相等。图 2-46b 为其传输特性。

上述的比较器是由通用型运放构成的，输入是模拟量，输出是高电平或低电平，即数字量。但输出的高、低电平不一定能与数字电路配合得好。另外，通用型运放的翻转速度也不够高。为了克服这些缺

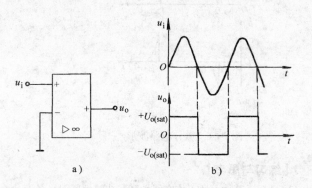

图 2-45　过零比较器

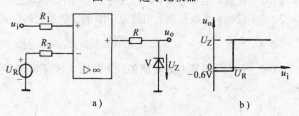

图 2-46　钳制输出比较器
a) 电路　b) 传输特性

点，现在已生产出一系列专用比较器的集成运放（如 J631 等），它们的翻转速度高，可直接用作模拟电路与数字电路的接口元件。

二、有源滤波器

滤波器的功能是让某些频率的信号比较顺利地通过，而使另外频率的信号受到较大抑制。在本套教材的《电工技术》第五章中，曾介绍过由 RC 电路组成的高通、低通和带通滤波器，它们都是无源滤波器。

若将 RC 无源滤波器的输出端接于运放的同相输入端，因为运放是有源器件，这就构成了有源滤波器。与无源滤波器相比，有源滤波器的主要优点是具有一定的信号放大作用和较强的带负载能力。图 2-47a 是有源低通滤波电路。

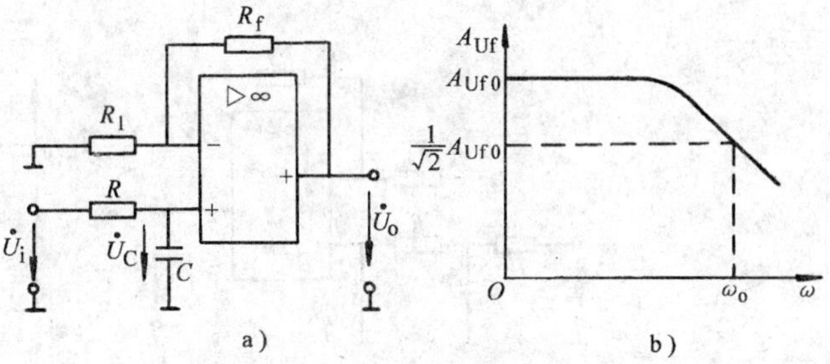

图 2-47　有源低通滤波器
a）电路　b）幅频特性

由 RC 电路可知

$$\dot{U}_+ = \dot{U}_C = \frac{\dot{U}_i}{R + \dfrac{1}{j\omega C}} \cdot \frac{1}{j\omega C} = \frac{\dot{U}_i}{1 + j\omega RC}$$

再根据同相比例运算电路的式（2-15）可得

$$\dot{U}_o = \left(1 + \frac{R_f}{R_1} \right) \dot{U}_+$$

故滤波器的电压传递函数为

$$\dot{A}_{Uf} = \frac{\dot{U}_o}{\dot{U}_i} = \frac{1 + \dfrac{R_f}{R_1}}{1 + j\omega RC} = \frac{1 + \dfrac{R_f}{R_1}}{1 + j\dfrac{\omega}{\omega_o}} \tag{2-21}$$

式中　$\omega_o = \dfrac{1}{RC}$ 或 $f_o = \dfrac{1}{2\pi RC}$

电压传递函数的绝对值为　　$$A_{Uf} = \frac{1 + \dfrac{R_f}{R_1}}{\sqrt{1 + \left(\dfrac{\omega}{\omega_o} \right)^2}} \tag{2-22}$$

当 $\omega = 0$ 时，　　　　　　　$$A_{Uf0} = 1 + \frac{R_f}{R_1}$$

当 $\omega = \omega_o$ 时，　　　　　$$A_{Uf} = \frac{1 + \dfrac{R_f}{R_1}}{\sqrt{2}} = \frac{A_{Uf0}}{\sqrt{2}}$$

ω_o 称为截止角频率，幅频特性如图 2-47b 所示。

由式（2-21）可见，电压传递函数与频率的一次方有关，故图2-47a所示电路称为一阶有源低通滤波器。这种滤波器电路简单，但滤波效果不够好，当$\omega/\omega_o>1$时，滤波器的输出衰减不够迅速。为了改善滤波效果，使$\omega>\omega_o$时信号衰减快一些，常将两节RC电路串联起来，组成二阶有源低通滤波器，如图2-48a所示[⊖]。图2-48b示出其幅频特性。

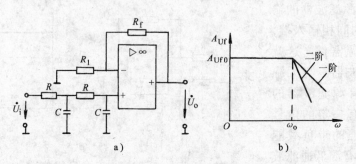

图2-48　二阶有源低通滤波器

a）电路　b）幅频特性

由《电工技术》第五章第一节可知，若将有源低通滤波器中RC电路的R和C对调，则可构成有源高通滤波器。

*三、采样-保持电路

采样-保持电路的功能是实现对信号采样并能在一定时间内保持该采样值。基本的采样-保持电路如图2-49a所示。增强型PMOS管V在电路中起开关作用，由外加控制信号来决定其导通或截止。集成运放A接成电压跟随器。电路的工作过程分采样和保持两个阶段。当控制信号为低电平时，场效应晶体管V导通，u_i通过V向存储电容C充电。由于场效应晶体管导通后，漏、源极之间的电阻很小，故$u_C=u_i$，电压跟随器的输出电压u_o跟随输入信号u_i变化，此时电路处于采样阶段。当控制信号为高电平时，场效应晶体管截止，u_i不能通过V向存储电容C充电，因电压跟随器具有很高的输入电阻，电容上电荷无法释放，故电容C上的电压仍保持场效应晶体管截止前一瞬间的数值，从而输出端也保持采样阶段最后一瞬间的电压值，此时电路处于保持阶段。电路的输入、输出电压波形如图2-49b所示。

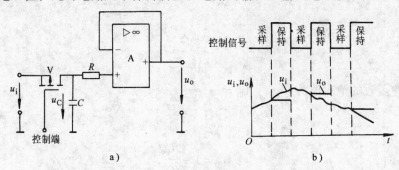

图2-49　基本采样-保持电路

a）电路　b）波形

⊖ 此图为一简单的二阶有源低通滤波器。实用中，第一节电容器C不是接地，而是接在运放的输出端，这样滤波效果更好。

目前，采样-保持电路大都制成集成块，如 LF398，保持电容 C 需外接，C 容量的大小视采样频率而定。

【练习与思考】

2-6-1 在有源滤波器、采样-保持电路、电压比较器中的集成运放各工作在什么区域？

第七节 集成运放在信号发生电路中的应用

在通信和测试系统中，广泛采用正弦波信号和非正弦波信号。本节就这两类信号的发生电路加以讨论。

一、正弦波信号发生器（又称正弦波振荡器）

常用的正弦波振荡器有 RC 振荡器和 LC 振荡器两类。RC 振荡器的输出频率较低，从几赫兹到几百千赫兹，而 LC 振荡器可以输出较高的频率，从几百千赫兹到几百兆赫兹。本节只讨论桥式 RC 正弦波振荡器。

1. 自激振荡的条件

放大器通常是在输入端接有信号时才有信号输出。如果它的输入端不外接输入信号，其输出端仍有一定频率和幅值的信号输出，则称放大器发生了自激振荡。振荡器就是利用放大器的自激振荡而工作的。既然振荡器不需要外接信号源就有信号输出，那么，它的输入信号从何而来呢？为此，需要讨论振荡器的自激振荡条件和起振问题。

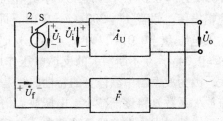

图 2-50 产生自激振荡的条件

在图 2-50 所示电路中，$\dot{A}_U$ 是基本放大器的电压放大倍数，$\dot{F}$ 是反馈网络的反馈系数。当开关 S 处于位置"1"时，输入信号电压 $\dot{U}_i$ 加在放大器的输入端，输出电压为 $\dot{U}_o$。同时，在"2"端有一个反馈电压 $\dot{U}_f$。若适当调节电路参数，可以使 $\dot{U}_f = \dot{U}_i = \dot{U}_i'$，它们大小相等，相位相同。此时，若将开关 S 投向"2"端，则反馈电压可代替外加信号电压，使放大器的输出电压仍然维持不变。这样，放大器就变成了自激振荡器，自激振荡器的输入信号是从自己的输出端反馈回来的。

因为放大器的电压放大倍数为

$$\dot{A}_U = \frac{\dot{U}_o}{\dot{U}_i'}$$

反馈网络的反馈系数为

$$\dot{F} = \frac{\dot{U}_f}{U_o}$$

所以，当 $\dot{U}_f = \dot{U}_i'$ 时，有

$$\dot{A}_U \dot{F} = 1 \tag{2-23}$$

由于 $\dot{A}_U = A_U \underline{/\varphi_A}$，$\dot{F} = F \underline{/\varphi_F}$

代入式（2-23）后，得

$$A_{\mathrm{U}}F \Big/ \varphi_{\mathrm{A}} + \varphi_{\mathrm{F}} = 1$$

因此，振荡器自激振荡的条件是：

（1）相位条件

$$\varphi_{\mathrm{A}} + \varphi_{\mathrm{F}} = \pm 2n\pi \quad (n = 0, 1, 2, \cdots) \tag{2-24}$$

相位条件表示反馈电压在相位上要与输入电压同相，它们的瞬时极性始终相同，也就是说，必须为正反馈。

（2）幅值条件

$$A_{\mathrm{U}}F = 1 \tag{2-25}$$

幅值条件表示反馈网络要有足够的反馈系数才能使反馈电压等于所需的输入电压。例如，放大器的电压放大倍数为 100，则要求反馈网络的反馈系数为 0.01，才能满足幅值条件。在这种情况下，如果在放大器的输入端加上有效值为 0.01V 的正弦电压（即 $U_{\mathrm{i}} = 0.01\mathrm{V}$），则输出端可以得到 $U_{\mathrm{o}} = 1\mathrm{V}$ 的电压。此时反馈电压正好也是 0.01V（$U_{\mathrm{f}} = FU_{\mathrm{o}} = 0.01 \times 1\mathrm{V} = 0.01\mathrm{V}$）。如果 $\dot{U}_{\mathrm{f}}$ 与 $\dot{U}_{\mathrm{i}}$ 相位相同，那么，输入信号用 $\dot{U}_{\mathrm{f}}$ 代替后，振荡器就可以稳幅振荡。假若 $A_{\mathrm{U}} = 200$，$F = 0.01$，即 $A_{\mathrm{U}}F > 1$，情况又是怎样的呢？设放大器刚开始有一输入电压 $U_{\mathrm{i}} = 0.01\mathrm{V}$，则 $U_{\mathrm{o}} = 2\mathrm{V}$，这时 $U_{\mathrm{f}} = 0.02\mathrm{V}$，由它代替输入信号后，可使 $U_{\mathrm{o}} = 4\mathrm{V}$ 及 $U_{\mathrm{f}} = 0.04\mathrm{V}$，在不断增大的反馈电压作用下，$U_{\mathrm{o}}$ 将越来越大。但是，U_{o} 的幅度不会无限增大，因为放大器中晶体管的特性曲线是非线性的。当信号的幅度增大到一定程度时，它的电流放大系数 β 将逐渐减小，电压放大倍数 A_{U} 也随着降低。当达到 $A_{\mathrm{U}}F = 1$ 时，振荡幅度便不再继续增大，振荡器便稳定在一定幅度下工作。

在上述分析中，我们是假定把图 2-50 中开关 S 从"1"投向"2"，用 $\dot{U}_{\mathrm{f}}$ 代替 $\dot{U}_{\mathrm{i}}$ 而产生自激振荡的。实际上，振荡器开始工作时，并没有外加一个信号激励，振荡器的起振完全靠接通电源瞬间电路内的扰动和噪声信号。振荡器刚与电源接通时，电路中有一个电冲击，从而激起一个微小幅值的反馈信号加到放大器的输入端，若此时 $A_{\mathrm{U}}F > 1$，则它被放大后经正反馈网络又加到放大器的输入端，再进行放大，再次反馈。这样经过正反馈→放大→再反馈→再放大的多次循环过程，使 U_{o} 逐渐增大，A_{U} 逐渐减小，直到 $A_{\mathrm{U}}F = 1$ 时，得到稳定的等幅振荡。由此可见，从 $A_{\mathrm{U}}F > 1$ 到 $A_{\mathrm{U}}F = 1$ 是振荡器自激振荡建立的过程。

需要指出，起振时在电路中激起的电压或电流的变化，往往是非正弦的，含有各种频率的谐波分量。为了得到单一频率的正弦输出电压，振荡器还必须具有选频性。要求它对不同频率的信号有不同的放大倍数和不同的相移，而能满足自激振荡条件的只有某一特定频率的信号。正弦波振荡器都包含放大电路、正反馈电路和选频电路三部分。

2. 桥式 RC 正弦波振荡器

图 2-51 是一个桥式 RC 正弦波振荡器电路。图中，放大器为一同相输入比例运算电路，其输出电压 $\dot{U}_{\mathrm{o}}$ 与输入电压 $\dot{U}_{\mathrm{i}}$ 同相，即它们之间的相位移 $\varphi_{\mathrm{A}} = 0$；反馈网络由 Z_1、Z_2 组成，其

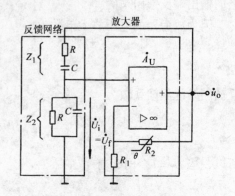

图 2-51　桥式 RC 正弦波振荡器

输入电压为 $\dot U_{\circ}$，输出电压（即反馈电压）为 $\dot U_{\mathrm{f}}$。不难看出，该反馈网络就是在《电工技术》第五章第一节中讨论过的带通滤波电路。由以前讨论的结果可知，当 $f=f_{\circ}=1/(2\pi RC)$ 时

$$F=\frac{U_{\mathrm{f}}}{U_{\circ}}=\frac{1}{3}$$

并且，$\dot U_{\mathrm{f}}$ 与 $\dot U_{\circ}$ 同相，即它们之间的相位移 $\varphi_{\mathrm{F}}=0$。

由此可见，当 $f=f_{\circ}$ 时，$\varphi_{\mathrm{A}}+\varphi_{\mathrm{F}}=0$，图 2-51 所示电路满足自激振荡的相位条件。如果使放大器的电压放大倍数 $A_{\mathrm{U}}=3$，则有 $A_{\mathrm{U}}F=1$，又可满足自激振荡的幅值条件。因此，该电路对频率 $f_{\circ}$ 的信号可以产生自激振荡，电路输出端只有频率 $f_{\circ}$ 的正弦波信号。

上述电路的电压放大倍数 $A_{\mathrm{U}}=\left(1+\dfrac{R_{2}}{R_{1}}\right)$，调节 R_{2} 与 R_{1} 的比值，可以改变其大小。为了便于起振和稳幅，R_{2} 采用热敏电阻。在振荡器未工作时，取 R_{2} 稍大于 $2R_{1}$，使 $A_{\mathrm{U}}F>1$。起振后，随着振幅的增大，流过 R_{2} 的电流也增大，其温度上升，阻值下降，负反馈得到加强，振幅的增加受到限制。与此同时 A_{U} 下降，当 $A_{\mathrm{U}}F=1$ 时，振幅不再增大，维持稳定的等幅振荡。

图 2-51 所示电路称为桥式 RC 正弦波振荡器，是因为选频电路中的 Z_{1}、Z_{2} 和负反馈电阻 R_{1} 和 R_{2} 正好构成电桥的四臂，放大器的输出端和输入端分别接到电桥的对角上。

*二、非正弦波信号发生器

1. 矩形波（又称方波）发生器

图 2-52a 是矩形波信号发生器电路。运放作比较器用，电容电压 u_{C} 加在它的反相输入端，即 $u_{-}=u_{\mathrm{C}}$，同相输入端电压 u_{+} 由输出电压经 R_{1} 与 R_{2} 组成的分压器提供。运放的输出电压 $u_{\circ}$ 由 u_{+} 与 u_{-} 相比较来决定。

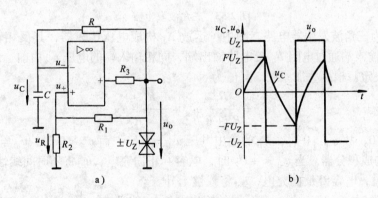

图 2-52 矩形波发生器

a）电路 b）波形

设电容的初始电压为零，因而 $u_{-}=0$；电路接通电源（图中未画出）后，输出端的扰动电压经过分压，在运放同相输入端获得一个最初输入电压。因为电路具有强烈的正反馈，故输出电压迅速升高到 $+U_{\mathrm{Z}}$（或下降到 $-U_{\mathrm{Z}}$）。设开始时输出电压为 $+U_{\mathrm{Z}}$，则同相输入端的电压为

$$u_+ = \frac{R_2}{R_1 + R_2} U_Z = F U_Z \tag{2-26}$$

式中，反馈系数为

$$F = \frac{R_2}{R_1 + R_2} \tag{2-27}$$

正的输出电压通过 R 对电容 C 充电，使电容电压 u_C 逐渐上升。当 u_C 稍大于门槛电压 u_+（即 $F U_Z$）时，电路发生翻转，输出电压迅速由 $+U_Z$ 变为 $-U_Z$。

输出电压变成 $-U_Z$ 后，同相输入端的电压为

$$u'_+ = -F U_Z \tag{2-28}$$

此时，电容开始放电，u_C 下降。u_C 下降到零后进行反向充电，u_C 继续下降。当 u_C 下降到稍低于门槛电压 u'_+ 时，电路又发生翻转，输出电压由 $-U_Z$ 迅速变成 $+U_Z$。

输出电压变为 $+U_Z$ 后，电容又开始充电，如此周而复始，在输出端将获得方波电压。图 2-52b 为 u_C 及 u_o 的波形。因为方波中含有极丰富的谐波，因此方波发生器又称多谐振荡器。

2. 三角波发生器

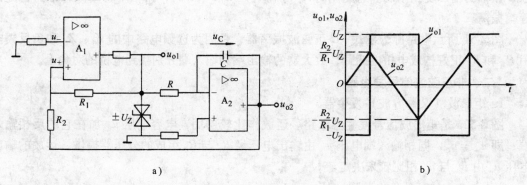

图 2-53　三角波发生器

图 2-53a 为三角波发生器电路。图中，运放 A_1 构成电压比较器，其反相输入端通过电阻接地，同相输入端通过电阻 R_2 接电路输出端，同相输入端的电压 u_+ 由前、后级输出电压 u_{o1} 和 u_{o2} 共同决定。根据叠加原理，其值为

$$u_+ = \frac{R_2}{R_1 + R_2} u_{o1} + \frac{R_1}{R_1 + R_2} u_{o2} \tag{2-29}$$

因为 $u_- = 0$，故 $u_+ > 0$ 时，A_1 的输出电压 $u_{o1} = +U_Z$；而 $u_+ < 0$ 时，$u_{o1} = -U_Z$。

运放 A_2 构成积分器。当 $u_{o1} = +U_Z$ 时，电容 C 正向充电，u_{o2} 将随时间线性下降；反之，当 $u_{o1} = -U_Z$ 时，电容 C 反向充电，u_{o2} 将线性上升。

设接通电源时，$u_{o1} = -U_Z$，积分器的输出电压 u_{o2} 线性地上升，这样 A_1 的 u_+ 由负值逐渐上升。当 u_{o2} 达到某值正好使 u_+ 由负值升到零时，电压比较器翻转，使 u_{o1} 迅速地由 $-U_Z$ 变成 $+U_Z$。由式（2-29）可求出电压比较器翻转时的 u_{o2}，即

$$u_+ = \frac{R_2}{R_1 + R_2}(-U_Z) + \frac{R_1}{R_1 + R_2} u_{o2} = 0$$

故

$$u_{o2} = \frac{R_2}{R_1} U_Z \tag{2-30}$$

式（2-30）表明，当 u_{o2} 上升到 $\dfrac{R_2}{R_1}U_Z$ 时，电压比较器发生翻转，u_{o1} 由 $-U_Z$ 变成 $+U_Z$。此时，u_+ 也突然变为正值。

u_{o1} 变成 $+U_Z$ 后，积分器的输出电压 u_{o2} 线性地下降，这样 A_1 的 u_+ 逐渐下降。当 u_{o2} 降到另一值时，正好使 u_+ 由正值降到零，电压比较器又发生翻转，u_{o1} 迅速地由 $+U_Z$ 变成 $-U_Z$。由式（2-29）可求出电压比较器再一次翻转时的 u_{o2}'，即

$$u_+ = \frac{R_2}{R_1 + R_2}U_Z + \frac{R_1}{R_1 + R_2}u_{o2}' = 0$$

故
$$u_{o2}' = -\frac{R_2}{R_1}U_Z \tag{2-31}$$

式（2-31）表明，当 u_{o2} 下降到 $-\dfrac{R_2}{R_1}U_Z$ 时，电压比较器又翻转，u_{o1} 从 $+U_Z$ 变成 $-U_Z$。

图 2-53b 为 u_{o1} 和 u_{o2} 的波形图，由图可知，图 2-53a 实为一个方波和三角波共同发生器，方波 u_{o1} 的幅值为 U_Z，三角波 u_{o2} 的幅值为

$$U_{o2M} = \frac{R_2}{R_1}U_Z$$

3. 锯齿波发生器

如果三角波上升时间远大于下降时间，则成为锯齿波。既然锯齿波的上升时间与下降时间不同，故必须设置不同的积分支路。图 2-54a 为锯齿波发生器的电路。图中，积分器设有 V_1-R_3-C 与 V_2-R_4-C 两条积分支路。当 u_{o1} 为 $+U_Z$ 时，电容 C 通过二极管 V_1 及电阻 R_3 正向充电；当 u_{o1} 为 $-U_Z$ 时，电容 C 通过 V_2 及 R_4 反向充电。如果 $R_3 \ll R_4$，则锯齿波下降时间远小于上升时间。图 2-54b 为锯齿波发生器的波形图。

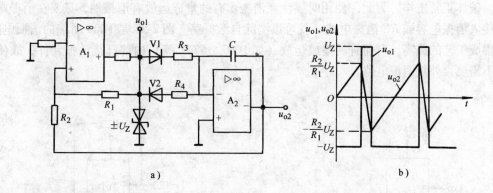

图 2-54　锯齿波发生器

【练习与思考】

2-7-1　在桥式 RC 正弦波振荡器（图 2-51）中，若 R_1 为热敏电阻，这种热敏电阻应具有正的还是负的温度系数才能起到自动稳定输出信号幅度的作用？

2-7-2　在满足相位条件的前提下，既然正弦波振荡器的幅值条件为 $A_UF = 1$，如果 F 为已知，则 $A_U = 1/F$ 即可起振，这种说法对吗？

2-7-3　方波、三角波及锯齿波发生器中的集成运放是否都工作在线性区？对于不在线性区工作的集成

运放，可否用虚短的概念分析问题？

第八节　集成运放的选择与使用

一、集成运放的选择

集成运放的种类很多，按其技术指标可分为通用型和专用型。使用时，应根据系统对电路的要求来选择。

一般情况下，应优先选择通用型（如 F007 等），因为通用型集成运放可满足大部分常规应用的需要，且容易得到，售价也比较低。在特殊情况下，要选用专用型。专用型集成运放包括高输入阻抗型、低漂移型、低功耗型、高速型、高压和大功率型等多种。

高输入阻抗型，主要用于测量放大器、采样-保持器和有源滤波器等电路。国产型号有 5G28 等，国外型号有 A126 等；低漂移型，主要用于毫伏级以下微弱信号的精密检测及自动控制仪表。国产型号有 FC72、FO32、XFC78 和 5G7650 等，国外型号有 AD508 等；高速型，一般用于快速 A/D 和 D/A 转换、有源滤波、高速采样-保持等电路。国产型号有 F715、F722、4E312 等，国外型号有 μA-207 等；低功耗型，一般用于对能源有严格限制的遥测、遥感、生物医学和空间技术研究的设备。国产型号有 F253、F012、FC54 和 XFC75 等，国外型号有 ICL7600 等；高压型，主要用于要求有较高输出电压的场合。国产型号有 F1536、F143 和 5G315 等，国外型号有 D41 等。

除了以上几种专用型集成运放外，还有可编程型、电流型等运放电路，选用时需参阅有关手册。

二、使用中应注意的几个问题

1. 消振

由于集成运放内部晶体管的极间电容和其他寄生参数的影响，运放电路很容易产生自激振荡，破坏正常工作。为此，使用时要注意消振。有的集成运放有消振端，只要在消振端按规定接入消振电容或 RC 消振电路，就可以消除自激振荡。图 2-55 是 F004 所接的消振电路。随着集成工艺的提高，目前有的集成运放（如 F007、F741 等）内部已接消振元件，故使用时，不需要再外接消振电路。

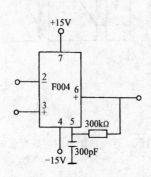

图 2-55　外接 RC 消振电路

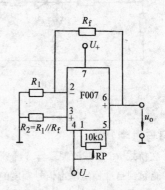

图 2-56　F007 调零电路

2. 调零

由于集成运放内部不完全对称，因而当输入信号为零时，仍有输出信号，故使用时需要设置调零电路。有的运放有调零端，在调零端接入规定阻值的调零电位器，即可调零。图2-56 为 F007 的调零电路。调零时，应将电路接成闭环，并把电路输入端接地，调节调零电位器，使输出电压为零。注意，必须先消振后调零。

3. 保护

（1）输入端保护　当运放的两输入端之间所加的电压过高时，会损坏输入级的晶体管。为此，在两输入端之间接入两只反向并联的二极管，如图 2-57 所示。这样，可将两端间输入电压限制在二极管的正向压降以下，起到保护运放输入级的作用。

（2）输出端保护　输出端保护电路用来防止运放输出对地短路或碰到高电位而造成的损坏。在图 2-58 中，运放输出端有双向稳压管和限流电阻。一旦电路输出端接触高电位，则稳压管击穿，使运放输出端的电压限制为 U_Z。如果输出端不慎对地短路，则限流电阻可起限制短路电流的作用。

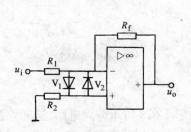

图 2-57　输入端保护

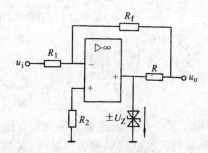

图 2-58　输出端保护

（3）电源保护　为防止正、负电源接反，可用二极管来保护，如图 2-59 所示。

4. 扩大输出电流

运放的输出电流一般不大，如果负载需要较大电流时，可在输出端加接一级互补对称电路，如图 2-60 所示。

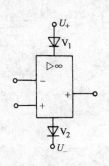

图 2-59　电源保护

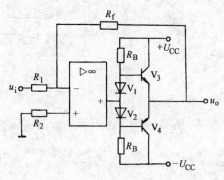

图 2-60　扩大输出电流

第九节　集成运放应用实例

一、电桥放大器

在物理量的测量中，经常要用到电桥电路。为了获得压力、温度以及应变等物理量的信息，常把传感元件（例如电阻应变片）接入电桥的一个臂，作为检测元件。在正常情况下，令电桥的四臂相等，当压力变化引起传感元件阻值变化时，检测元件的电阻将变为 $R + \Delta R$，电桥的输出电压 u_{ab} 也随之变化，但是这一输出电压往往很微弱（一般为 mV 数量级），需要经过放大才能满足测量（或显示、控制）的需要。为此在电桥后面接一个运放，两者组合而构成最基本的电桥放大器，如图 2-61 所示。

为了简化分析，可以用二端网络来代替电桥的两个支路。例如传感器桥臂支路可用戴维南定理等效成图 2-62b、c 所示电路，其中

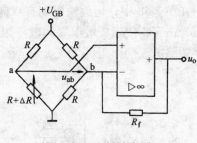

图 2-61　电桥放大器

$$U_1 = U_{GB}\frac{R + \Delta R}{2R + \Delta R} = \frac{U_{GB}(1 + \Delta R/R)}{2[1 + \Delta R/(2R)]}$$

$$\approx \frac{U_{GB}}{2}\left(1 + \frac{\Delta R}{2R}\right)^{\ominus} \qquad (2\text{-}32)$$

$$R_{o1} = R /\!/ (R + \Delta R) \approx \frac{R}{2}$$

同理，另一桥臂支路也可用类似方法化简而得到如图 2-62a 所示等效电路，这样就把电桥参数等效到运放电路中来了。显然，这是一个差动运算电路。运用叠加原理，将 U_1 短路时，得 U_2 作用下的输出电压为

$$u_{o1} = -\frac{R_f}{R/2}U_2 = -U_{GB}\frac{R_f}{R}$$

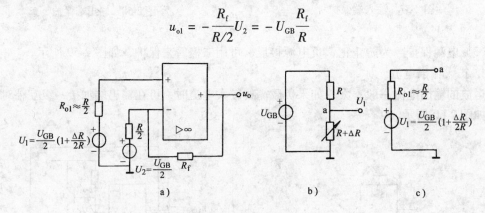

图 2-62　等效电路

将 U_2 短路，得 U_1 作用下的输出电压为

$\ominus$　当 $x \ll 1$ 时，有近似式 $\dfrac{1}{1+x} \approx 1 - x$ 成立，此处令 $x = \Delta R/(2R)$，由于 $\Delta R \ll R$，则 $\dfrac{\Delta R}{(2R)} \ll 1$，故 $\dfrac{1}{1 + \Delta R/(2R)} \approx 1 - \Delta R/(2R)$，最后得出式(2-32)。

$$u_{o2} = \left(1 + \frac{R_f}{R/2}\right) U_1 = \frac{U_{GB}}{2}\left(1 + \frac{\Delta R}{2R}\right)\frac{R + 2R_f}{R}$$

总输出电压为 $\quad u_o = u_{o1} + u_{o2} = -U_{GB}\frac{R_f}{R} + \frac{U_{GB}}{2}\left(1 + \frac{\Delta R}{2R}\right)\frac{R + 2R_f}{R}$

设电路满足 $R_f \gg R$ 条件,则上式可简化为

$$u_o \approx \frac{U_{GB}}{2}\frac{\Delta R}{R}\frac{R_f}{R}$$

设传感元件电阻的相对变化为 $\delta = \frac{\Delta R}{R}$,则 $u_o \approx \frac{U_{GB}}{2}\frac{R_f}{R}\delta$,说明输出电压与传感元件电阻的相对变化成正比。如果 δ 与被测物理量的关系已知,则输出电压 u_o 就可以反映被测物理量的大小。

二、双限温度自动控制器

图 2-63 为温度自动控制电路。运算放大器接成电压比较器,电阻 R_1、R_2、R_3,电位器 RP 和热敏电阻 R_T 构成电桥电路。在室温下,$\frac{R_T}{R_1} > \frac{R_3}{R_2 + RP}$,A 点电位高于 B 点电位,比较器输出为 $-U_{o(sat)}$,V_1 管截止,V_2、V_3 管饱和导通,继电器 K 吸合,电炉通电加热。随着温度的上升,具有负温度系数的热敏电阻(测温元件)R_T 的阻值减小。当炉温稍高于设定温度时,$\frac{R_T}{R_1} < \frac{R_3}{R_2 + RP}$,比较器输出变为 $+U_{o(sat)}$,V_1 管饱和导通,V_2、V_3 管截止,继电器 K 释放,电炉停止加热,炉温开始下降,R_T 阻值逐渐增大。当炉温降到稍低于设定温度时,比较器输出电压由 $+U_{o(sat)}$ 翻转成 $-U_{o(sat)}$,继电器 K 重新吸合,电炉再次通电加热,这样可以使炉温保持在设定温度 T_o 附近。

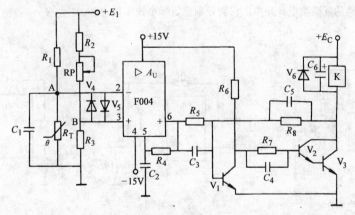

图 2-63　温度自动控制电路

改变 R_3 可以改变电炉的设定温度。RP 用作温度微调。V_4、V_5 为输入限幅保护元件。V_6 管为继电器线圈提供能量释放回路,防止 V_2、V_3 管由导通转为截止时产生过电压。R_8 起正反馈作用,可加速 V_1、V_2 及 V_3 管的翻转。C_1 用来旁路干扰电压。C_2、R_4 为运算放大

器的消振电路。C_3、C_4、C_5 为加速电容，C_6 使继电器延时吸合和延时释放。

小　结

1）直接耦合放大器既可放大交流信号，又可放大缓慢变化的信号。零点漂移是直接耦合放大器的一个突出问题。为了解决零漂问题，常采用差动放大器。

2）差动放大器用来放大差模信号，抑制共模信号。差动放大器有四种不同的连接方式，可依不同的输入状况和输出要求灵活采用。

3）集成运放是一种高放大倍数、高输入阻抗、低输出阻抗的直接耦合放大器。

4）放大器中引入负反馈，可以改善放大器的性能。根据需要可选用不同的反馈类型。

5）运用虚短和虚断两条重要法则，可方便地分析线性应用的运放电路。

6）集成运放的应用电路形式很多，根据运放的工作情况，可分成线性应用和非线性应用。比例运算、加减运算、积分运算、微分运算、有源滤波器、正弦波振荡器、采样-保持器等属于线性应用，而比较器、方波发生器、三角波发生器、锯齿波发生器等，属于非线性应用。

习　题

2-1　有甲、乙两个直接耦合放大器，甲放大器电压放大倍数为 100，当温度由 $20°C$ 变到 $30°C$ 时，输出电压漂移了 3.2V；乙放大器电压放大倍数为 400，当温度从 $20°C$ 变到 $30°C$ 时，输出电压漂移了 6V，试问哪一个放大器的零点漂移小？为什么？

2-2　差动放大电路（图 2-64）在结构上有什么特点？图中 R_E 和 U_- 的作用是什么？

2-3　某一双端输入、双端输出差动放大器，两输入电压分别为 $u_{i1} = 5.0005V$，$u_{i2} = 4.9995V$，差模电压放大倍数 A_D 为 10^4。①当 $K_{CMR} = \infty$ 时，求输出电压 u_o；②当 $K_{CMR} = 100dB$ 时，求共模电压放大倍数 A_C。

2-4　为了增大运放的输出功率，通常在它后面接一功率晶体管或互补对称功放电路，如图 2-65a、b 所示。分析图中各电路的反馈类型，并指出它们分别稳定哪个输出量。

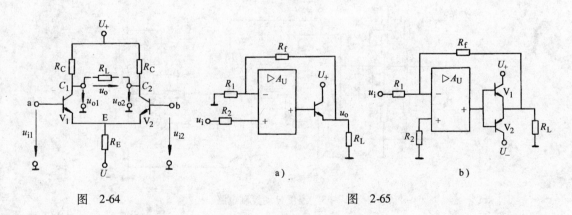

图　2-64　　　　　　　　　　　　　　　图　2-65

2-5　试判断图 2-66 电路中，有无反馈，是什么类型的反馈？

*2-6　电路如图 2-67a、b 所示，试判断它们的反馈类型。

2-7　某一开环放大倍数为 $A = 4000$ 的放大器，引入了 $F = 0.04$ 的负反馈后，闭环放大倍数 A_f 为多少？若 A 增加为 8000 时，A_f 变为多少？并与式（2-12）计算的结果相对照。

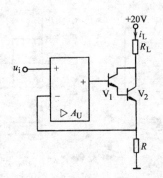

图 2-66

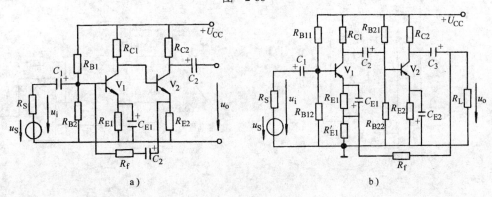

图 2-67

2-8 图 2-68 为由运放构成的线性刻度欧姆表电路图。被测电阻 R_X 作为反馈电阻接在输出端与反相输入端之间，信号电压取自稳压管，$U_Z = 6V$，输出端接量程为 6V 的直流电压表，用以读取 R_X 值。当开关 SA 合在 R_3 档时，电压表指示为 3V，试问 R_X 值为多少？

2-9 图 2-69 为一简单稳压电路，求①u_o 的表达式；②设 $U_Z = 5V$，试求能使 u_o 在 5～12V 范围内变动的 R_1 和 R_f 值。反馈网络的最大电流限制在 0.5mA。

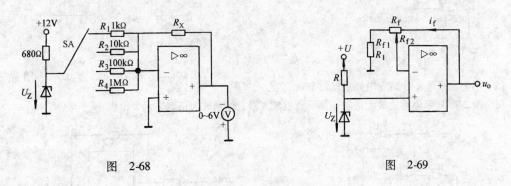

图 2-68   图 2-69

2-10 图 2-70 电路中的 u_{i1}、u_{i2} 波形为已知，试画出与其对应输出电压 u_o 的波形。

2-11 在图 2-71 所示的电路中，$R_2 = R_3 = R_4 = 4R_1$，求证：$\left| \dfrac{u_o}{u_i} \right| = 12$。

2-12 图 2-72 中，运放电路作为直流电压表用，被测电压接于同相输入端，输出端接有量程为 150mV 的电压表。输入端加接的 $R_1 \sim R_7$ 分压器用以扩大量程。求图中 R_1 和 R_4 的阻值。

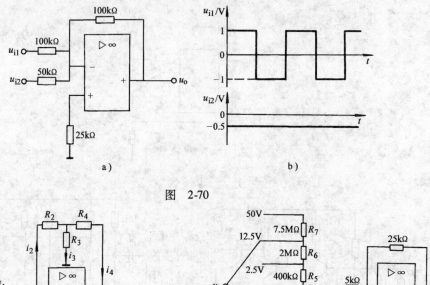

图 2-70

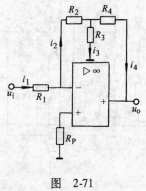

图 2-71

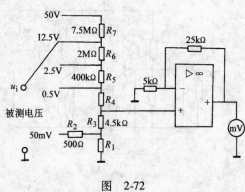

图 2-72

2-13 求图 2-73 所示电路的输出电压 u_o。

2-14 图 2-74 为两个运放组成的高输入阻抗放大器，求输出电压 u_o。

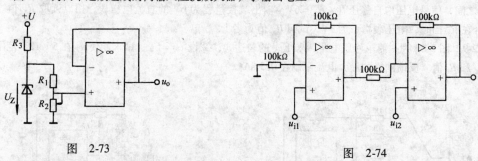

图 2-73

图 2-74

2-15 用叠加原理求图 2-75 电路的输出电压 u_o。

2-16 图 2-76 所示电路为放大倍数连续可调的放大器，试求放大倍数的调节范围。

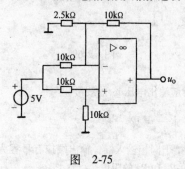

图 2-75

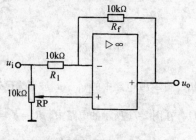

图 2-76

2-17 某一运放的最大输出电压 $U_{OM} = 10V$，积分时间常数 $\tau = 0.1s$，输入阶跃电压 $U_i = 1V$，求允许的最大积分时间。

2-18 设图 2-77a 积分运算电路中的 $R = 50k\Omega$，$C = 1\mu F$，输入信号波形为图 2-77b 所示，试画出与其对应的输出信号 u_o 的波形，并标出其幅值（设电容的初始电压为零）。

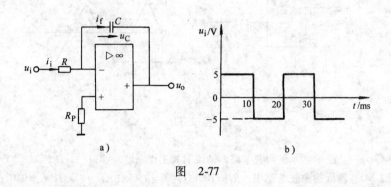

图 2-77

2-19 图 2-78 为具有置初始条件、积分和保持三种工作方式的积分器，试分析如何实现这三种功能？

2-20 图 2-79 中，已知 $u_i = 2\sin 2\pi 1000 t \, mV$，$C = 1\mu F$，$R_f = 1000k\Omega$，求 u_o。

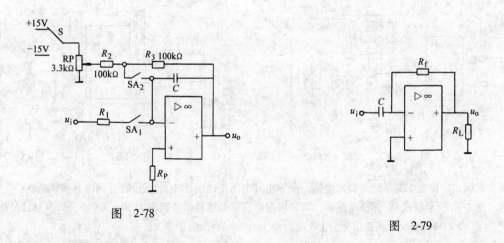

图 2-78

图 2-79

2-21 试求图 2-80 所示电路的 u_o 与 u_i 的关系。

2-22 在图 2-81 所示有源校正电路中，若①$R_f = 0$；②C_f 被短路。试问上述两种情况下 u_o 与 u_i 的关系如何？并说明其运算功能。

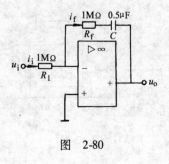

图 2-80

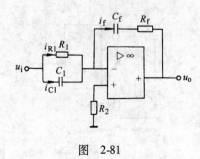

图 2-81

2-23 图 2-82a 为反相输入式电平检测器，它可以用来判断信号电平是大于还是小于某一值。图中的双向稳压管 V 的稳压值 $U_Z = \pm 6\text{V}$。已知 u_i 的波形如图 2-82b 所示，试画出与其对应的 u_o 波形。

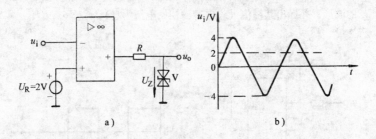

a)   b)

图 2-82

2-24 图 2-83 为一监控 u_i 大小的报警电路，试说明其工作原理。

2-25 在图 2-84 有源低通滤波电路中，$R_1 = 100\text{k}\Omega$，$R_f = 150\text{k}\Omega$，$R = 82\text{k}\Omega$，$C = 0.01\mu\text{F}$。试求 A_{Uf} 和 f_o。

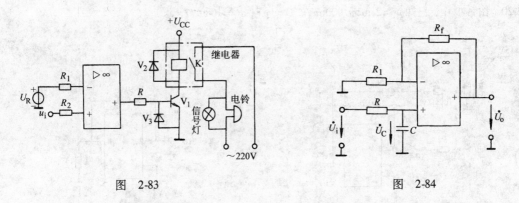

图 2-83   图 2-84

2-26 试画出一阶有源高通滤波器的电路，推导出其电压传递函数 $\dot{A}_{Uf}$ 的式子，并画出其幅频特性。

2-27 图 2-85 所示桥式 RC 振荡电路中，双联可变电容器的电容调节范围为 30 ~ 300pF，$R_1 = 1\text{k}\Omega$，要求电路产生 $f_o = (1 \sim 10)\text{kHz}$ 的正弦信号。①R 应为多少？②R_f 至少应为多少？

2-28 在图 2-86 所示的电桥放大器中，由于某个非电量变化可使传感元件 R_o 产生 $\delta = \dfrac{\Delta R_o}{R_o}$ 的相对变化，若能测得 u_o 与 δ 的关系，那么 u_o 就反映了该非电量的大小。试求 u_o 与 δ 的关系。

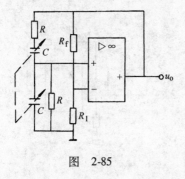

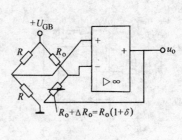

图 2-85   图 2-86

2-29 图 2-87 为双液位检测显示电路。整个电路包括传感、检测和显示三部分。传感部分是置于水箱中的两对不锈钢电极 H 和 L。它们分别处于高、低两个极限水位处。两组电极相当于两组常开触头，当它们被水淹没时，相当于触头闭合。试说明电路的工作原理。

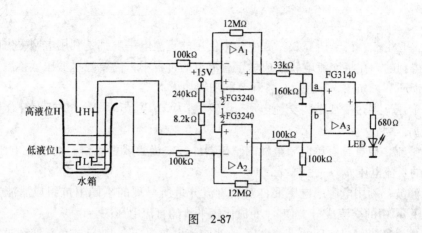

图　2-87

第三章 直流稳压电源

现代工业生产、科学研究及家庭生活中使用的直流电一般都是利用电网提供的交流电经过转换而得到的。在将交流电转换成稳定直流电的过程中，需要经过变压、整流、滤波和集成稳压四个环节，如图 3-1 所示。各环节的功能如下：

（1）变压　通过变压器将交流电压 u_1（一般为 220V 或 380V）变换为符合整流需要的交流电压 u_2。

（2）整流　通过具有单向导电性的整流器件（二极管或整流桥）将交流电压 u_2 变换为单向脉动的直流电压 u_3。

（3）滤波　利用电容或电感元件对交直流分量所呈现的不同阻抗组成滤波器，滤掉脉动直流电压 u_3 中的交流成分，使 u_4 变成比较平滑的直流电压。

（4）集成稳压　滤波后的直流电压 u_4 当交流电源电压 u_1 波动或负载变动时，其大小还会变动。为此，在滤波器后接入集成稳压器，通过集成稳压器将 u_o 变成平滑而稳定的直流电压。

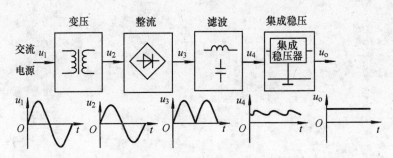

图 3-1　直流稳压电源原理框图

本章先讨论整流、滤波和集成稳压电路，然后探讨三端集成稳压电路的设计。

第一节　整流电路

整流电路是将交流电转变成直流电的电子电路。它主要由单向导电的二极管构成，二极管是整流电路的关键元件。分析整流电路时，二极管视为理想元件，当二极管承受正向电压时导通，忽略正向管压降，其电阻为零，相当于二极管短接；当二极管承受反向电压时截止，其电阻无穷大，相当于二极管断开。

常见的小功率（1kW 以下）整流电路有单相半波、单相全波、单相桥式和单相倍压整流电路，而大功率整流电路一般采用三相半波、三相桥式或采用由晶闸管组成的三相可控整流电路。

本节重点介绍单相半波和单相桥式整流电路。

一、单相半波整流电路

图 3-2 是单相半波整流电路。图中 T 为整流变压器,它将交流电压 u_1 变换成整流电路所需要的交流电压 u_2(设 $u_2 = \sqrt{2}U_2\sin\omega t$)。二极管 V 是整流元件,通过它将交流电压 u_2 变换为单向脉动的直流电压 u_o。R_L 为需要直流供电的负载。

1. 工作原理

在图 3-2a 中,当 u_2 处于正半周(a 端为正,b 端为负)时,此时二极管 V 承受正向电压而导通,V 相当于短接,$u_D = 0$,负载电阻 R_L 上的电压 $u_o = u_2$,流过 R_L 的电流 $i_o = i_D$,其电流路径:a→V→R_L→b。当 u_2 处于负半周(a 端为负,b 端为正)时,如图 3-2b 所示,此时二极管 V 承受反向电压而截止,V 相当于断开,$i_o = i_D = 0$,负载电阻 R_L 上没有电压,$u_o = 0$,负半周的 u_2 全部加在二极管 V 上。

该整流电路仅在变压器二次电压 u_2 处于正半周时才有电流流过负载 R_L,故称为半波整流电路。电路中的 u_2、u_o、u_D、i_D、i_o 的波形如图 3-3 所示。

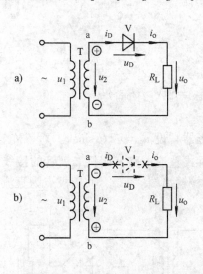

图 3-2　单相半波整流电路

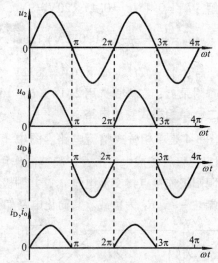

图 3-3　单相半波整流电路的波形

2. 参数计算

(1)输出直流电压的平均值

$$U_o = \frac{1}{2\pi}\int_0^\pi \sqrt{2}U_2\sin\omega t\,\mathrm{d}(\omega t) = \frac{\sqrt{2}}{\pi}U_2 = 0.45U_2 \tag{3-1}$$

式中,U_2 为变压器二次电压有效值。

(2)流过负载直流电流的平均值

$$I_o = \frac{1}{2\pi}\int_0^\pi I_m\sin\omega t\,\mathrm{d}(\omega t) = \frac{I_m}{\pi} \quad 或 \quad I_o = \frac{U_o}{R_L} = 0.45\frac{U_2}{R_L} \tag{3-2}$$

(3)流过二极管的平均电流　由于二极管 V 与负载 R_L 串联,所以有 $i_D = i_o$,其平均电流也相等,即

$$I_D = I_o \tag{3-3}$$

(4)二极管承受的最大反向电压

$$U_{DRM} = \sqrt{2}U_2 \tag{3-4}$$

U_{DRM} 是二极管 V 截止时承受的端电压最大值。

（5）变压器二次电流的有效值

$$I_2 = \sqrt{\frac{1}{2\pi}\int_0^{\pi} i_o^2(\omega t)\,\mathrm{d}(\omega t)} = \sqrt{\frac{1}{2\pi}\int_0^{\pi}(I_m\sin\omega t)^2\,\mathrm{d}(\omega t)} = \frac{I_m}{2} \tag{3-5}$$

由式（3-2）和式（3-5）可知：变压器二次电流的有效值 I_2 与负载的直流电流 I_o 之间的关系式为

$$I_2 = \frac{\pi}{2}I_o = 1.57 I_o \tag{3-6}$$

根据 U_o、I_o、I_D、U_{DRM} 和 I_2 可以选择二极管 V 和整流变压器 T。

【例3-1】 有一单相半波整流电路，如图3-2 所示。已知负载电阻 $R_L = 750\Omega$，变压器二次电压 $U_2 = 20V$。试求 U_o、I_o 和 U_{DRM}，并选用二极管。

解 $U_o = 0.45U_2 = 0.45 \times 20V = 9V$

$$I_o = \frac{U_o}{R_L} = \frac{9}{750}A = 0.012A = 12mA$$

$$U_{DRM} = \sqrt{2}U_2 = \sqrt{2} \times 20V = 28.2V$$

查附录二，二极管选用 2AP4（$I_F = 16mA > I_o$，$U_{RM} = 50V > U_{DRM}$）。

二、单相桥式整流电路

图3-4 是单相桥式整流电路。图中 T 为整流变压器，设 $u_2 = \sqrt{2}U_2\sin\omega t$。$V_1$、$V_2$、$V_3$、$V_4$ 四只二极管接成电桥形式，起整流作用，故得名桥式整流电路。四只二极管的接线规则是：阴阳极连接点接交流电源 u_2，共阴极点为直流正极输出端"+"，共阳极点为直流负极输出端"−"，R_L 为负载。其简化电路如图3-5 所示。

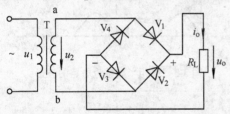

图3-4 单相桥式整流电路

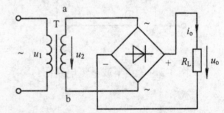

图3-5 简化单相桥式整流电路

1. 工作原理

图3-4 中，当 u_2 处于正半周（a 端为正，b 端为负），此时二极管 V_1、V_3 因承受正向电压而导通，电流 i_o 的路径：a→V_1→R_L→V_3→b，如图3-6 所示。V_2、V_4 因 V_1、V_3 的导通承受反向电压而截止。当 u_2 处于负半周（a 端为负，b 端为正），此时二极管 V_2、V_4 因承受正向电压而导通，电流 i_o 的路径：b→V_2→R_L→V_4→a，如图3-7 所示。V_1、V_3 因 V_2、V_4 的导通承受反向电压而截止。

由图3-6 和图3-7 可见，流经负载 R_L 的电流 i_o 及 R_L 两端电压 u_o 的方向没有改变，即为直流电流和直流电压，然而其大小都是脉动的。图中 u_2、u_o、u_D、i_D、i_o 的波形如图3-8 所示。

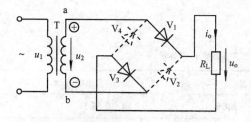

图 3-6　u_2 正半周 i_o 的路径

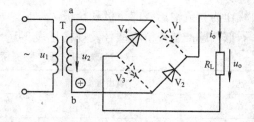

图 3-7　u_2 负半周 i_o 的路径

2. 参数计算

（1）输出直流电压、直流电流的平均值　由图 3-8 可见，桥式整流电路输出直流电压 U_o、直流电流 I_o 是半波整流电路的两倍。即

$$U_o = 2 \times \frac{1}{2\pi} \int_0^\pi \sqrt{2}U_2 \sin\omega t \mathrm{d}(\omega t) = 2 \times 0.45 U_2$$
$$= 0.9 U_2 \tag{3-7}$$

$$I_o = \frac{U_o}{R_L} = 0.9 \frac{U_2}{R_L} = 2 \times \frac{1}{2\pi} \int_0^\pi I_m \sin\omega t \mathrm{d}(\omega t)$$
$$= \frac{2I_m}{\pi} \tag{3-8}$$

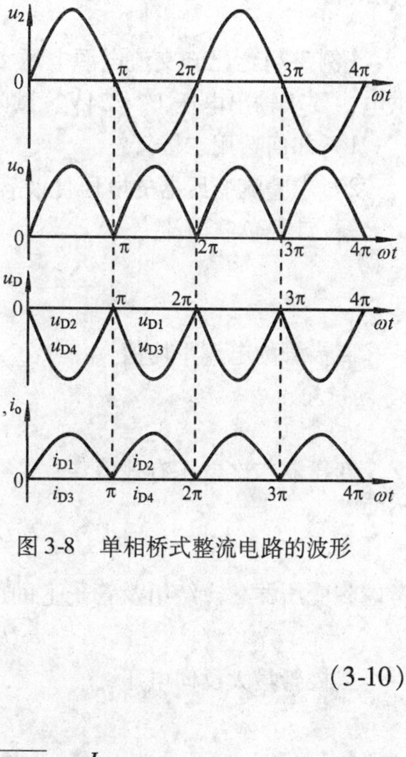

（2）流过二极管的平均电流.　由图 3-6 ~ 图 3-8 可见，在每个周期内，单相桥式整流电路中的二极管 V_1、V_3 与 V_2、V_4 轮流导通半个周期，因而流过每个二极管平均电流 I_D 只有负载电流 I_o 的一半，故

$$I_D = \frac{1}{2} I_o \tag{3-9}$$

图 3-8　单相桥式整流电路的波形

（3）二极管承受的最大反向电压　由图 3-8 可见，二极管截止时所承受的反向电压最大值为 $\sqrt{2}U_2$，故

$$U_{DRM} = \sqrt{2}U_2 \tag{3-10}$$

（4）变压器二次电流的有效值

$$I_2 = \sqrt{\frac{1}{2\pi} \times 2 \times \int_0^\pi (I_m \sin\omega t)^2 \mathrm{d}(\omega t)} = \frac{I_m}{\sqrt{2}} \tag{3-11}$$

由式（3-8）和式（3-11）可知

$$I_2 = 1.11 I_o \tag{3-12}$$

由于桥式整流电路应用普遍，现已将电路中的四只二极管集成在同一硅片上，生产出整流桥堆，又叫硅桥堆。它对外有四根引出线，如图 3-9 所示。使用时将标有"~"符号的两根引线接交流电源 u_2，标有"+""–"符号的两根

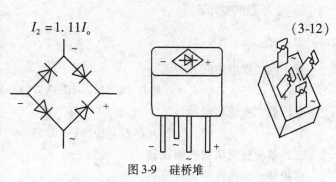

图 3-9　硅桥堆

引线作为直流输出线的正极和负极。

部分国产整流桥堆型号及规格见表3-1。

表 3-1 国产整流桥堆型号及规格（部分）

型　号	输出直流电流/A	型　号	输出直流电流/A
ICQ1	0.05	ICQ5	0.5
ICQ2	0.1	ICQ6	1
ICQ3	0.2	ICQ7	2
ICQ4	0.3		

最高反向工作电压为 A(25V)、B(50V)、C(100V)、D(200V)、E(300V)、F(400V)，共 6 档。

【例 3-2】 已知交流电源电压 $U_1 = 220V$，负载电阻 $R_L = 50\Omega$，采用单相桥式整流电路供电，要求输出电压 $U_o = 24V$。试问：

1）如何选用二极管？

2）求整流变压器的电压比及容量。

解 1）负载电流

$$I_o = \frac{U_o}{R_L} = \frac{24}{50}A = 480mA$$

二极管的电流平均值

$$I_D = \frac{1}{2}I_o = 240mA$$

变压器二次电压有效值

$$U_2 = \frac{U_o}{0.9} = \frac{24}{0.9}V = 26.6V$$

考虑到变压器二次绕组及管子上的压降，变压器的二次电压大约要提高 10%，即

$$U_2 = 26.6V \times 1.1 = 29.3V$$

二极管最大反向电压

$$U_{DRM} = \sqrt{2} \times 29.3V = 41.4V$$

因此可按附录二选用型号为 2CZ54C 的二极管，其最大整流电流为 500mA，反向工作峰值电压为 100V。

2）变压器的电压比

$$K = \frac{220}{29.3} \approx 7.5$$

变压器二次电流的有效值

$$I_2 = 1.11I_o = 1.11 \times 480mA = 533.3mA \approx 0.53A$$

变压器二次侧容量

$$S_2 = U_2I_2 = 29.3V \times 0.53A = 15.53VA$$

三、单相整流电路性能比较

单相整流电路性能比较见表3-2。

表 3-2　单相整流电路性能比较

电路形式	整流输出电压波形 u_o	输出电压平均值 U_o	整流元件中电流的平均值 I_D	元件承受最高反向电压 U_{DRM}	变压器二次电流有效值 I_2
单相半波		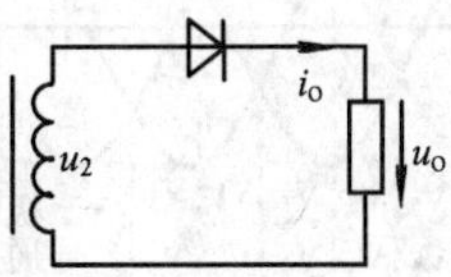 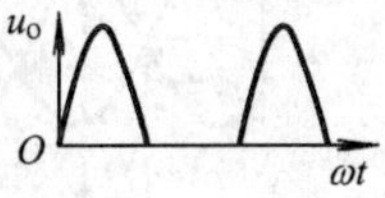 $0.45U_2$	I_o	$\sqrt{2}U_2$	$1.57I_o$
单相全波		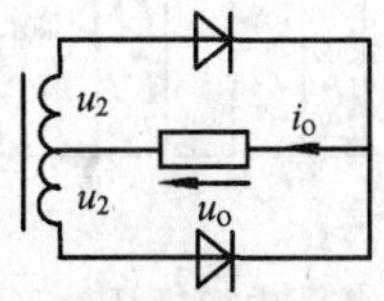 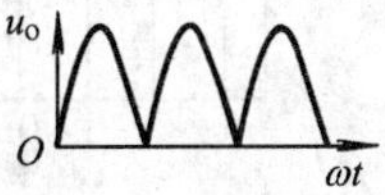 $0.9U_2$	$\frac{1}{2}I_o$	$2\sqrt{2}U_2$	$0.79I_o$
单相桥式		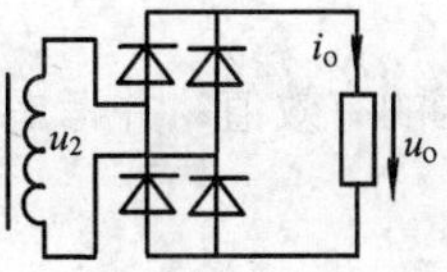 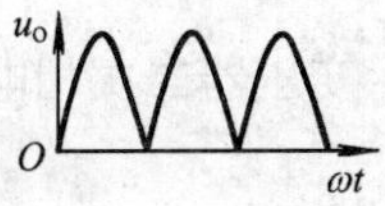 $0.9U_2$	$\frac{1}{2}I_o$	$\sqrt{2}U_2$	$1.11I_o$

*四、三相桥式整流电路

对于大功率整流，多采用三相整流电路，以使三相供电线路的负载对称。在某些场合，虽然要求的整流功率不大，但为了减小整流电压的脉动程度，也采用三相整流电路。三相整流电路可分为三相半波整流电路和三相桥式整流电路，本节只介绍三相桥式整流电路。

1. 工作原理

三相桥式整流电路如图 3-10 所示。电路经三相变压器接交流电源，变压器二次绕组为星形联结，二次电压的波形如图 3-11a 所示。

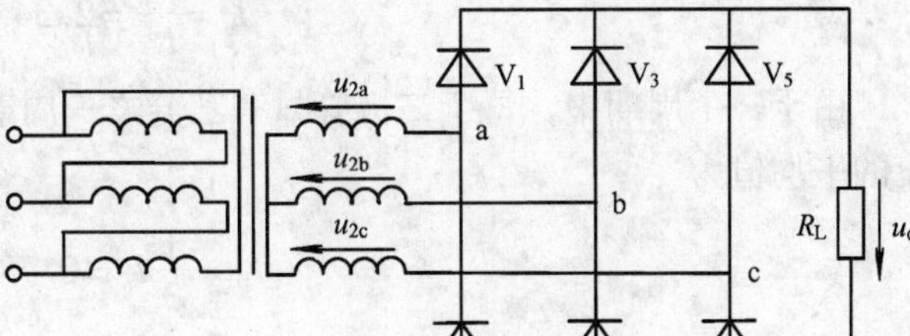

图中，六个二极管分为两组，其

图 3-10　三相桥式整流电路

中奇数组 V_1、V_3、V_5 的阴极连在一起，称为共阴极组；偶数组 V_2、V_4、V_6 的阳极连在一起，称为共阳极组。其接线规律与单相桥式整流电路相同，即阴阳极连接点接交流电源，共阴极点为直流正极输出端，共阳极点为直流负极输出端。

根据二极管的单向导电性不难看出：在图 3-10 所示电路中，共阴极组中阳极电位最高的二极管将优先导通；共阳极组中阴极电位最低的二极管将优先导通。具体分析如下。

在 $0\sim t_1$ 期间，c 相电压为正，b 相电压为负，a 相电压虽然也为正，但低于 c 相电压。

因此，在这段时间内 c 点电位最高，b 点电位最低，于是共阴极组中 V_5 和共阳极组中 V_4 导通。V_5 导通后，又使 V_1 和 V_3 的阴极电位基本上等于 c 点电位，因此两管截止。而 V_4 导通后，又使 V_2 和 V_6 的阳极电位接近 b 点的电位，故 V_2 和 V_6 也截止。如果忽略正向管压降，在此期间加在负载上的电压就是线电压 u_{cb}，其电流通路为：$c \rightarrow V_5 \rightarrow R_L \rightarrow V_4 \rightarrow b$。

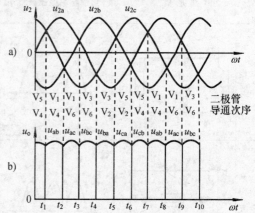

在 $t_1 \sim t_2$ 期间，a 点电位最高，b 点电位仍然最低，因此 V_1 和 V_4 导通，其余 4 个二极管都截止，其电流通路为：$a \rightarrow V_1 \rightarrow R_L \rightarrow V_4 \rightarrow b$。负载上的电压就是线电压 u_{ab}。

以此类推，不难得出图 3-11 所列的二极管导通次序和负载电压的波形图（图 3-11b）。其导电特点是各组二极管每隔六分之一周期交换导通一次，但每个二极管导通三分之一周期。任何时刻负载上得到的均为电源的线电压。

图 3-11　三相桥式整流电路电压波形

2. 参数计算

负载上的电压为脉动的线电压，若以 U_2 表示变压器二次相电压的有效值，并考虑到 u_{ab} 超前于 u_a30°，u_o 的平均值可计算如下：

$$U_o = \frac{1}{\pi/3} \int_{\frac{\pi}{6}}^{\frac{\pi}{2}} \sqrt{2} U_{ab} \sin(\omega t + 30°) \, d(\omega t)$$

$$= \frac{3}{\pi} \int_{\frac{\pi}{6}}^{\frac{\pi}{2}} \sqrt{2} \sqrt{3} U_a \sin(\omega t + 30°) \, d(\omega t) = 2.34 U_2 \qquad (3-13)$$

负载电流平均值

$$I_o = \frac{U_o}{R_L} = 2.34 \frac{U_2}{R_L} \qquad (3-14)$$

由于一个周期中，每个二极管只有三分之一周期的时间导通，所以通过每个二极管的电流的平均值为

$$I_D = \frac{1}{3} I_o = 0.78 \frac{U_2}{R_L} \qquad (3-15)$$

当管子截止时，其承受的最高反向电压是变压器二次线电压的幅值，即

$$U_{DRM} = \sqrt{2} \times \sqrt{3} U_2 = 2.45 U_2 \qquad (3-16)$$

【练习与思考】

3-1-1　在单相桥式整流电路中，试分别说明出现下列情况时后果如何？

1）一个二极管接反了。

2）因过电压一个二极管被击穿短路。

3）一个二极管虚焊。

3-1-2　在单相桥式整流电路中，当二极管的性能不对称时，对输出波形有何影响？

3-1-3　某一特殊场合，将单相桥式整流电路不经变压器直接接入交流电源，试问：若负载 R_L 一端接"地"，结果如何？

第二节　滤波电路

交流电经整流后输出的是脉动的直流电，它既含有直流成分又含有交流成分。若使用这种脉动的直流电源给电子设备供电，其结果将对电子设备产生干扰。为避免干扰直流用电装置，在整流电路后都要设置滤波电路，滤掉脉动电压中的交流成分，保留其直流成分，从而使脉动的直流电压变成比较平滑的直流电压。常用的滤波电路有电容滤波电路、电感滤波电路和复式滤波电路。

一、电容滤波电路

图 3-12 所示为半波整流电容滤波电路，滤波电容 C 直接与负载 R_L 并联。电容滤波的原理：当电路状态改变时，电容器的端电压不产生跃变，也就是说与其并联的负载电压 u_o 的脉动大为减小了。

1. 滤波过程

图 3-2 所示单相半波整流电路（未接电容滤波器）的输出电压波形重画在图 3-13a 中。若在半波整流电路中并入电容滤波器 C，则输出直流电压波形如图 3-13b 所示。显然，输出直流电压 u_o 的脉动程度大大改善，其平均值也提高了。下面分析电容滤波电路的滤波过程。

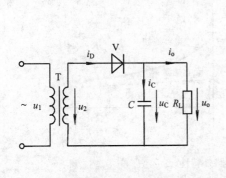

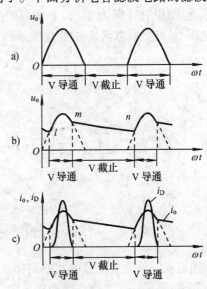

图 3-12　半波整流电容滤波电路　　　　图 3-13　半波整流电容滤波电路的波形

在图 3-12 中，当 u_2 处于正半周，且 $u_2 > u_C$ 时，则二极管 V 导通，此时，i_D 一方面给负载 R_L 供电形成 i_o，同时对滤波电容 C 充电形成 i_C。在忽略二极管正向压降的情况下，在 lm 段（见图 3-13b）有 $u_o = u_C = u_2$，输出电压 u_o 近似按正弦规律变化。m 点后，u_2 按正弦规律下降的速率已大于 u_C（通过 R_L 放电）按指数规律下降的速率，即有 $u_2 < u_C$，则二极管 V 因承受反向电压而截止，此时，只有电容 C 对负载 R_L 放电形成 i_o（见图 3-13c）。在 mn 段（见图 3-13b）有 $u_o = u_C$，输出电压 u_o 按指数规律下降。n 点后在 u_2 的下一个正半周，当 $u_2 > u_C$ 时，二极管再次导通，电容 C 再次被充电，重复上述过程。

图 3-14 是桥式整流电容滤波的电路图和波形图。

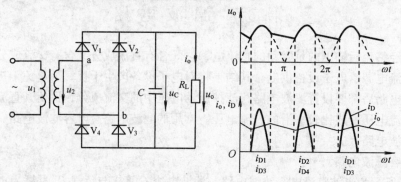

图 3-14　桥式整流电容滤波电路及其波形

2. 问题讨论

（1）输出直流电压 U_o 的估算　由图 3-13 和图 3-14 可见，半波整流或桥式整流接入电容滤波后，其输出直流电压 u_o 的脉动大为减小，直流电压平均值也提高了，那么如何计算 U_o？

当 R_L 减少时（即 I_o 增大），放电时间常数 $\tau = R_L C$ 减小，放电加快，U_o 随之下降。其输出电压 U_o 与负载电流 I_o 的变化关系称为整流滤波电路的外特性，如图 3-15 所示。

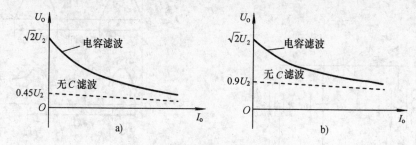

图 3-15　电容滤波电路外特性

a）半波整流　b）桥式整流

由图可见，半波整流或桥式整流接入电容滤波后，其 U_o 随 I_o 的增大（R_L 的减小）而减小，即 U_o 不是一个常数，因而接入电容滤波后输出直流电压 U_o 的大小只能估算。

空载时（$R_L = \infty$，$I_o = 0$）：

半波整流 C 滤波　　　　　　　　　　　$U_o = \sqrt{2} U_2$　　　　　　　　　　（3-17）

桥式整流 C 滤波　　　　　　　　　　　$U_o = \sqrt{2} U_2$　　　　　　　　　　（3-18）

带负载时：

半波整流 C 滤波　　　　　　　　　　　$U_o \approx U_2$　　　　　　　　　　（3-19）

桥式整流 C 滤波　　　　　　　　　　　$U_o \approx 1.2 U_2$　　　　　　　　　　（3-20）

（2）滤波电容 C 的选择　接入电容滤波后，其输出直流电压的脉动程度与电容的放电时间常数 $\tau = R_L C$ 有关，$R_L C$ 越大，脉动就越小。为了得到比较平滑的直流输出电压，一般要求：

半波整流 C 滤波 $\qquad R_L C \geqslant (3 \sim 5) T$ $\hfill$ (3-21)

桥式整流 C 滤波 $\qquad R_L C \geqslant (3 \sim 5) \dfrac{T}{2}$ $\hfill$ (3-22)

式中，T 为交流电压 u_2 的周期。

滤波电容 C 一般取几十 ~ 几千微法，采用有极性的电解电容器，使用时应注意其正负极性，不能接反，电容器 C 的耐压值取为 $(1.5 \sim 2) U_2$。

（3）整流二极管的选择　由图 3-13 和图 3-14 可见，由于二极管 V 的导通时间短（导通角小于 180°），但在二极管导通期间其电流 i_D 的平均值近似等于负载电流的平均值 I_o，因此 i_D 的峰值较大，且电容越大，二极管导通角越小，冲击电流就越大，越容易损坏二极管，所以选择二极管时，应有：

半波整流 C 滤波 $\qquad I_F = (2 \sim 3) I_D = (2 \sim 3) I_o$ $\hfill$ (3-23)

桥式整流 C 滤波 $\qquad I_F = (2 \sim 3) I_D = (2 \sim 3) \dfrac{I_o}{2}$ $\hfill$ (3-24)

半波整流 C 滤波 $\qquad U_{DRM} = 2\sqrt{2} U_2$ $\hfill$ (3-25)

桥式整流 C 滤波 $\qquad U_{DRM} = \sqrt{2} U_2$ $\hfill$ (3-26)

总之，电容滤波电路输出电压 U_o 较高，脉动也较小，但外特性较差，具有电流冲击。因此，电容滤波电路常用于要求输出电压较高，但负载电流较小，并且负载变化也较小的场合。

【例 3-3】　有一单相桥式整流电容滤波电路（见图 3-16），已知交流电源频率 $f = 50Hz$，负载电阻 $R_L = 200\Omega$，要求直流输出电压 $U_o = 30V$。试选择整流二极管及滤波电容器。

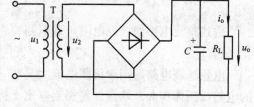

图 3-16　例 3-3 图

解　1）选择整流二极管。

流过二极管的电流

$$I_D = \frac{1}{2} I_o = \frac{1}{2} \frac{U_o}{R_L} = \frac{1}{2} \times \frac{30}{200} A = 75mA$$

根据式（3-20），取 $U_o = 1.2 U_2$，所以变压器二次电压的有效值

$$U_2 = \frac{U_o}{1.2} = \frac{30}{1.2} V = 25V$$

二极管所承受的最高反向电压

$$U_{DRM} = \sqrt{2} U_2 = \sqrt{2} \times 25V \approx 35V$$

因此根据附录二可以选用二极管 2CZ52B，其最大整流电流为 100mA，反向工作峰值电压为 50V。

2）选择滤波电容器。

根据式（3-22），取 $R_L C = 5 \times \dfrac{T}{2}$，所以

$$R_L C = 5 \times \frac{1/50}{2} s = 0.05s$$

已知 $R_L = 200\Omega$，所以

$$C = \frac{0.05}{R_L} = \frac{0.05}{200}F = 250 \times 10^{-6}F = 250\mu F$$

选用 $C = 250\mu F$，耐压为 50V 的极性电容器。

二、电感滤波电路

图 3-17 是桥式整流电路与负载 R_L 之间串入一个含有铁心的电感线圈 L 组成桥式整流电感滤波电路。

电感滤波的原理：当通过电感线圈的电流发生变化时，线圈中要产生自感电动势以阻碍电流的变化，从而使负载电流 i_o 和负载电压 u_o 的脉动大为减小。其波形如图 3-18 所示。滤波用的线圈又叫扼流圈，其扼流圈的 L 越大，阻止负载电流变化的能力越大，滤波效果越好。通常滤波电感 L 为几亨到几十亨。

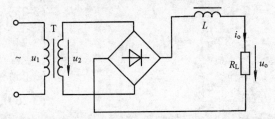

图 3-17 电感滤波电路

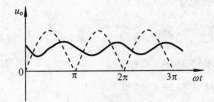

图 3-18 桥式整流电感滤波电压波形

桥式整流电感滤波纯电阻负载电路，当忽略电感线圈的电阻时，其输出直流电压平均值

$$U_o = 0.9U_2 \tag{3-27}$$

电感滤波电路适用于负载电流大（R_L 较小）及负载变动较大的场合。其缺点是带铁心的电感线圈体积大、笨重，易引起电磁干扰。

三、复式滤波电路

为了进一步减小输出直流电压中的脉动成分，在前述单一电容或电感滤波电路的基础上接入 RC 或 LC 以构成多级滤波电路，即复式滤波电路。

常用的复式滤波电路有 RC-π 形、LC-π 形及 LC 滤波电路三种，如表 3-3 所示。

表 3-3 各种滤波电路比较

	电容滤波	RC-π 形滤波	LC-π 形滤波	电感滤波	LC 滤波
接法					
半波整流 U_o	$\approx U_2$			$\approx 0.45U_2$	$\approx 0.45U_2$
桥式整流 U_o	$\approx 1.2U_2$			$\approx 0.9U_2$	$\approx 0.9U_2$
浪涌电流	大			小	
外特性	软			硬	
适用场合	小电流			大电流	适应性较强

LC-π 形及 LC 滤波电路滤波效果优于电容滤波或电感滤波的道理是：整流电压中的交流成分，不但受到电感线圈的阻隔，还有电容器对它的旁路，因此负载电压的波动更小。在实际应用中，由于电感线圈的体积大，笨重且成本也高，所以有时候用电阻代替 LC-π 形滤波器中的电感线圈，而构成 RC-π 形滤波器。该滤波器中的 R 对交、直流都具有同样的降压作用，但是当它与电容配合之后，就使脉动电压的交流成分较多地降落在 R 两端（因为电容 C_2 的交流阻抗较小），负载两端的交流成分较少，从而起到滤波作用。

【练习与思考】

3-2-1　在图 3-12 所示的电容滤波电路中，二极管 V 的导电时间为什么小于 180°？

3-2-2　在 LC 滤波电路中，把 L 与 C 的位置互换还能起到滤波作用吗？

第三节　集成稳压电路

交流电经整流滤波后得到的直流电压往往会随交流电源电压的波动或负载的变化而变化。直流电源的不稳定将引起仪器仪表及控制装置的不稳定，有时甚至无法正常工作，因此，必须采取稳压措施。

稳压电路的种类很多，第一章介绍了并联型稳压管稳压电路，还有用分立元件构成的串联型稳压电路及用集成稳压器件构成的集成稳压电路。

集成稳压器有几种类型。以输出电压来分，有固定式和可调式两大类；以工作方式来分，有并联型、开关型和串联型三端集成稳压器。其中串联型三端集成稳压器具有体积小、性能高、成本低、外接元件少、便于安装调试、工作可靠等诸多优点而得到广泛应用，且现已基本上取代了分立元件的串联型稳压电路，因此，下面重点介绍常用的串联型三端集成稳压器。

一、三端集成稳压器的简单介绍

1. 串联型稳压电路原理

在图 3-19a 中，变阻器 R_P 与负载 R_L 串联构成一个分压电路。先假定 R_L 不变，当输入电压 U_I 增大时，改变 R_P 使其阻值增大，R_P 上的压降增加，则输出电压 U_o 可维持不变。

再假定 U_I 不变，当负载 R_L 阻值减小时，则输出电流 I_o 增大，U_o 会减小，此时改变 R_P 使其阻值减小，也可维持输出电压 U_o 基本不变。这就是串联型稳压电路的基本原理。

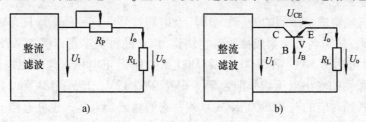

图 3-19　串联型稳压电路原理

在实际电路中用晶体管 V 代替变阻器 R_P，如图 3-19b 所示。当输出电压 U_o 或负载 R_L 因某种原因改变时，电路能自动调节晶体管 V 的基极电位 V_B 和基极电流 I_B，从而调整晶体管 C、E 间电压 U_{CE}，最终实现输出电压 U_o 基本不变。这里的晶体管 V 起调整电压的作用，故称调整管。

2. 集成稳压器简化原理框图及稳压过程

图 3-20 是集成稳压器简化原理框图。由图可知，整个稳压电路大体可分成四个基本环节。

（1）取样环节　由 R_1、R_P、R_2 组成。它把输出电压 U_o 的一部分作为取样电压 U_F 送给比较放大电路，$U_F = \dfrac{R'' + R_2}{R_1 + R_P + R_2} U_o$，调节 R_P 可以改变 R'' 的数值，从而改变分压比。

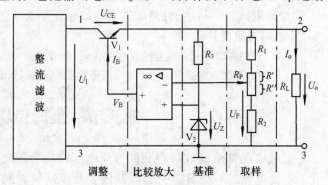

（2）基准电压环节　由 R_3、V_2 组成。它可以提供一个稳定的电压 U_Z。

（3）比较放大环节　由集成运放组成。取样电压 $U_F = U_-$ 与基准电压 $U_Z = U_+$ 进行比较、放大后，控制调整管 V_1 的基极电位 V_B。

图 3-20　集成稳压器简化原理框图

（4）调整环节　由工作在线性放大区的晶体管 V_1 组成。V_1 的基极电位 V_B 受比较放大器输出信号的控制，从而影响 I_B、I_C、U_{CE}。因为 $U_I = U_{CE} + U_o$，则 $U_o = U_I - U_{CE}$，可见，当 U_{CE} 改变时，输出电压 U_o 也将随之改变。

图 3-20 中调整管 V_1 可视为射极输出器。设由于某种原因，使输出电压 U_o 升高，则该电路的稳压过程如下：

$$U_o \uparrow \rightarrow U_F \uparrow \rightarrow (U_Z - U_F) \downarrow \rightarrow V_B \downarrow \rightarrow I_B \downarrow \rightarrow I_C \downarrow \rightarrow U_{CE} \uparrow \rule[-0.5ex]{0.4pt}{2ex}$$
$$U_o \downarrow \longleftarrow$$

U_o 基本上保持不变。

同样，当 U_I 或 I_o 变化使 U_o 下降时，调整后 U_{CE} 减小，也可使 U_o 基本上保持不变。

需要指出，实际的三端集成稳压器内部电路比图 3-20 要复杂得多，它还设有过电流保护、过热保护和调整管安全工作区保护以及启动电路等。

3. 电路符号及主要参数

图 3-21 为三端集成稳压器的外形、引脚[⊖]及电路符号。这种稳压器只有输入、输出和公共端 3 个引出端，故得名三端集成稳压器（块）。该产品种类丰富，例如 W7800 系列输出正电压，输出电流可达 1.5A；W78L00、W78M00 系列输出正电压，但输出电流分别为 0.1A 和 0.5A。三个系列的输出电压均分别为 5V、6V、9V、12V、15V、18V 和 24V，共 7 档。

和 W7800 系列对应的有 W7900/L/M 系列，它们输出负电压，也分七档。型号后两位数字表示输出电压值，例如 W79M12，表示输出电压为 -12V，输出电流为 0.5A 等。

三端集成稳压器的主要参数有：

（1）最大输入电压 U_{Imax}

W7800 系列　　　　　　　　$U_{Imax} = 35 \sim 40V$

⊖　不同型号或不同封装形式的三端集成稳压器，引脚排列不尽相同，使用时查阅手册。

W7900 系列 $\qquad U_{\text{Imax}} = -35 \sim -40\text{V}$

（2）最小输入、输出电压差$(U_\text{I} - U_\text{o})_{\min}$

$$|(U_\text{I} - U_\text{o})_{\min}| = 2 \sim 3\text{V}$$

（3）最大输出电流I_{omax}

W7900，W7800 系列 $\quad I_{\text{omax}} = 1.5\text{A}$（带散热器时，$I_{\text{omax}} = 2.1 \sim 2.2\text{A}$）

W79L00，W78L00 系列 $\quad I_{\text{omax}} = 0.1\text{A}$

W79M00，W78M00 系列 $\quad I_{\text{omax}} = 0.5\text{A}$

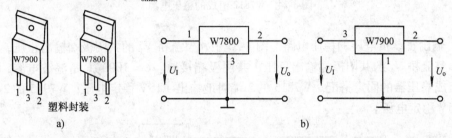

图 3-21　W7800、W7900 系列集成稳压器

a）外形　b）电路符号

（4）输出阻抗Z_o　输出阻抗是指当输入电压和工作温度不变时，输出电压变化量与输出电流变化量之比，即

$$Z_\text{o} = \frac{\text{d}U_\text{o}}{\text{d}I_\text{o}}\bigg|_{\substack{\Delta U_\text{I} \\ \Delta T = 0}} = 0 = 0.03 \sim 0.15\Omega$$

Z_o表示该稳压器带负载的能力，其值越小，带负载能力越强。

二、三端集成稳压器应用电路

1. W7800、W7900 系列集成稳压器应用电路

（1）输出固定电压的稳压电路　W7800 系列稳压器输出固定正电压，1 端为正压输入端，2 端为正压输出端，3 端为公共端，如图 3-22 所示。W7900 系列输出固定负电压，3 端为负压输入端，2 端为负压输出端，1 端为公共端，如图 3-23 所示。

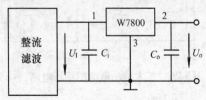

图 3-22　W7800 系列输出正电压

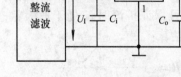

图 3-23　W7900 系列输出负电压

图 3-22、图 3-23 中，C_i 为输入端外接电容，以抵消输入引线较长带来的电感效应，免于产生自激振荡。通常 $C_\text{i} = 0.1 \sim 1\mu\text{F}$，例如 $C_\text{i} = 0.33\mu\text{F}$。$C_\text{o}$ 为输出端外接电容，以防输出端瞬间负载变化时，引起输出电压的波动，通常 $C_\text{o} = 0.1 \sim 1\mu\text{F}$，例如 $C_\text{o} = 1\mu\text{F}$。$C_\text{i}$、$C_\text{o}$ 与三端集成稳压器这种组合可视为固定搭配。

【例 3-4】　由 W7812 组成的 12V 稳压电源如图 3-24 所示。

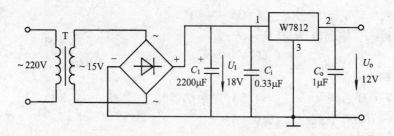

图 3-24 W7812 组成的稳压电源

（2）输出正、负电压的稳压电路　图 3-25 中，整流桥 V_1 的共阴极端输出正压，共阳极端接地；整流桥 V_2 的共阳极端输出负压，共阴极端接地。$C = 1000\mu F$ 是滤波电容，C_i、C_o 是三端集成稳压器的固定搭配。W7815 的 2 端对地输出 $+15V$ 稳定电压；W7915 的 2 端对地输出 $-15V$ 稳定电压。

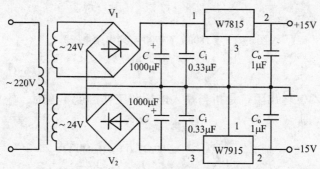

图 3-25　正、负输出的稳压电路

（3）扩大输出电流的稳压电路　当负载所需电流大于集成稳压器最大输出电流 I_{omax} 时，可采用外接功率管 V 的方法扩大输出电流，电路如图 3-26 所示。图中，I_o 为输出电流，$I_2 \approx I_1$ 为集成稳压器的输出电流，I_3 很小，通常忽略不计。I_C 是功率管 V 的集电极电流，I_R 是电阻 R 上的电流，R 为 V 的发射结偏置电阻，且保证扩流时 V 处于放大状态。R 值由下式估算：

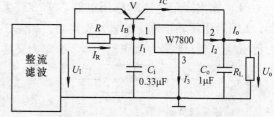

图 3-26　扩大输出电流的稳压电路

$$R = -\frac{U_{BE}}{I_1 - \dfrac{I_C}{\beta}} \approx \frac{U_{EB}}{I_2 - \dfrac{I_C}{\beta}}$$

其中，硅管 $U_{EB} = 0.7V$，锗管 $U_{EB} = 0.3V$。

注意，当输出电流较小时，由于 R 上压降小于功率管的死区电压，V 截止，负载电流仍由 W7800 供给。

下面举例讨论扩流倍数：设 $\beta = 10$，$U_{EB} = 0.3V$，$R = 0.5\Omega$，$I_2 \approx I_1 = 1A$。由图 3-26 可知，

对节点 1 列 KCL 方程　　　　　　　$I_R + I_B = I_1$

对节点 2 列 KCL 方程 $\qquad I_2 + I_C = I_o$

则输出电流

$$I_o = I_2 + I_C = I_2 + \beta I_B = I_2 + \beta(I_1 - I_R)$$

$$\approx I_2 + \beta\left(I_2 - \frac{U_{EB}}{R}\right) = 1A + 10 \times \left(1 - \frac{0.3}{0.5}\right)A = 5A$$

可见输出电流 I_o 扩大了 5 倍。

（4）输出电压可调的稳压电路　由图 3-27 所示电路，根据 $U_- = U_+$ 列式。

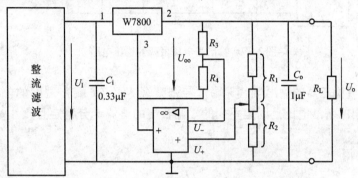

图 3-27　输出电压可调的稳压电路

因为 $U_- = U_+$，所以 $U_{R3} = U_{R1}$，则有

$$\frac{R_3}{R_3 + R_4}U_{oo} = \frac{R_1}{R_1 + R_2}U_o$$

解得

$$U_o = \left(1 + \frac{R_2}{R_1}\right)\left(\frac{R_3}{R_3 + R_4}\right)U_{oo}$$

其中 U_{oo} 是 W7800 固定输出电压。显然，调节 R_1、R_2 的阻值即可调节 U_o 的大小。

2. 三端可调集成稳压器应用电路

三端可调稳压器因具有稳定度高、适应性强、使用方便等优点而得到广泛应用。

国产三端可调稳压器正电压输出的型号为 CW117、CW217、CW317，输出电压均为 1.25~37V；负电压输出的型号为 CW137、CW237、CW337，输出电压均为 -1.25~-37V。它们的最大输出电流 I_{OM} 用后缀字母加以区别，标 L 的为 0.1A，标 M 的为 0.5A，不标字母的为 1.5A。它们的电路符号如图 3-28 所示。CW×17 系列 2 端为

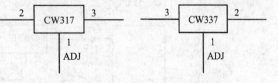

图 3-28　CW×17、CW×37 系列电路符号

正电压输入端，3 端为正电压输出端，1 端为调整端（ADJ）。CW×37 系列，3 端为负电压输入端，2 端为负电压输出端，1 端为调整端（ADJ）。

（1）输出正电压可调稳压电路　图 3-29 是用三端可调集成稳压器 CW317 组成的直流稳压电源。图中 C_i、C_o 的作用与图 3-22 中的相同，可视为可调集成稳压器的固定搭配。C 是为减小 R_2 两端纹波电压而设置的，一般取 $C = 10\mu F$。可调稳压器是依靠外接电阻 R_1、R_2 来调节输出电压的。为保证输出电压的精度和稳定性，R_1、R_2 要选择精度高的电阻。

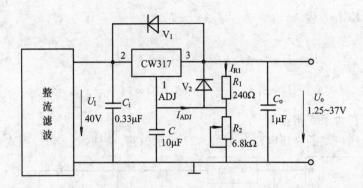

图 3-29　输出正电压可调的稳压电路

三端可调集成稳压器的输出端（3 端）与调整端 ADJ（1 端）之间的电压 $U_{REF} = U_{31} = 1.25V$，作为输出的基准电压是固定不变的。调整端的电流十分稳定且很小（$I_{ADJ} = 50\mu A$），可忽略不计。

由图 3-29 可得

$$U_o = U_{R1} + U_{R2} = U_{R1} + \left(\frac{U_{R1}}{R_1} + I_{ADJ} \right) R_2 \approx U_{R1} + \frac{U_{R1}}{R_1} R_2$$

$$= U_{R1} \left(1 + \frac{R_2}{R_1} \right) = 1.25 \left(1 + \frac{R_2}{R_1} \right)$$

可见，改变 R_2 阻值即可改变输出电压 U_o。若 R_1 取 240Ω，可变电阻 R_2 取 6.8kΩ，则可实现输出电压 $U_o = 1.25 \sim 37V$ 连续可调。

图 3-29 中 V_1、V_2 为保护二极管，以防止稳压电路输入端或输出端短路而损坏稳压器的内部电路。

（2）输出正、负电压可调稳压电路　图 3-30 是由 CW317 和 CW337 组成的正、负输出电压可调的直流稳压电路。图中的 $U_{REF} = U_{31} = 1.25V$，$R_1 = R_1' = 130Ω$，$R_2 = R_2'$ 的大小根据输出电压调节范围确定。该电路输入电压 U_1 分别为 ±25V，则输出电压可调范围为 ±（1.25 ～20V）。

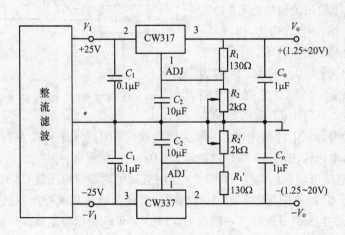

图 3-30　输出正、负电压可调的稳压电路

【练习与思考】

3-3-1　在图 3-20 所示电路中，调节 R_p 的滑动端，可否调节 U_o 的大小? 试说明原因。

3-3-2　在图 3-27 所示电路中，若三端集成稳压器是 W7812，$R_3 = R_4$，$R_2 = 2R_1$，则 $U_o = ?$

*第四节　三端集成稳压电路设计举例

一、设计任务

试设计一固定输出集成稳压电源。性能指标：采用市电 220V、50Hz 供电，输出直流电压 $U_o = 12V$，最大输出电流 $I_o = 0.8A$。

二、画出电路图（图 3-31）

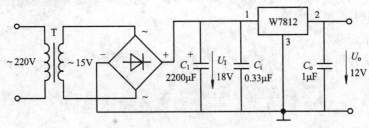

图 3-31　三端集成稳压电路图

三、参数计算

1. 集成稳压器的选择

已知 $U_o = 12V$，查附录五，选三端固定集成稳压器 W7812，其输出电压 $U_o = 12V$，$I_{omax} = 2.2A$，最小输入输出电压差 $(U_I - U_o)_{min} = 2V$，即最小输入电压 $U_{Imin} = 14V$，最大输入电压 $U_{Imax} = 35V$。

2. 电源变压器选择

已知 W7812 输入电压 $14V < U_I < 35V$，取 $U_I = 18V$（若 U_I 取值太大，会加大集成稳压器功耗，降低电源效率），则变压器二次电压有效值为 $U_2 \geqslant \dfrac{U_I}{1.2} = \dfrac{18V}{1.2} = 15V$。通常桥式整流电容滤波电路变压器二次电流有效值 $I_2 = (1.1 \sim 3)I_o$，这里取 $I_2 = 1.2I_o = 1.2 \times 0.8A = 0.96A$，考虑留有余量，确定 $I_2 = 1A$，则变压器二次侧伏安容量 $S_2 = U_2 I_2 = 15VA$。由表 3-4 考虑到变压器效率 $\eta = 0.7$，则变压器一次侧的伏安容量 S_1 为 20VA。

表 3-4　小功率变压器效率表

二次侧伏安容量/VA	<10	10～30	30～80	80～200	200～400
效率 η	0.6	0.7	0.8	0.85	0.9

3. 整流二极管的选择

每个二极管流过的平均电流 $I_D = \dfrac{1}{2}I_o = \dfrac{1}{2} \times 0.8A = 0.4A$，考虑到电容滤波电路冲击电流的影响，二极管最大正向整流电流 I_F' 由下式决定：

$$I_F' = (2 \sim 3)I_D = (2 \sim 3) \times 0.4A = (0.8 \sim 1.2)A$$

考虑到电网电压可能升高 10%，则二极管承受的反向峰值电压 $U_{DRM} = \sqrt{2} U_2 \times 1.1 = \sqrt{2} \times 15 \times 1.1V = 23.3V$。查附录二，选 2CZ56C 作为整流二极管，其 $U_{RM} = 100V > U_{DRM}$，$I_F = 3A > I_F'$，能满足要求。根据表 3-1，也可选用硅单相桥堆 ICQ7-B。

4. 滤波电容的选择

根据式（3-22），$R_L C \geq (3 \sim 5) \dfrac{T}{2}$ 估算：$R_L = \dfrac{U_o}{I_o} = \dfrac{12V}{0.8A} = 15\Omega$，则有 $C \geq (3 \sim 5) \dfrac{T}{2R_L} = 2000 \sim 3300\mu F$。电容器 C 的耐压值 $U_{CM} = (1.5 \sim 2) U_2 = 23 \sim 30V$。查手册选 CD11 型电解电容器，其标称值 $C = 2200\mu F/50V$。

5. W7812 功耗估算

$P = (U_I - U_o) I_o = (18V - 12V) \times 0.8A = 4.8W$。为使 W7812 结温不超过规定值 125°C，必须按手册规定安装散热片。

6. C_i、C_o 的选择

C_i、C_o 选瓷介质电容，其容量为 $C_i = 0.33\mu F$、$C_o = 1\mu F$。

*第五节　开关型直流稳压电源

上述各种稳压电路中的调整管均工作在线性放大区，这种线性调整式稳压器结构简单、输出纹波小、稳压性能好。但由于调整管的压降 U_{CE} 和集电极电流 I_C 均较大，因而管耗也较大，使整个稳压电源的效率较低，通常在 40% 以下。同时为了解决散热问题，必然将增大电源的体积和重量。近年来，开关型稳压电路应运而生，这种电路中调整管工作在开关状态，截止时电流近于零，饱和时 U_{CES} 很小，故开关型稳压器具有效率高（可达 85% 以上）、体积小、重量轻的优点。目前广泛应用在计算机、彩色电视机等许多电子设备中。其缺点是输出电压的脉动成分较大。

图 3-32a 是一种开关型稳压电路的简化原理框图。图中 V_1 为调整管，LC 为滤波器，V_2 为续流二极管，A_1 为误差比较放大器，反馈电压 U_F 取自于取样电阻 R_1、R_2，U_{REF} 为基准电压，A_2 为电压比较器，U_T 为由 GV（指产生固定频率三角波电压的电路）产生的固定频率的三角波电压。利用电压比较器 A_2 的输出 U_B 控制调整管 V_1 的导通与截止，将 U_I 变为断续的矩形波电压 U_E。当 U_B 为高电平时，V_1 饱和导通，$U_E \approx U_I$，二极管 V_2 反偏截止，输入电压 U_I 通过 LC 滤波电路向负载 R_L 提供电流。当 U_B 变为低电平时，V_1 截止，电感 L 中的能量经负载 R_L、二极管 V_2 形成回路释放，使 R_L 继续流过电流，此时 $U_E \approx 0$。由于 V_2 的续流作用及 LC 的滤波作用，使负载上得到比较平稳的电压。U_E 的波形如图 3-32b 所示。其中 t_1 为工作在开关状态的调整管的导通时间，t_2 为开关断开时间，T 为开关动作周期。开关接通时间 t_1 与周期 T 之比定义为占空比 K，即

$$K = \frac{t_1}{T} = \frac{t_1}{t_1 + t_2}$$

不难理解，改变占空比即可改变输出电压 U_o。

开关型稳压电路是利用输出电压的变比，通过反馈电路自动调整占空比来实现稳压的。设图 3-32a 的电路正常工作时占空比 K 为某一定值，当输出电压 U_o 由于 U_I 上升或 R_L 增大而升高时，取样电路将 U_o 的变化送到误差比较放大器 A_1，由于 U_F 增大，U_A 将减小，U_A

经电压比较器与三角波电压 U_T 比较后，使 U_B 为低电平的时间增加，为高电平的时间减少，进而使 U_E 维持高电平时间 t_1 减小，维持低电平的时间 t_2 增大，即占空比减小，因而使输出电压下降，保持 U_o 基本不变。反之，由于某种原因使 U_o 下降时，自动调整的结果使占空比增大，从而使输出电压基本不变。

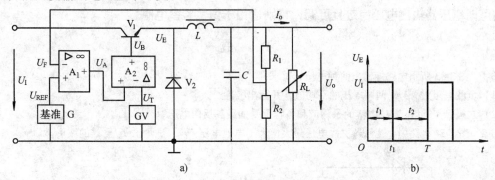

图 3-32　开关型稳压电路工作原理

开关稳压电源的最佳开关频率一般在 10～1000kHz 之间，开关频率越高，滤波元件 L、C 所需数值越小，可减小体积和重量，但开关转换次数在单位时间内的增加会使开关管功耗增加，效率下降。

由于分立元件组成的开关稳压电路所需元器件数量较多，体积较大，因此集成稳压器的应用越来越广泛。

小　结

电子系统和电子电路中所采用的直流电源有三种：线性稳压电源、开关稳压电源和晶闸管可控整流电源（见第四章），而在弱电电路中多采用线性直流稳压电源。

线性直流稳压电源是将交流电转换成平滑而稳定直流电的电子电路，它一般由整流变压器、整流电路、滤波电路和稳压电路四部分组成。

1）整流变压器是将 220V 或 380V 交流电变换成数值大小符合整流电路所需要的交流电。

2）整流电路是利用二极管或硅桥堆的单向导电性，将整流变压器二次侧的交流电转变为脉动的直流电。若整流电路输入是单相交流电，则称为单相整流。桥式整流较半波和全波整流有变压器利用率高、输出脉动小等优点，因而在小功率（1kW 以下）整流电路中应用普遍。若要求整流功率较大或要求输出电压脉动更小，则可采用三相整流。

3）滤波电路是利用电抗元件电容、电感的储能作用来减小整流电压的脉动程度。各种滤波电路具有不同特点，适用于不同场合。电容滤波适用于负载电流较小且负载电流变化也较小的场合；电感滤波适用于负载变动频繁且电流比较大的场合；而 π 形滤波则适用于对滤波要求较高的场合。同时注意，电容滤波时整流二极管有较大的冲击电流；电感滤波对整流二极管的冲击电流小。

4）稳压电路的作用是保持输出直流电压稳定，使它基本上不受电网电压波动、负载变动和环境温度变化的影响。

硅稳压管稳压电路通常用于电压固定、负载电流较小、稳压要求不高的场合。集成稳压器具有体积小、重量轻、成本低、外接元件少、便于安装调试、工作可靠等优点，因而得到广泛应用。

三端固定稳压器 W7800 和 W7900 两个系列，各自具有三个电流等级和七个电压等级。三端可调稳压器输出电压稳定且可调，特别适用于做实验室电源。

习　题

3-1　图 3-33 所示电路能输出两种电压，试求：

1）负载电阻 R_{L1}、R_{L2} 两端电压的平均值，并标出极性。

2）二极管 V_1、V_2、V_3 电流的平均值和各管承受的最高反向电压。

3-2　图 3-34 电路中，变压器二次电压最大值大于电池电压 U_{GB}，试画出 u_o 及 i_o 的波形。

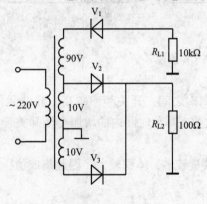

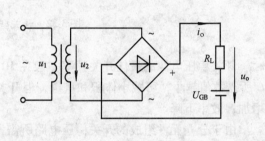

图　3-33　　　　　　　　　　　　　　　　图　3-34

3-3　两个单相桥组成的整流电路如图 3-35 所示，变压器二次有两个独立绕组，其电压有效值 U_{21} = 16V，$U_{22} = 50V$，负载电阻 $R_{L1} = 100\Omega$，$R_{L2} = 30\Omega$。试求：

1）输出电压、电流的平均值 U_o、I_{o1}、I_{o2}、I_{ab}。

2）选整流二极管。

3）如有一个二次绕组的同名端接反，是否会影响以上计算结果？

3-4　在负载要求直流电压高而电流很小的场合，常采用倍压整流，图 3-36 为五倍压整流电路，$U_o \approx 5\sqrt{2}U_2$。试分析原理，标出 U_o 的极性，并求出每个电容器上的电压和各二极管承受的最大反向电压。

3-5　全波整流电路如图 3-37 所示，试求：

1）如果 V_1 虚焊，输出电压的平均值 U_o 是否为正常情况的一半？若 R_L 并联滤波电容，那么 V_1 虚焊后 U_o 为多大？

2）如果变压器中心抽头虚焊，U_o 为多少？

3）如果 V_1 极性接反，电路能否正常工作？为什么？

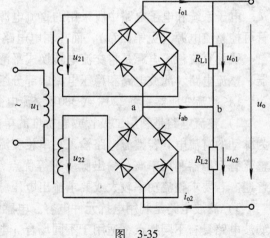

图　3-35

4）若已知 $U_{2a} = U_{2b} = 34V$，求正常工作时负载两端电压平均值 U_o，负载电流平均值 I_o，每管电流平均值，每管承受的最大反向电压。R_L 上并联滤波电容后，二极管承受的最大反向电压又为多少？

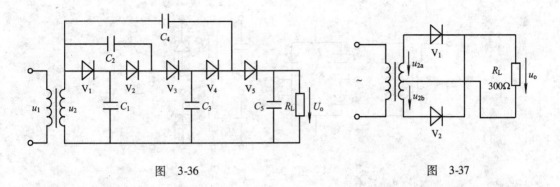

图 3-36   图 3-37

3-6 有一电解电源，采用三相桥式整流，要求负载直流电压 $U_o = 20\text{V}$，负载直流电流 $I_o = 200\text{A}$，试计算变压器容量为多少 kVA？

3-7 设计一个桥式整流电容滤波电路，要求输出电压平均值 U_o 为 20V，输出电流平均值 I_o 为 600mA。设交流电源电压有效值为 220V、50Hz，试选用管子型号、滤波电容，并计算变压器容量。

3-8 图 3-14 桥式整流电容滤波电路中，已知 $R_L = 50\Omega$，$C = 1000\mu\text{F}$，$U_2 = 20\text{V}$，用直流电压表测 R_L 两端电压 U_o 时，出现下述情况，说明哪些是正常的？哪些是不正常的？并指出原因。

1）$U_o = 28\text{V}$；2）$U_o = 18\text{V}$；3）$U_o = 24\text{V}$；4）$U_o = 9\text{V}$。

3-9 电路如图 3-38 所示，设稳压管 $U_Z = 6\text{V}$，$I_Z = 10\text{mA}$，$I_{Z\text{max}} = 38\text{mA}$，试说明：

1）若限流电阻 $R = 0$，负载两端电压还能不能稳定？为什么？

2）设 $U_o = 6\text{V}$，$I_{o\text{max}} = 5\text{mA}$，电网电压波动 ±10%，$R$ 应选多大？

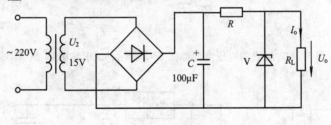

图 3-38

3-10 稳压二极管稳压电路如图 3-39 所示，已知 $u_2 = 28.2\sin\omega t\text{V}$，稳压二极管的稳压值 $U_Z = 6\text{V}$，$R_L = 2\text{k}\Omega$，$R = 1.2\text{k}\Omega$。试求：

1）S_1 断开，S_2 合上时的 I_o、I_R 和 I_Z。

2）S_1 和 S_2 均合上时的 I_o、I_R 和 I_Z，并说明 $R = 0$ 和 V 接反两种情况下电路能否起稳压作用？

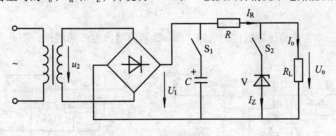

图 3-39

3-11 如何连接图 3-40 中的各个元器件以及接"地"符号，才能得到对"地"为 ±15V 的直流稳压电源，并写出其导通路径。

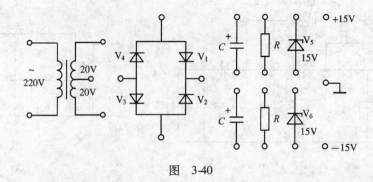

图 3-40

3-12 利用三端集成稳压器 W7805 可以接成图 3-41 所示扩展输出电压的可调电路，试求该电路输出电压的调节范围。

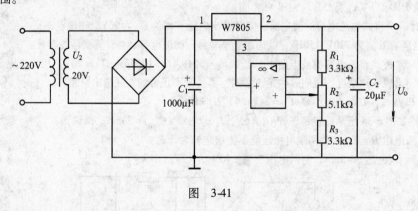

图 3-41

3-13 由集成稳压器 W7812 组成的稳压电源如图 3-42 所示，试求输出端 A、B 对地的电压 U_A 和 U_B，并标出电容 C_1、C_2 的极性。

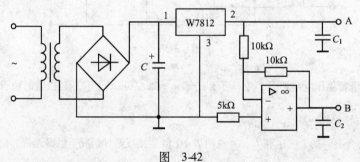

图 3-42

3-14 图 3-43 为三端集成稳压器的应用电路，图 a 为提高输入电压的用法，图 b 为提高输出电压的用法，试说明其工作原理。

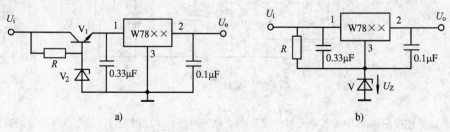

a)   b)

图 3-43

3-15 图 3-44 是由 CW317 组成输出电压可调的典型电路，当 $U_{31} = U_{REF} = 1.25V$ 时，流过 R_1 的最小电流 I_{R1min} 为 5～10mA，调整端 1 流出的电流 $I_{ADJ} \ll I_{R1min}$，$U_I - U_o = 2V$。

1）求 R_1 的值；

2）当 $R_1 = 210\Omega$、$R_2 = 3k\Omega$ 时，求输出电压 U_o；

3）当 $U_o = 37V$、$R_1 = 210\Omega$ 时，$R_2 = ?$ 电路此时的最小输入电压 $U_{Imin} = ?$

4）当 $R_1 = 210\Omega$、R_2 从 0 调至 $6.2k\Omega$ 时，求输出电压 U_o 的调节范围。

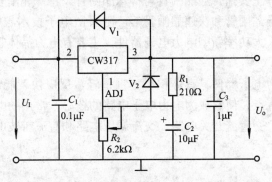

图 3-44

第四章　电力电子器件及其应用

传统的电力电子器件主要指普通晶闸管与特殊晶闸管，特殊晶闸管是由普通晶闸管派生的，如双向晶闸管、逆导晶闸管和快速晶闸管等。随着微电子技术与电力电子技术的结合，又研制出了新一代高频、大功率新型电力电子器件，主要有电力晶体管、功率场效应晶体管和绝缘栅双极晶体管等。

以晶闸管为主的电力电子器件具有体积小、重量轻、反应快、能量消耗低、可靠性高、使用期长、容易维修等优点，使它成为电力电子电路的核心。常用的电力电子电路主要有可控整流电路、逆变电路、交直流开关电路、交流调压电路和直流斩波电路等，目前用得最多的是可控整流电路。

第一节　晶　闸　管

晶闸管是晶体闸流管的简称，俗称可控硅，英文缩写为 SCR。晶闸管是包括普通晶闸管、双向晶闸管、逆导晶闸管和可关断晶闸管等电力电子器件的总称。由于普通晶闸管应用广泛，所以晶闸管一般是指普通晶闸管。

一、基本结构

晶闸管从外形上来分主要有螺栓式和平板式，图4-1 是晶闸管的外形及符号。图4-1a 为螺栓式结构，螺栓为阳极 A，粗辫子是阴极 K，细辫子是门极 G。图4-1b 为平板式，它的两个平面分别是阳极和阴极，而细辫子则是门极。平板式晶闸管散热效果较好，但安装和更换较麻烦，常用于通过 200A 以上的电流。图 4-1c 是晶闸管的符号。

晶闸管在工作过程中会产生大量的热量，使用时可加散热器。

晶闸管由四层半导体（P_1、N_1、P_2、N_2）、三个 PN 结（J_1、J_2 和 J_3）构成，具有三个电极：阳极 A、阴极 K 和门极 G。图 4-2a 是它的结构示意图，可以把它中间的 P_2 和 N_1 分成两部分，看成一个 PNP 型晶体管和一个 NPN 型晶体管组合而成，如图4-2b 所示。

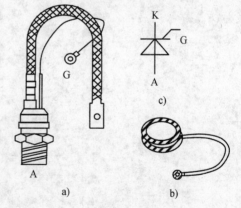

图4-1　晶闸管的外形及符号

二、工作原理

在晶闸管的门极和阴极之间不加正向电压的情况下，当阳极和阴极之间加正向电压时，由于 PN 结 J_1、J_3 正向偏置，而 J_2 反向偏置，参见图 4-2a，晶闸管不导通（称正向阻断）。当阳极和阴极之间加反向电压时，J_1、J_3 反向偏置，J_2 正向偏置，晶闸管也不导通（称反向阻断）。

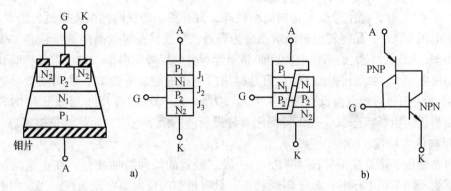

图 4-2 晶闸管的结构及其等效电路

a）结构 b）等效电路

当门极和阴极之间加正向电压，阳极和阴极之间也加正向电压时，如图 4-3 所示，在门极正向电压 U_G 的作用下，产生的门极电流 I_G（I_{B2}）经 V_2 放大，形成 $I_{C2} = \beta_2 I_G$，而 I_{C2} 又是 V_1 的基极电流，V_1 的集电极电流 $I_{C1} = \beta_1 I_{B1} = \beta_1 \beta_2 I_G$（$\beta_1$ 和 β_2 分别为 V_1 和 V_2 的电流放大系数）。此电流又流入 V_2 的基极，再一次放大，如此循环，形成强烈的正反馈，使两个晶体管很快进入饱和导通状态。这就是晶闸管的导通过程，这个过程一般只有几微秒。晶闸管导通后其正向压降 U_{AK} 一般为 $0.6 \sim 1.2V$。

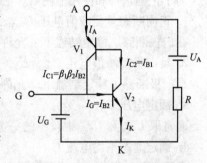

图 4-3　晶闸管的工作原理说明

晶闸管导通后，它的导通状态依靠管子的本身的正反馈作用仍能维持，此时即使去掉门极和阴极之间的电压，晶闸管仍处于导通状态。所以，门极电压在晶闸管导通后就失去了控制作用。要想使晶闸管由导通变为阻断状态，必须将阳极电流 I_A 减小到不能维持正反馈过程，晶闸管自行关断。这个最小电流称为维持电流。

综上所述，晶闸管的导通条件为：

1）阳极和阴极之间加正向电压。

2）门极和阴极之间加正向触发电压。

3）阳极电流不能小于维持电流。

不满足上述条件，晶闸管不能导通，呈阻断状态。所以晶闸管是一个可控的单向导电开关。它与二极管相比，其差别在于晶闸管的正向导通受门极电流的控制；与三极管相比，其差别在于晶闸管对门极电流没有放大作用。

三、伏安特性

晶闸管的伏安特性是指阳极和阴极之间电压 U_A 和阳极电流 I_A 之间的关系，其特性曲线如图 4-4 所示。

1. 正向伏安特性

正向特性位于第 I 象限（图 4-4），当 I_G

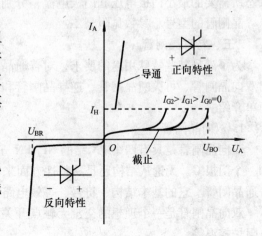

图 4-4　晶闸管的伏安特性曲线

=0，且 $U_A < U_{BO}$ 时，晶闸管处于正向阻断状态，只有很小的正向漏电流通过。当 U_A 增大到正向转折电压 U_{BO} 时，晶闸管由阻断状态变为导通，导通状态时的晶闸管特性和二极管的正向特性相似，即通过较大的阳极电流，而晶闸管本身的压降却很小。在正常工作时，不允许把正向阳极电压 U_A 加到转折值 U_{BO}，而是靠从门极送进触发电流 I_G，使晶闸管导通。门极电流 I_G 愈大，阳极转折点愈低（图 4-4 中 $I_{G2} > I_{G1} > I_{G0} = 0$）。当 I_A 小到等于 I_H 时，晶闸管由导通变为正向阻断状态。I_H 是维持晶闸管导通所需的最小电流，简称维持电流。

2. 反向伏安特性

反向特性位于第Ⅲ象限（图 4-4），与一般二极管的反向特性相似。在正常情况下，当晶闸管承受反向阳极电压时，处于阻断状态，只有很小的反向漏电流通过。当反向电压增加到反向击穿电压 U_{BR} 时，使晶闸管反向击穿，造成晶闸管损坏。

四、主要参数

为了正确选择和使用晶闸管，必须了解晶闸管的主要参数及其意义。

1. 正向断态重复峰值电压 U_{FRM}

在门极断路、额定结温下，允许重复加在晶闸管两端的正向峰值电压，用 U_{FRM} 表示。

2. 反向重复峰值电压 U_{RRM}

在门极断路、额定结温下，允许重复加在晶闸管两端的反向峰值电压，用 U_{RRM} 表示。

3. 额定电压 U_D

通常取 U_{FRM} 和 U_{RRM} 中较小的一个数值（用 kV 表示）作为晶闸管的额定电压。

4. 额定通态平均电流 I_F

在规定环境温度和标准散热条件下，允许通过晶闸管的工频正弦半波电流的平均值，用 I_F 表示。该电流值与晶闸管的环境温度、散热条件、导通角及每个周期导通的次数有关。

5. 维持电流 I_H

在规定的环境温度和门极断路的情况下，维持晶闸管继续导通所需的最小电流称为维持电流 I_H。当晶闸管的正向电流小于 I_H，晶闸管则自行关断。

6. 门极触发电压 U_G、触发电流 I_G

在规定的环境温度和阳极与阴极之间加一定正向电压条件下，使晶闸管由阻断变为导通状态所需要的最小门极电压和门极电流，分别用 U_G 和 I_G 表示。

晶闸管的型号、参数见附录二。

*五、特殊晶闸管

为了满足某些特殊用途的要求，对普通晶闸管的基本结构或制造工艺加以改进，又制造出双向晶闸管、可关断晶闸管、逆导晶闸管和快速晶闸管等特殊晶闸管。下面对它们做一些简单介绍。

1. 双向晶闸管

双向晶闸管是具有四个 PN 结的 NPNPN 五层半导体结构的器件，有两个主电极 A_1、A_2 和一个门极 G。无论从结构还是从特性方面来看，双向晶闸管都可以看成是一对反向并联的普通晶闸管。它的基本结构、符号、等效电路和伏安特性如图 4-5 所示。

双向晶闸管是一个理想的交流无触点开关，可用于控制交流电动机正反转、舞台调光、电阻炉控温等。

2. 可关断晶闸管

可关断晶闸管是在门极加正脉冲电流就能导通，加负脉冲电流就能关断的器件，英文缩写为 GTO。它的基本结构和伏安特性与普通晶闸管基本相同，但由于制造工艺不同，可利用一定的反向门极电流破坏其导通条件，使管子由导通转化为关断。

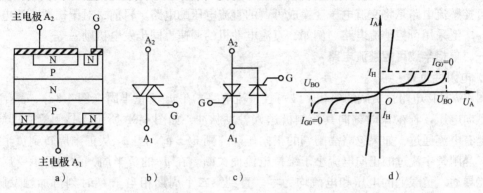

图 4-5 双向晶闸管
a）基本结构 b）符号 c）等效电路 d）伏安特性

可关断晶闸管广泛应用于内燃机点火系统、彩色电视机、稳压器、开关电路、雷达、超声等装置中。

3. 逆导晶闸管

逆导晶闸管是将一个晶闸管和一个整流二极管反并联集成在同一硅片上而构成的组合型器件，其符号、等效电路和伏安特性如图 4-6 所示。逆导晶闸管的正向特性与普通晶闸管相同，反向特性与二极管正向特性相同。

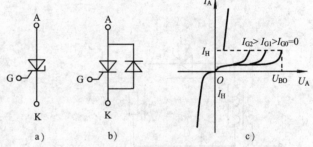

图 4-6 逆导晶闸管
a）符号 b）等效电路 c）伏安特性

逆导晶闸管具有体积小、耐压高、高温特性好、关断时间短等优点。由它构成的斩波器电路广泛应用于矿山机车、电瓶车、地铁机车和城市电车等方面。

4. 快速晶闸管

快速晶闸管的外形、符号与普通晶闸管相同，其特点是开关时间短、开关损耗小，因此可以在较高的工作频率下安全可靠地工作。

快速晶闸管目前广泛用在中频冶炼电源、中频逆变器及一些较高频率的控制设备上，可使晶闸管变流装置体积减小、重量减轻、效率提高。

【练习与思考】

4-1-1 晶闸管导通条件是什么？导通后流过晶闸管的电流由什么决定？晶闸管阻断时，承受电压的大小由什么决定？

4-1-2 为什么晶闸管导通后，门极就失去控制作用？晶闸管关断的条件是什么？

4-1-3 晶闸管的门极通入几十毫安的小电流，可以控制阳极几十、几百安培的大电流的流通，它与晶体管的较小的基极电流控制较大的集电极电流有何不同？

4-1-4 晶闸管额定电压、额定电流和维持电流的定义是什么？

第二节　可控整流电路

可控整流电路是将交流电压变换成可调的直流电压的电路。目前，对于需要直流电源的场合，广泛采用可控整流电路。例如，直流电动机的调速、同步发电机励磁等。

一、单相半波可控整流电路

1. 电阻性负载

图 4-7 是接电阻性负载的单相半波可控整流电路。在 u_2 的正半周（图 4-8a），晶闸管 V 承受正向电压，若在 t_1 时刻向其控制极送入触发脉冲，如图 4-8b 所示，晶闸管立即导通，负载上有电流通过，如果忽略晶闸管的正向压降，则 $u_o = u_2$。当 u_2 从正半周转到负半周过零时，晶闸管中流过的正向电流小于维持电流而关断。在 u_2 的负半周，晶闸管承受反向电压不能导通，负载上的电压和电流均为零。直到第二个周期相当于 t_1 时刻再加触发脉冲，晶闸管再次导通，如此循环下去。负载上的电压、电流波形如图 4-8c 所示。晶闸管本身承受的电压 u_T 如图 4-8d 所示，在导通期间 $u_T \approx 0$，在其余不导通时间它承受全部电源电压。

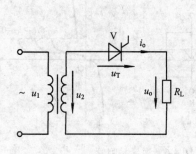

图 4-7　接电阻性负载的单相半波可控整流电路

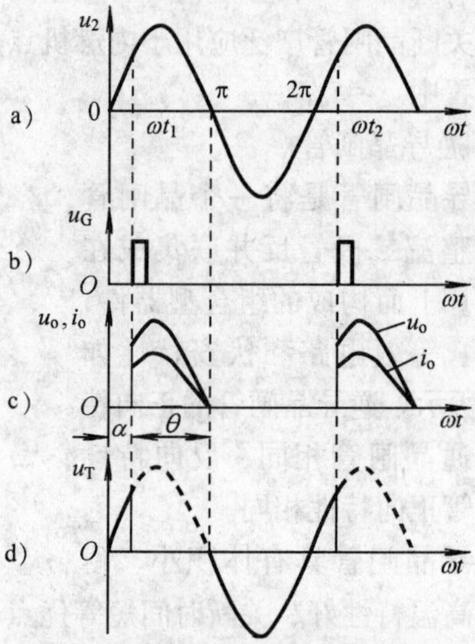

图 4-8　接电阻性负载单相半波可控整流电路的波形

晶闸管承受正向电压到开始导通的角度称为触发延迟角（俗称移相角、控制角），用 α 表示，晶闸管导通的角度称为导通角，用 θ 表示，很显然，$\theta = \pi - \alpha$，改变触发延迟角 α，就可改变输出电压的平均值。α 角越小，输出电压的平均值越高。设变压器二次电压为 $u_2 = \sqrt{2}U_2\sin\omega t$，则输出电压的平均值为

$$U_o = \frac{1}{2\pi}\int_\alpha^\pi \sqrt{2}U_2\sin\omega t \mathrm{d}(\omega t) = \frac{\sqrt{2}}{2\pi}U_2(1 + \cos\alpha)$$

$$= 0.45U_2 \frac{1 + \cos\alpha}{2} \tag{4-1}$$

单相半波整流电路的触发延迟角的移相范围为 $0 \sim \pi$。从式（4-1）可以看出，α 越小，U_o 就越大，当 $\alpha = 0 (\theta = \pi)$ 时，晶闸管在正半周全部导通，$U_o = 0.45 U_2$，输出电压最高，相当于二极管单相半波整流电压。当 $\alpha = \pi (\theta = 0)$ 时，晶闸管全关断。可见，输出电压的可控范围为 $0 \sim 0.45 U_2$。

输出电流的平均值为
$$I_o = \frac{U_o}{R_L} = 0.45 \frac{U_2}{R_L} \frac{1 + \cos\alpha}{2} \qquad (4\text{-}2)$$

晶闸管电流的平均值为
$$I_T = I_o \qquad (4\text{-}3)$$

输出电压的有效值为
$$U = \sqrt{\frac{1}{2\pi} \int_\alpha^\pi (\sqrt{2} U_2 \sin\omega t)^2 \, d(\omega t)} = U_2 \sqrt{\frac{\sin 2\alpha}{4\pi} + \frac{\pi - \alpha}{2\pi}} \qquad (4\text{-}4)$$

输出电流的有效值为
$$I = \frac{U}{R_L} = \frac{U_2}{R_L} \sqrt{\frac{\sin 2\alpha}{4\pi} + \frac{\pi - \alpha}{2\pi}} \qquad (4\text{-}5)$$

晶闸管承受的正反向峰值电压是交流电源电压的最大值 $\sqrt{2} U_2$。

2. 电感性负载和续流二极管

在生产实践中，除了上述电阻性负载外，经常碰到的是电感性负载，如各种电机的励磁绕组和各种电感线圈等，有时负载虽然是纯电阻，但串了电感滤波后，也变成了电感性。电感性负载整流电路的工作情况和电阻性负载不同，如图 4-9 所示。

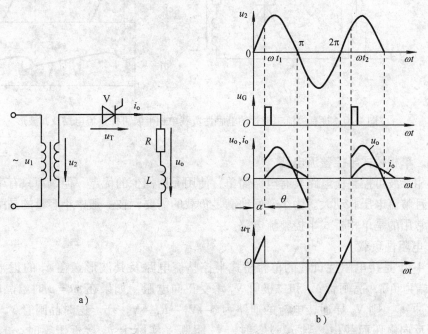

图 4-9 接电感性负载的单相半波可控整流电路及其波形
a）电路 b）波形

在 u_2 的正半周内，当晶闸管加触发电压 u_G 导通时，由于存在电感元件，负载电流 i_o 不能跃变，只能由零逐渐上升，电感元件中会产生阻碍电流增加的感应电动势（极性为上正下负）。当 u_2 过零变负时，电流逐步减少，此时感应电动势的极性变为上负下正，只要这个感应电动势比 u_2 大，晶闸管仍承受正向电压继续导通。当电流下降到维持电流以下时，晶闸管才能关断，并且承受反向电压。

由上面的分析可知，在单相半波可控整流电路接电感性负载时，晶闸管导通角 θ 将大于 $\pi - \alpha$。负载电感愈大，导通角 θ 愈大，在一个周期中负载上负电压的比重就愈大，使得输出电压的平均值下降。

为了使晶闸管在电源电压 u_2 降到零值时能及时关断，使负载上不出现负电压，可在电感性负载两端并联一个二极管，如图 4-10a 所示。当 u_2 过零变负后（图 4-10b），电感的感应电动势可经二极管使负载电流继续流通（不再经过变压器），因此称该二极管为续流二极管。此时 $u_o = 0$，晶闸管因承受反向电压而关断。加上续流二极管后，输出电压的波形与电阻性负载相同，如图 4-10c 所示。但输出电流 i_o 的波形就大不相同了，由于电感的作用，使得流过负载的电流不但连续而且基本维持不变，电感愈大，电流波形愈接近一条水平线，如图 4-10d 所示。

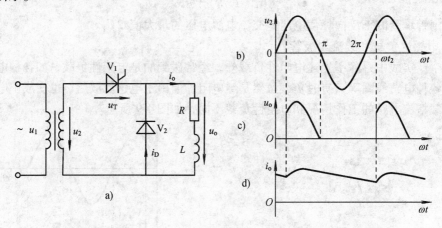

图 4-10　接有续流二极管的电感性负载单相半波可控整流电路及其波形

二、单相桥式半控整流电路

单相半波可控整流电路具有电路简单、使用元器件少的优点，但电源只有半个周期被利用，而且整流电压脉动大。为了较好地满足负载的需要，在一般中小容量的晶闸管整流装置中，较常用的是单相桥式半控整流电路。

1. 电阻性负载

图 4-11 是接电阻性负载的单相桥式半控整流电路及其波形。在 u_2 的正半周（a 端为正，b 端为负），晶闸管 V_1 和二极管 V_4 承受正向电压，如果在 $\omega t = \alpha$ 时给晶闸管 V_1 引入触发脉冲 u_G，则 V_1 导通，电流的通路为 $a \rightarrow V_1 \rightarrow R_L \rightarrow V_4 \rightarrow b$。这时晶闸管 V_2 和二极管 V_3 因承受反向电压而截止。当 u_2 过零时，V_1 阻断（实际上 u_2 接近于零时，电流小于维持电流时已阻断），电流为零。同样在 u_2 的负半周，晶闸管 V_2 和二极管 V_3 承受正向电压，如果在 $\omega t = \pi + \alpha$ 时给晶闸管 V_2 引入触发脉冲，则 V_2 导通，电流的通路为 $b \rightarrow V_2 \rightarrow R_L \rightarrow V_3 \rightarrow a$。这时晶闸管 V_1 和二极管 V_4 因承受反向电压而截止。输出电压 u_o 和输出电流 i_o 的波形见图 4-11。

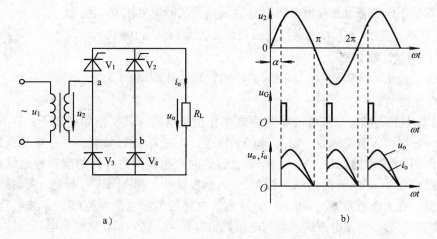

图 4-11 接电阻性负载的单相桥式半控整流电路及其波形

a) 电路 b) 波形

同单相半波可控整流电路相比，桥式可控整流电路的输出电压的平均值要大一倍，即

$$U_o = 0.9 U_2 \frac{1 + \cos\alpha}{2} \tag{4-6}$$

输出电流的平均值为

$$I_o = \frac{U_o}{R_L} = 0.9 \frac{U_2}{R_L} \frac{1 + \cos\alpha}{2} \tag{4-7}$$

晶闸管和二极管中电流的平均值为

$$I_T = I_D = \frac{1}{2} I_o \tag{4-8}$$

输出电压的有效值为

$$U = U_2 \sqrt{\frac{\sin 2\alpha}{2\pi} + \frac{\pi - \alpha}{\pi}} \tag{4-9}$$

输出电流的有效值为

$$I = \frac{U}{R_L} = \frac{U_2}{R_L} \sqrt{\frac{\sin 2\alpha}{2\pi} + \frac{\pi - \alpha}{\pi}} \tag{4-10}$$

整流元件承受的最大反向电压为 $\sqrt{2} U_2$。

【例 4-1】 已知某单相桥式半控整流电路的最大输出电压为 110V，输出电流为 50A。求：①交流电压有效值；②选择整流器件。

解 1）交流电压有效值：

$$U_2 = \frac{2 U_o}{0.9(1 + \cos\alpha)} = \frac{2 \times 110}{0.9(1 + \cos 0°)} \text{V} = 122\text{V}$$

考虑电压波动及管子压降，应加大 15%，取 140V。

2）通过整流器件的平均电流 $I_T = \frac{1}{2} I_o = 25$A。其波形为正弦半波，故可选晶闸管的通态平均电流为 25A，但一般应加大 15% 的余量，取 28.7A。

晶闸管的正向断态重复峰值电压 U_{FRM} 及反向重复峰值电压 U_{RRM} 应为

$$U_{\text{FRM}} = U_{\text{RRM}} \geqslant \sqrt{2}U_2 = \sqrt{2} \times 140\text{V} = 198\text{V}$$

加大 15% 的余量，取 228V。

查附录二选用 $I_{\text{F}} = 50\text{A}$，$U_{\text{FRM}} = U_{\text{RRM}} = 300\text{V}$ 的晶闸管 KP50-3。

*2. 电感性负载

图 4-12a 是接有续流二极管的单相桥式半控整流电路。其工作原理如下：在 u_2 的正半周，在 $\omega t = \alpha$ 时引入触发脉冲，则 V_1 和 V_4 导通，此时 i_{V1} 流过负载，并在电感线圈中存储磁场能量。当 u_2 过零到负时，V_1 和 V_4 截止，这时电感线圈中存储的能量通过续流二极管释放给负载。在 $\omega t = \pi + \alpha$ 时给晶闸管 V_2 引入触发脉冲，则 V_2 和 V_3 导通，V_5 截止。此时 i_{V2} 流过负载。在大电感负载（$\omega L \gg R_{\text{L}}$）时，电路的负载电流是连续的，波形近于直线。接上续流二极管后，输出电压的波形与电阻性负载相同。图 4-12b 是输出电压和输出电流的波形。

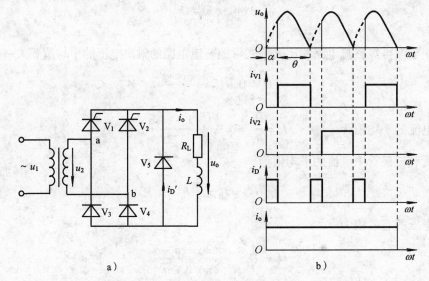

图 4-12 接有续流二极管的单相桥式半控整流电器

a) 电路图 b) 波形图

在一个周期内，每个晶闸管的导通角为 θ，而续流二极管的导通角为 $2\pi - 2\theta$。

晶闸管和整流二极管中电流的平均值为

$$I_{\text{T}} = I_{\text{D}} = \frac{\theta}{2\pi}I_{\text{o}} \tag{4-11}$$

晶闸管和整流二极管中电流的有效值为

$$I_{\text{t}} = I_{\text{d}} = \sqrt{\frac{\theta}{2\pi}}I_{\text{o}} \tag{4-12}$$

流过续流二极管中电流的平均值为

$$I_{\text{D}}' = \frac{2\pi - 2\theta}{2\pi}I_{\text{o}} \tag{4-13}$$

流过续流二极管电流的有效值为

$$I'_d = \sqrt{1 - \frac{\theta}{\pi}} I_o \tag{4-14}$$

【例4-2】 有一大电感负载（$\omega L \gg R_L$）采用有续流二极管的单相桥式半控整流电路供电。输出电压为150V，输入电压为交流220V，负载电阻 $R_L = 10\Omega$。试计算各个元器件中的电流平均值、电流有效值及各元器件承受的最大电压。

解 由式（4-6）计算晶闸管的触发延迟角 α

$$\cos\alpha = \frac{2U_o}{0.9U_2} - 1 = \frac{2 \times 150V}{0.9 \times 220V} - 1 = 0.51$$

得 $\alpha = 59°$。整流器件的导通角 $\theta = 180° - 59° = 121°$。续流二极管的导通角 $\theta' = 360° - 2 \times 121° = 118°$。

负载中电流的平均值为 $\qquad I_o = \frac{U_o}{R_L} = \frac{150V}{10\Omega} = 15A$

整流器件中电流的平均值为

$$I_T = I_D = \frac{\theta}{2\pi} I_o = \frac{121°}{360°} \times 15A = 5A$$

续流二极管中电流的平均值为

$$I'_D = \frac{2\pi - 2\theta}{2\pi} I_o = \frac{360° - 2 \times 121°}{360°} \times 15A = 4.9A$$

整流器件中电流的有效值为

$$I_t = I_d = \sqrt{\frac{\theta}{2\pi}} I_o = \sqrt{\frac{121°}{360°}} \times 15A = 8.7A$$

续流二极管电流的有效值为

$$I'_d = \sqrt{1 - \frac{\theta}{\pi}} I_o = \sqrt{1 - \frac{121°}{180°}} \times 15A = 8.59A$$

整流器件承受的最大正、反向电压为 $\sqrt{2}U_2 = 311V$。

*三、三相桥式半控整流电路

对于大功率的负载，为了使三相电源负载平衡，同时，为了减小输出电压的脉动程度，常采用三相可控整流电路。图 4-13 所示为三相桥式半控整流电路。电路中6个整流器件分为两组：3个晶闸管 V_1、V_2、V_3 接成共阴极组，阳极电位最高者且加触发脉冲时导通；3个二极管 V_4、V_5、V_6 接成共阳极组，阴极电位最低者导通。由于两组器件中只有一组为晶闸管，故称

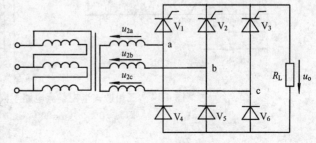

图 4-13 三相桥式半控整流电路

为半控整流。

　　下面以电阻性负载为例，分析当控制角大小不同时电路的工作情况。当 $\alpha = 0°$ 时，即触发脉冲在自然换相点送入，如图 4-14a 所示。3 个晶闸管在共阴极组自然换相点 ωt_1、ωt_3、ωt_5 依次触发导通换相。3 个二极管在共阳极组自然换相点 ωt_2、ωt_4、ωt_6 自然换相。整个电路的工作情况与三相桥式不可控整流电路相同，其输出波形也与三相桥式不可控整流电路的一样。

　　当 $\alpha = 30°$ 和 $\alpha = 90°$ 时的输出电压波形如图 4-14b、c 所示。当 $0 < \alpha < 60°$ 时，一个周期内仍有 6 个波头，波形是连续的，但脉动不均匀；当 $\alpha \geqslant 60°$ 时，一个周期内只有 3 个波头，电压波形将不连续，$\alpha = 60°$ 是波形连续的临界状态。

　　由波形可见，三相桥式半控整流电路触发脉冲间隔是 120°，每个脉冲的最大移相范围是 180°，每个晶闸管的最大导通角为 120°。调节触发延迟角 α 的大小，即可改变输出电压的波形及大小。

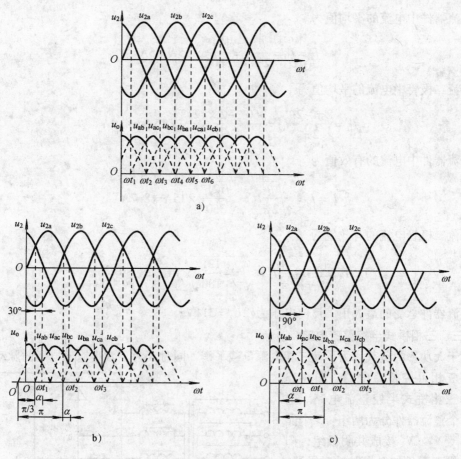

图 4-14　三相桥式半控整流电路不同控制角的波形

a) $\alpha = 0°$　b) $\alpha = 30°$　c) $\alpha = 90°$

　　当 $\alpha \leqslant 60°$ 时（图 4-14b 为 $\alpha = 30°$ 时的输出电压波形），其平均值等于 $\omega t_1 \sim \omega t_2$ 期间面积的平均值。为便于分析，以 O' 点为坐标原点，输出电压平均值为

$$U_o = \frac{1}{2\pi/3}\left[\int_{\pi/3+\alpha}^{2\pi/3} u_{ab}\mathrm{d}(\omega t) + \int_{2\pi/3}^{\pi+\alpha} u_{ac}\mathrm{d}(\omega t)\right]$$

$$= \frac{1}{2\pi/3}\left[\int_{\pi/3+\alpha}^{2\pi/3} \sqrt{3}\sqrt{2}U_2\sin\omega t\mathrm{d}(\omega t) + \int_{2\pi/3}^{\pi+\alpha} \sqrt{3}\sqrt{2}U_2\sin\left(\omega t - \frac{\pi}{3}\right)\mathrm{d}(\omega t)\right]$$

$$= 2.34U_2\frac{1+\cos\alpha}{2} \tag{4-15}$$

当 $60 < \alpha < 180°$ 时（图 4-14c 为 $\alpha = 90°$ 时的输出电压波形），其平均值等于 $\omega t_1 \sim \omega t_1'$ 期间面积的平均值

$$U_o = \frac{1}{2\pi/3}\int_{\alpha}^{\pi} \sqrt{3}\sqrt{2}U_2\sin\omega t\mathrm{d}(\omega t)$$

$$= 2.34U_2\frac{1+\cos\alpha}{2} \tag{4-16}$$

从式（4-15）及式（4-16）可见，三相桥式半控整流电路 $\alpha = 0° \sim 180°$ 时，输出电压平均值为

$$U_o = 2.34U_2\frac{1+\cos\alpha}{2} \tag{4-17}$$

负载电流平均值

$$I_o = \frac{U_o}{R_L} \tag{4-18}$$

流过整流器件电流的平均值为

$$I_T = I_D = \frac{1}{3}I_o \tag{4-19}$$

整流器件承受的最大正、反向电压为三相线电压的最大值 $\sqrt{3}\sqrt{2}U_2 = 2.45U_2$。

以上是以电阻性负载为例进行分析的，当接有电感性负载时，为保证电路正常工作，仍需在负载两端并联续流二极管。并联续流二极管后，输出电压波形与电阻性负载相同，式（4-17）仍然适用。

【练习与思考】

4-2-1 什么是可控整流电路？控制的对象是什么？试说明可控和不可控整流电路的异同点？

4-2-2 在单相半波可控整流电路中，试分析下述三种情况下晶闸管两端电压 u_T 和负载两端电压 u_o 的波形：

1）晶闸管门极不加触发脉冲；

2）晶闸管内部短路；

3）晶闸管内部开路。

4-2-3 在电阻性负载的单相桥式半控整流电路中，若有一个晶闸管的阳极和阴极间被烧断，试画出晶闸管、二极管和负载电阻两端电压 u_T、u_D 和 u_o 的波形。

4-2-4 为什么接电感性负载的可控整流电路（图 4-9）的负载上会出现负电压？而接上续流二极管后负载上就不出现负电压了？

第三节 晶闸管的触发电路

晶闸管由阻断变为导通的条件，除在阳极和阴极之间加上正向电压外，还必须在门极和

阴极之间加上适当的触发信号。触发信号是由触发电路产生的，这个触发信号可以是直流、交流或脉冲形式。触发电路可以由分立元器件组成，也可以由集成电路组成。

为保证晶闸管工作，触发电路必须满足以下要求：

1）触发脉冲应有足够的功率。

2）触发脉冲应有一定的宽度。

3）触发脉冲必须与主电路同步，有一定的移相范围。

本节主要讨论单结晶体管触发电路，并对集成触发电路作简单介绍。

一、单结晶体管触发电路

1. 单结晶体管

（1）单结晶体管的结构　单结晶体管又称双基极二极管，它具有三个电极：两个基极（第一基极 B_1 和第二基极 B_2），一个发射极 E。其结构示意图、符号和等效电路如图 4-15 所示。在一块高电阻率的 N 型硅片的一侧引出两个电极，即基极 B_1、B_2。B_1 和 B_2 之间的电阻为硅片本身的电阻；在硅片另一侧，靠近 B_2 处掺入 P 型杂质，形成一个 PN 结，并引出发射极 E，E 和 B_1 及 B_2 之间是一个 PN 结，具有二极管单向导电性，故称为单结晶体管。单结晶体管可用图 4-15c 所示的等效电路表示。二极管 V 表示 PN 结，R_{B1} 和 R_{B2} 分别是 B_1 和 B_2 到 PN 结的电阻，R_{B1} 随发射极电流而改变。两基极之间的电阻 $R_B = R_{B1} + R_{B2}$，一般为 2～15kΩ。

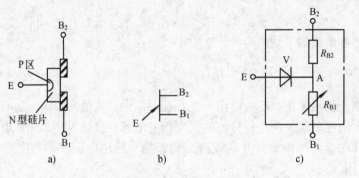

图 4-15　单结晶体管

a）结构示意图　b）符号　c）等效电路

（2）单结晶体管的伏安特性　单结晶体管的基极间加上一个固定电压 U_{BB}（B_2 接正，B_1 接负），给发射极 E 和第一基极 B_1 间加一可变电压 U_E（E 接正，B_1 接负），当改变 U_E 时，发射极电流 I_E 也发生变化，U_E 和 I_E 之间关系的曲线称为单结晶体管的伏安特性。其伏安特性测试电路如图 4-16 所示。

当 $U_E = 0$ 时，A 点对 B_1 的电位为

$$V_A = \frac{R_{B1}}{R_{B1} + R_{B2}} U_{BB} = \frac{R_{B1}}{R_B} U_{BB} = \eta U_{BB}$$

式中，η 称为分压比，与管子的结构有关，是单结晶体管的主要参数之一，约为 0.3～0.9。

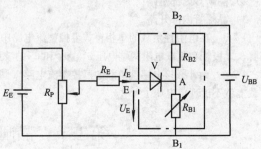

图 4-16　单结晶体管伏安特性的测试电路

当 U_E 从零逐渐增加，至 $U_E < \eta U_{BB}$ 时，PN 结反偏而截止，E 和 B_1 间不能导通，呈现很大电阻，只有很小的漏电流，如图 4-17 所示。当 $U_E = \eta U_{BB} + U_D$（U_D 为 PN 结的正向电压）时，PN 结导通，I_E 突然增大，PN 结由截止变为导通时的转折点称为峰点 P，对应的电压和电流称为峰点电压 U_P 和峰点电流 I_P。PN 结导通后随着 I_E 增加，向硅片下部注入大量空穴，使得 R_{B1} 和 U_E 进一步减少，I_E 又进一步增大，特性曲线的这一段称为负阻区（见图 4-17P-V 段）。当 I_E 增大，U_E 下降到最低点 V 时，负阻特性结束，这点称为谷点，对应的电压和电流称为谷点电压 U_V 和谷点电流 I_V。越过谷点后，R_{B1} 不再继续减小，U_E 随着 I_E 增大而逐渐上升。谷点右边的区域称为饱和区。

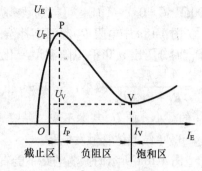

图 4-17　单结晶体管的伏安特性

2. 单结晶体管振荡电路

图 4-18a 是单结晶体管的振荡电路，图中 R_1、R_2 是外加电阻，不是单结晶体管的 R_{B1}、R_{B2}。从电阻 R_1 两端输出触发脉冲。它的工作原理为：电源 E_B 未接通前，电容 C 上的电压 u_C 为零。接通电源后，通过 R 向电容 C 充电，使电容上的电压按指数规律上升，当 u_C 上升到峰点电压 U_P 时，单结晶体管导通，单结晶体管进入负阻区，电容 C 通过 EB_1 和 R_1 放电，由于单结晶体管导通时 R_{B1} 很小，而且 R_1 也取得较小，因而放电过程很快，放电电流在 R_1 上形成一个脉冲电压。由于 R 阻值取得较大，当电容电压下降到单结晶体管的谷点电压时，电源经过 R 供给的电流小于单结晶体管的谷点电流，单结晶体管恢复截止状态。此后电容又重新充电重复上述过程。所以从 R_1 两端输出一系列尖脉冲，这些尖脉冲可以用来触发晶闸管。

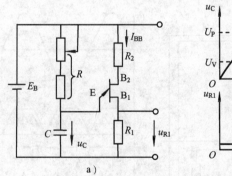

图 4-18　单结晶体管的振荡电路

a）电路图　b）电压波形

图 4-18a 中电阻 R 的数值要适当。若 R 太小，单结晶体管一旦导通后，电源经 R 仍能供给比谷点电流 I_V 更大的电流，使单结晶体管不能截止，造成单结晶体管直通现象。若 R 太大，充电太慢，由于 R 上的压降太大而使单结晶体管达不到峰点电压不能导通，R_1 上没有输出脉冲。R 一般取几千欧到几十千欧。

单结晶体管输出电压脉冲的宽度主要取决于放电时间常数 $\tau = R_1 C$。放电时间常数愈大，脉冲愈宽。若 R_1 或 C 太小，脉冲宽度小，不能使晶闸管触发。一般情况下选用 $R_1 = 50 \sim 100\Omega$，$C = 0.1 \sim 1\mu F$，可得到数十微秒的脉冲宽度。

图 4-18a 中电阻 R_2 起温度补偿的作用，由于 $U_P = \eta U_{BB} + U_D$，当温度上升时，U_D 会下降，而分压比 η 几乎不随温度变化，则 U_P 会下降。与此同时，当温度升高时，R_{BB} 增大，$I_{BB} = \dfrac{E_B}{R_1 + R_2 + R_{BB}}$ 减小，R_1 和 R_2 上的压降也减小。这样，U_{BB} 和 U_P 会增大一些，从而补偿 U_D 的减小，使 U_P 基本不变。一般 R_2 取 $300 \sim 500\Omega$。

3. 单结晶体管触发电路

图 4-18a 所示的振荡电路不能直接作为可控整流电路的触发电路，因为可控整流电路要求晶闸管的触发脉冲与主电路的交流电源同步，即要求在晶闸管每次承受正向电压的半周内接受第一个触发脉冲的时刻相同，使每个半周中控制角 α 均相等。

图 4-19a 是单结晶体管触发的单相桥式半控整流电路。上部为主电路，下部为触发电路。触发脉冲和主电路交流电压的同步是利用同步变压器 T 来实现的。触发电路的电压 u_Z 是由交流电源电压 u_1，经 T 变压、桥式整流、稳压管削波后得到的梯形波电压。电路中各处波形如图 4-19b 所示。由图可见，当 u_1 过零时，u_Z 也过零，即 u_Z 和 u_1 同步。当 u_Z 过零时，单结晶体管的两基极间电压 U_{BB} 为零，则峰点电压 $U_P \approx \eta U_{BB} = 0$，这时如果电容上还有电压，则通过单结晶体管迅速放电，下降为零，然后在下一个半周重新从零开始充电，这样，保证每个半周内产生第一个触发脉冲的时间相同，达到同步。第一个触发脉冲使晶闸管导通后，后面的脉冲都不起作用。调节电阻 R，可以改变发出第一个触发脉冲的时间，从而改变晶闸管的触发延迟角 α，这就是触发脉冲的移相。改变 R 可以起移相作用，达到调节输出电压 U_o 的目的。

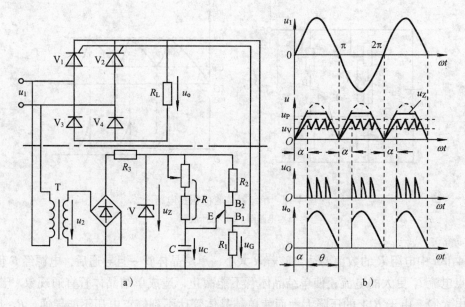

a)   b)

图 4-19 单结晶体管触发电路

a) 电路图 b) 电压波形

*二、集成触发电路

为了提高晶闸管变流装置的可靠性，作为变流装置的重要组成部分的触发电路，随着集成电路技术的发展，已研制出各种集成触发电路。与分立元器件触发电路相比，它具有移相线性好、移相范围宽、温漂小、可靠性高、维修方便等优点。目前已广泛应用于机械、纺织、冶金、化工和轻工等工业系统。

本节以 KJ004 型为例对晶闸管集成触发电路作简要介绍。

1. KJ004 型集成触发电路的工作原理

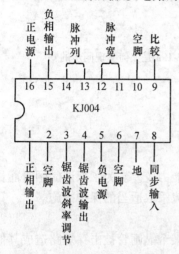

图 4-20　KJ004 型引脚排列图

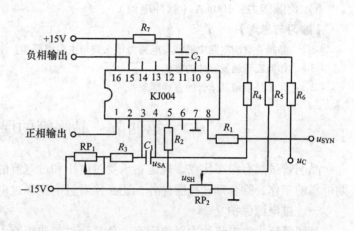

图 4-21　KJ004 型工作原理图

KJ004 型集成触发电路的引脚排列如图 4-20 所示。该电路工作时需外接元件，图 4-21 所示电路为其工作原理图，图 4-22 为工作波形图。其移相原理如下：同步电压 u_{SYN}（图 4-22a）经同步输入电阻 R_1 由 8 端输入，经波形变换，在 4 端得到锯齿波 u_{SA}，其波形如图 4-22b 所示。u_{SA} 经电阻 R_4 送入 9 端，此外还有负的直流偏移电压 u_{SH}（图 4-22c）和正的直流控制电压 u_C（图 4-22d），分别经电阻 R_5、R_6 也送入 9 端。u_{SA}、u_{SH}、u_C 三个电压同时叠加于 9 端，其合成电压的波形如图 4-22e 所示。当 9 端的合成电压大于 +0.7V 时（如图 4-22e 中的 A 点），使晶体管导通产生触发脉冲。在同步电压 u_{SYN} 的正半周，触发脉冲由 1 端输出，称正相脉冲 u_P（图 4-22f）；在 u_{SYN} 的负半周，触发脉冲由 15 端输出，称为负相脉冲 u_N（图 4-22g）。

当 u_{SA} 及 u_{SH} 为定值时，如果改变控制电压 u_C，可以改变 A 点出现的时刻，即改变晶体管导通产生触发脉冲的时刻，从而使触发脉冲得以相移，改变晶闸管的触发延迟角 α。

锯齿波 u_{SA} 的斜率决定于 RP_1、R_3 和 C_1，调节 RP_1 可以改变 u_{SA} 的斜率；调节 RP_2 可以改变偏

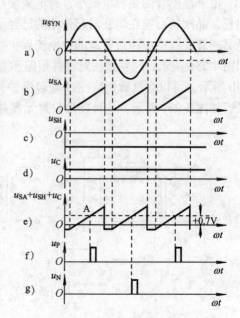

图 4-22　KJ004 型电路的波形图

移电压 u_{SH} 的大小。调节 RP_1 及 RP_2 均可使触发脉冲得到相移。

2. KJ004 型的主要技术指标

1）电源电压：$\pm 15(1+5\%)$ V。

2）电源电流：正电流 ≤ 15 mA，负电流 ≤ 8 mA。

3）同步电压：任意值。

4）移相范围：$\geq 170°$（同步电压 30V，同步输入电阻 $R_1 = 15$ kΩ）。

5）脉冲幅度：≥ 13V。

6）负载能力：100mA（脉冲电流）。

【练习与思考】

4-3-1　晶闸管整流电路中的触发电路为什么要与主电路同步？图 4-19a 是如何实现同步的？

4-3-2　如何实现触发脉冲的移相？

4-3-3　什么是单结晶体管的直通现象？

*第四节　晶闸管的保护

晶闸管虽然有很多优点，但是它承受过电压和过电流的能力较差。为了保证晶闸管能长期可靠的工作，除合理选择器件外，还必须对过电压和过电流采取适当的保护措施。

一、过电流保护

晶闸管产生过电流的主要原因有：负载端过载或短路；某个晶闸管被击穿短路造成其他元器件过电流；触发电路工作不正常或受干扰使晶闸管误触发等。

过电流保护的作用在于当电路发生过电流时，在允许的时间内将过电流电路切断，以防止元件损坏。常用的过电流保护有以下几种：

1. 快速熔断器

由于晶闸管的热容量很小，过电流使结温很快上升，若采用普通熔断器，由于其熔断时间长，晶闸管可能在熔断器起作用前已经烧坏，因此必须采用快速熔断器保护晶闸管，这也是晶闸管装置中应用最普遍的过电流保护措施。快速熔断器的接法有三种：①接在交流侧，如图 4-23a 所示，这种接法对器件短路和直流侧短路都能实现保护；②接在直流侧，如图 4-23b 所示，可以对负载短路或过载起保护作用，但对元器件短路不起保护；③与晶闸管串联，如图 4-23c 所示，这种接法只对元器件起保护作用。

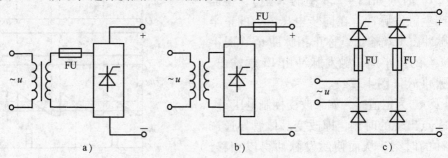

a)　　　　　　　　b)　　　　　　　　c)

图 4-23　快速熔断器的接法

在选择快速熔断器时，其额定电压应大于电路的正常工作电压的有效值，额定电流是有效值，当它与 KP 型普通晶闸管串联时，其额定电流为晶闸管电流平均值的 1.57 倍；当它接在交流侧时，额定电流还要大些。

2. 过电流继电器

在交流侧经电流互感器或在直流侧接入灵敏的过电流继电器，可在发生过电流故障时动作，使交流侧的断路器跳闸。由于过电流继电器的动作和断路器的跳闸都需要一定时间，故只有在短路电流不大的情况下，它们才对晶闸管起保护作用。

3. 触发脉冲移相

在电路中装过电流检测装置，利用过电流信号去控制触发器，使触发脉冲后移或瞬间停止触发器发出脉冲，从而使晶闸管的导通角减小或阻断，抑制过电流。

二、过电压保护

晶闸管产生过电压的原因主要有：一种是由于晶闸管装置的拉、合闸和电路中存在电感元件在接通或切断时引起的过电压，称为操作过电压；另一种是交流侧遭雷击或干扰时产生的浪涌电压。常用的过电压保护措施有以下几种：

1. 阻容吸收保护

利用电阻和电容串联组成的阻容吸收电路是晶闸管过电压常用的保护措施。其实质是将造成过电压的能量变成电场能量储存到电容器中，然后再由电阻将这些能量消耗掉。

阻容吸收元件可有三种接法：①与晶闸管并联，如图 4-24a 所示，可抑制晶闸管两端的尖峰电压；②接在交流侧，如图 4-24b 所示，可防止由于电源侧过电压而使晶闸管遭受破坏；③接在直流侧，如图 4-24c 所示，可以吸收输出端过电压，保护晶闸管。

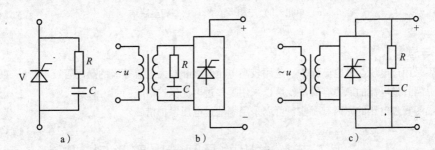

图 4-24　阻容吸收电路的接法

2. 非线性元件保护

阻容吸收电路只能把操作过电压抑制在允许范围内，当发生浪涌电压时，虽有阻容保护，但仍会产生过电压。为此，在采用阻容保护的同时，可以采用非线性元件（硒堆或压敏电阻）保护。

硒堆是串联连接的硒整流片，具有较陡的反向击穿特性。正常时，总有一组处于反向工作状态。当硒堆上电压超过某一数值时，它的电阻迅速减小，通过较大的电流，把过电压能量消耗掉，而硒堆并不损坏。硒堆的接法如图 4-25 所示。

金属氧化物压敏电阻是一种新型非线性过电压保护元件，亦称 VYJ 浪涌吸收器。压敏电阻具有正反向相同的很陡的稳压特性。正常工作时漏电流很小，遇到过电压被击穿时，可通过数千安的电流，因此抑制过电压的能力强。此外，它具有对浪涌电压反应快、体积小、价格便宜等优点，正逐步取代硒堆保护。其主要缺点是持续的功率小，如果正常的工作电压超过了它的额定电压，则立即烧毁。图4-26是它的一般接法。

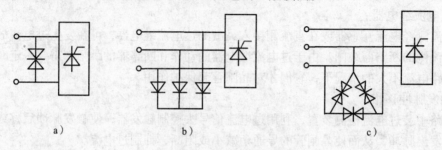

图 4-25　硒堆保护的接法

a）单相　b）三相丫联结　c）三相△联结

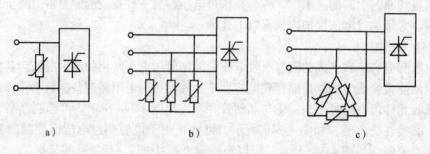

图 4-26　压敏电阻保护的接法

a）单相　b）三相丫联结　c）三相△联结

【练习与思考】

4-4-1　不采用过电压、过电流保护，选用较高电压等级和较大电流等级的晶闸管行不行？

4-4-2　晶闸管过电流的原因有哪些？可以采用哪些过电流保护措施？

4-4-3　晶闸管过电压的原因有哪些？可以采用哪些过电压保护措施？

*第五节　常用的晶闸管电路举例

晶闸管除用于可控整流外，还可以用于逆变、交直流开关、交流调压和直流斩波电路等。本节将以具体实例来介绍晶闸管在这些方面的应用。

一、逆变电路

1. 逆变的概念

本章第二节所讲的可控整流电路是将交流电变换成直流电的电路，与此相反，把直流电变换成交流电的电路称为逆变电路。将直流电变成某一频率的交流电并返送到交流电网的过程称为有源逆变。将直流电变成某一频率或频率可调的交流电供给负载，称为无源逆变。

变频器就是利用这一原理工作的，图 4-27 为变频电路的示意图。先由整流电路将交流电

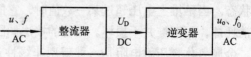

图 4-27　变频电路的示意图

压 u（频率为 f）变换成直流电压 U_D，然后再把此直流电压经逆变器变换为所需频率为 f_0 的交流电压 u_0。

变频器一般作电源用，如金属冶炼、热处理需要的中频或高频电源；搅拌、振动等设备需要的低于 50Hz 的交流电源；交流电动机变频调速所要求的频率可变的交流电源等。

2. 单相并联逆变电路

逆变器中的电源是直流电，可由交流电经整流获得。逆变器中的晶闸管触发导通后不能像交流电在过零变负时自行关断，因此必须采用能使晶闸管关断的措施，常用的办法是采用电容器（称为换向电容）与负载并联或串联。换向电容与负载并联的称为并联逆变电路，换向电容与负载串联的称为串联逆变电路。本节仅通过下面的简单并联逆变电路对无源逆变电路的工作原理作简要介绍。

图 4-28 是一个单相逆变电路，图中的变压器为逆变器的负载，换向电容 C 经二极管与负载并联，故为并联逆变电路。如果把一定频率的触发脉冲交替地加到晶闸管 V_1 和 V_2 上，使其轮流导通，在变压器一次侧流过交流电流，因而在二次侧就可得到交流电压 u_0 供给负载。

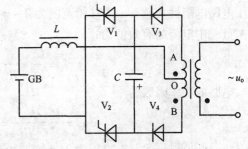

图 4-28　单相并联逆变电路

其工作原理为：假定 V_2 为阻断状态，V_1 被触发导通，则电流由电源 GB 的正端经电感 L、变压器一次侧的 OA 段、V_3、V_1 回到 GB 的负端。在变压器二次侧感应出电压 u_0，其极性为下正上负（由变压器一次侧和二次侧的同极性端决定）。由于 O 点为变压器一次侧的中点，所以，同时在变压器一次侧的 OB 段也感应出与电源电压 U_{GB} 相等的电压，其极性为下正上负，于是电容器 C 的两端便充以 $2U_{GB}$ 的电压，极性为下正上负，如图 4-28 所示。因此，V_2 承受 $2U_{GB}$ 的正向电压，触发 V_2 立即导通，V_2 导通后，V_1 在 $2U_{GB}$ 反向电压作用下强迫阻断。电容器 C 经 V_2、GB、L、变压器 OA 段及 V_3 放电。V_1 阻断后 V_2 导通，换向结束。此时，电流由 GB 的正端经 L、变压器一次侧的 OB 段、V_4、V_2 回到 GB 的负端，在变压器的二次侧感应出电压 u_0，其极性为上正下负。同时电容器 C 将反向充电至 $2U_{GB}$，为下次换向作准备。调节触发脉冲的频率，即调节 V_1 与 V_2 轮流导通的频率，从而可得到不同频率的交流电 u_0，实现把直流电逆变成一定频率的交流电。图 4-28 中电感 L 的作用是用来限制换向期间的冲击电流。V_3 和 V_4 的作用在于使换向电容 C 不被负载短路。

当逆变电路作为三相负载（如三相交流电动机）的变频电源时，则应采用三相逆变电路。

二、交流调压电路

交流调压电路是把固定交流电压变成可调的交流电压。广泛应用于炉温控制、灯光调节、感应电动机的调速等场合。

1. 单相交流调压电路的工作原理

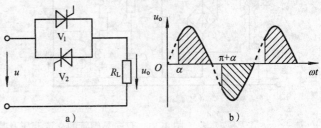

图 4-29　晶体管单相交流调压电路

图 4-29a 是最简单的晶闸管单相交流调压电路，是将两只普通晶闸管反并联与负载串联接到交流电源上，通过改变晶闸管的触发延迟角 α，可实现单相交流调压的目的。

晶闸管交流调压电路的工作情况与它的负载性质有关。假设负载是电阻性的（如白炽灯的灯丝、电炉的电阻丝等），在交流电压 u 的正半周，以触发延迟角为 α 触发晶闸管 V_1 使其导通，V_2 阻断；当交流电压 u 下降过零到负半周时，V_1 在电压过零时阻断，而 V_2 在触发延迟角为 $\pi + \alpha$ 时被触发而导通，如此循环往复。因而在负载上得到如图 4-29b 所示阴影部分的电压波形。

负载 R_L 上电压的有效值为

$$U_o = \sqrt{\frac{1}{\pi}\int_{\alpha}^{\pi}(\sqrt{2}U\sin\omega t)^2 \mathrm{d}(\omega t)} = U\sqrt{\frac{\sin 2\alpha}{2\pi} + \frac{\pi - \alpha}{\pi}} \tag{4-20}$$

调节触发延迟角 α，可以调节 U_o，当 $\alpha = \pi$ 时，$U_o = 0$；当 $\alpha = 0$ 时，$U_o = U$。因此单相调压电路电阻性负载，α 的移相范围为 $0 \sim \pi$，输出电压的调节范围为 $0 \sim U$。

负载中电流的有效值为

$$I_o = \frac{U_o}{R_L} = \frac{U}{R_L}\sqrt{\frac{\sin 2\alpha}{2\pi} + \frac{\pi - \alpha}{\pi}} \tag{4-21}$$

电路的功率因数为

$$\cos\varphi = \frac{P}{S} = \frac{U_o I_o}{U I_o} = \frac{U_o}{U} = \sqrt{\frac{\sin 2\alpha}{2\pi} + \frac{\pi - \alpha}{\pi}} \tag{4-22}$$

式（4-20）~式（4-22）中 U 为交流电源电压有效值。

2. 双向晶闸管的交流调压电路

图 4-29a 中的晶闸管 V_1 和 V_2 常采用一个双向晶闸管代替，可使接线大大简化。目前，交流调压场合多采用双向晶闸管。

图 4-30a 为用单结晶体管触发的实用交流调压电路。V 为双向晶闸管，T 为脉冲变压器，它的一次侧与单结晶体管串联，代替图 4-18a 中的电阻 R_1，二次侧输出触发脉冲至双向晶闸管的门极。图 4-30b 为用双向触发二极管组成的更简单的触发电路。双向触发二极管的正反向特性与双向晶闸管相同，只是没有门极。当加在该管两端电压大于转折电压时，双向触发二极管立即导通（即产生触发脉冲）而呈短路状态，一旦导通后，只有外加电压降到零时才会再恢复截止状态。图 4-30 中调节电位器 RP 即可改变触发脉冲的相位，从而可以改变负载电阻 R_L 两端电压的有效值。

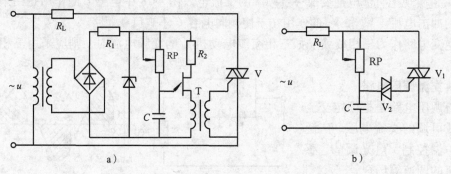

图 4-30 双向晶闸管的交流调压及其触发电路

a）用单结晶体管 b）用双向触发二极管

以上是以电阻性负载为例，讨论了单相调压电路的工作情况。若为电感性负载，当电源电压过零时，由于电感的作用，电流不为零，晶闸管不能阻断，这时工作情况不仅与控制角有关，而且与负载功率因数有关，读者可参阅其他资料获取相关知识。

三、交、直流开关电路

晶闸管具有可控单向导电性，其特性类似于开关，因此很容易组成直流开关。交流开关的特点是晶闸管在正半周承受正向电压时触发导通，而它的关断则利用电源负半周加于管子上的反向电压来实现，在电流过零时关断。晶闸管交流开关目前常采用双向晶闸管组成的基本电路，相当于有触点交流开关的一个触点。由于晶闸管开关具有无触点、动作迅速、寿命长和几乎不用维护等优点，它没有通常电源开关的拉弧、噪声和机械疲劳等缺点，所以得到广泛应用。

1. 双向晶闸管控制三相自动控温电热炉

图 4-31 为双向晶闸管控制三相自动控温电热炉的典型电路。当开关 S 拨到"自动"位置时，炉温就能自动保持在给定温度。若炉温低于给定温度，温控仪使常开触点 K 闭合，双向晶闸管 V_4 触发导通，继电器 KA 线圈得电，其常开触点闭合，使主电路中 $V_1 \sim V_3$ 导通，电加热器（电阻 R_f）接入交流电源，使温度上升。当炉温到达给定温度，温控仪使常开触点 K 断开，V_4 关断，继电器 KA 线圈断电，其常开触点断开，$V_1 \sim V_3$ 关断，电阻 R_f 与电源断开，因此电热炉在给定温度附近小范围内波动。触发电路中的 R_1^* 和 R_2^* 阻值不能太大，否则晶闸管不能触发，通常取 $70 \sim 3000\Omega$。

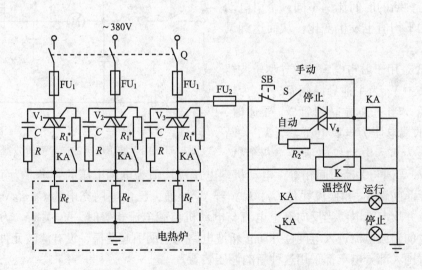

图 4-31　双向晶闸管三相自动控温电热炉电路

2. 复印机灯软启动电路

复印机用卤光灯的工作电流大，使用频率高，若使用继电器对其控制，由于触点的磨耗等问题，寿命不长，所以一般采用双向晶闸管来控制，电路如图 4-32 所示。

开关 S 闭合后，经 R_4、R_5 对 C_3 的充电电流绝大部分被 V_2、R_3、C_2 及 V_5 旁路，使双向晶闸管的触发相移大大延迟。与此同时，通过 V_1 和 R_1 向 C_2 充电，C_2 的旁路电流逐渐减小，C_3 的充电电流逐渐增大，使双向晶闸管的触发相移逐渐移前，经过几个循环（时间由

R_4、R_5 和 C_3 决定）后，触发相移稳定到常值，卤光灯电流也达到额定值。因此通过软启动，使卤光灯的电流缓慢地上升到给定值，从而减小了双向晶闸管的容量。

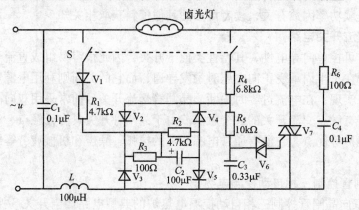

图 4-32　复印机用卤光灯软启动电路

四、直流斩波电路

斩波电路是把固定直流电压变成可调的直流电压。在晶闸管斩波装置中把晶闸管作为开关，起接通和关断电路用。目前，直流斩波电路广泛应用在电力牵引上，如地铁、电力机车、城市无轨电车和电瓶搬运车等。根据晶闸管导通与关断的时间比例不同，牵引电动机端电压的平均值也发生变化，从而达到调速的目的。

图 4-33 是用于城市电车的逆导型斩波器主电路。其中 V_1 为主逆导晶闸管，V_2 为辅逆导晶闸管。当主逆导晶闸管 V_1 导通时，电动机 M 的端电压为电源电压。当 V_1 关断时，端电压为零，电动机电流经二极管 V_3

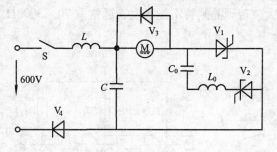

图 4-33　用于城市电车的逆导型斩波器主电路

续流。若 V_1 导通与关断时间相等，电动机端电压平均值为电网电压的一半。为了关断 V_1，设有辅逆导晶闸管 V_2 和换流元件 C_0、L_0。若 V_2 导通，已由电网充电的 C_0 经 V_1、V_2、L_0 振荡放电，并反向充电。当反向充电电流与电动机负载电流相等时，V_1 关断。为了不使斩波电路产生的谐波电流进入电网，并防止斩波电路与电网引起谐振，设有滤波元件 L 和 C。

目前我国大部分电车都采用这种新的调压装置。

第六节　新型电力电子器件

一、大功率晶体管

大功率晶体管又称电力晶体管，英文缩写为 GTR。其基本结构、工作原理和参数意义与晶体管相同，只是耐压和过电流能力较高而已。GTR 一般都是大电流器件，作为开关来使用，但大功率晶体管的电流放大系数很小，因而 GTR 通常是由两个或多个晶体管复合而成的复合晶体管（达林顿管）构成，从而有效地克服 GTR 电流放大系数不大的问题。

由于 GTR 通常作为功率开关使用,对它的要求是:足够的容量、较高的开关速度、较低的功率损耗、饱和压降 U_{CE} 要低、穿透电流 I_{CEO} 要小。使用时不能超过它的极限参数:极间反向击穿电压 $U_{(BR)CEO}$、$U_{(BR)CBO}$ 和 $U_{(BR)EBO}$;集电极最大允许电流 I_{CM};集电极最大允许耗散功率 P_{CM} 等,否则,管子将损坏或使性能变坏。

二、功率场效应晶体管

功率场效应晶体管是具有垂直于芯片表面的导电路径的 MOS 场效应晶体管,英文缩写为 VMOS,是用电压信号控制工作电流的电力电子器件。它具有输入阻抗高、开关速度快、跨导线性好、所需驱动功率小、漏源击穿电压高、工作频率高等优点,因而特别适用于高频、高速、大功率等场合。

目前生产的有两种结构形式:一种是 VVMOS 功率管,另一种是 VDMOS 功率管。下面分别对它们作简要介绍。

1. VVMOS 管

图 4-34 是 N 沟道增强型 VVMOS 管的结构示意图和电路符号。它的工作原理是:源极 S 接零电位,漏极 D 接正电位,当栅极 G 电位为零或负时,由于 P 与 N⁻ 之间的 PN 结反偏,漏、源极之间没有电流通过。当栅极 G 接正电位时,由于电荷感应,在 P 区感应出电子,电子的积累在 P 区形成了 N 型沟道,此沟道连通了 N⁺ 和 N⁻、N⁺ 区,源、漏极之间便产生了电流。因此栅极 G 上的电位大小控制漏、源极间的电流大小。

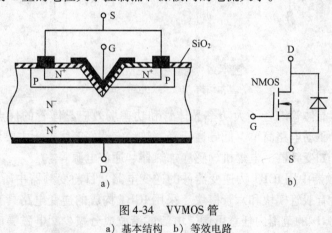

图 4-34　VVMOS 管

a)基本结构　b)等效电路

这种结构的特点是开关速度非常快,开通和关断时间约几十毫微秒,但耐压不高,通常 I_D 为几安培到几十安培。为此又研制出 VDMOS 管。

2. VDMOS 管

图 4-35 是 N 沟道增强型 VDMOS 管的结构示意图,它的工作原理与 VVMOS 管相似。由于它采用平面结构,因而耐压能力、电流容量有所提高。目前的产品中耐压能力已达到 100V 以上,最大连续电流额定值高达 200A,但它速度稍低一些,一般为几百毫微秒,主要用于高速大功率开关电路和线

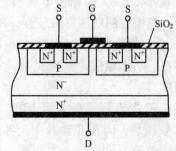

图 4-35　VDMOS 管结构示意图

性电路中的功率放大。

三、绝缘栅双极型晶体管

绝缘栅双极型晶体管（简称 IGBT）是大功率晶体管和场效应晶体管相结合的产物。其主体部分与 GTR 相同，也有集电极（C）和发射极（E），而控制极的结构却与 MOS 管相同，是绝缘栅结构，也称栅极（G）。IGBT 的结构如图 4-36a 所示。图 4-36b 为 IGBT 的等效电路，R_N 为 N 基区的电阻。图 4-36c 为 IGBT 的符号。

IGBT 的开通和关断是由栅极电压来控制的。当栅极加正电压时，MOS 管内形成沟道，并为 PNP 大功率晶体管提供基极电流，从而使 IGBT 导通，此时，从 P^+ 区向 N^- 区发射空穴，对 N^- 区的电导率进行调制，减少了电阻 R_N，使高耐压的 IGBT 也具有低的通态压降。在栅极上加负电压或不加电压时，MOS 管内的沟道消失，PNP 型晶体管的基极电流被切断，IGBT 即关断。

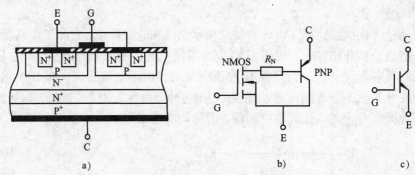

图 4-36 绝缘栅双极型晶体管

a）基本结构 b）等效电路 c）符号

绝缘栅双极型晶体管综合了大功率晶体管和功率场效应晶体管的优点，具有高输入电阻、高开关速度、驱动电路简单、低导通压降、热稳定性好等优点，主要用于高电压、大电流的大功率领域，如变频器、电焊机、感应加热器、通信电源等。

图 4-37 为变频器中用 IGBT 为逆变器件的逆变电路，目前变频器中所用的 IGBT 管已制成各种模块，主要有双管模块和六管模块。采用 IGBT 构成的逆变电路具有载波频率高、载波频率可在 3～15kHz 的范围内任意可调、电流的谐波成分减少、电磁噪声小、使电动机的转矩增大等优点。由于 IGBT 的驱动电路取用电流小，几乎不消耗功率，电路的功耗小。IGBT 的栅极电流极小，停电后，栅极控制电压衰减较慢，IGBT 管不会立刻关断，因此瞬间停电可以不停机，从而增强了对常见故障的自处理能力。

图 4-37 中点划线框为用 IGBT 制成的六管模块，因在变频器中，各逆变管旁边总要反并联一个二极管，所以模块中已把二极管集成进去了。

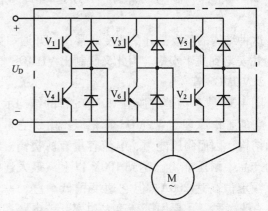

图 4-37 用 IGBT 为逆变器件的逆变电路

小　结

1）晶闸管是一种大功率半导体器件，具有可控单向导电性。晶闸管的导通条件是阳极—阴极间加正向电压，门极—阴极间加正向触发电压，阳极电流大于维持电流。晶闸管导通后，门极失去作用。要使导通的晶闸管阻断，必须使阳极电流小于维持电流。

2）用晶闸管可以构成输出直流电压大小可调的可控整流电路。通过改变晶闸管触发延迟角 α 的大小来调节直流输出电压。

电阻性负载时，输出电压的平均值为

单相半波 $$U_o = 0.45U_2 \frac{1 + \cos\alpha}{2}$$

单相全波或桥式 $$U_o = 0.9U_2 \frac{1 + \cos\alpha}{2}$$

三相半控桥式 $$U_o = 2.34U_2 \frac{1 + \cos\alpha}{2}$$

电感性负载电路往往接有续流二极管。此时输出电压的波形和平均值均与电阻性负载相同，大电感负载时，负载电流波形近似于直线。

3）对晶闸管触发电路的要求是：触发脉冲应有足够的功率，应有一定的宽度，必须与主电路同步，有一定的移相范围。

晶闸管的触发电路种类很多，单结晶体管触发电路结构简单，温度补偿性能好，但输出功率小，移相范围小于150°，在要求不高的系统中广泛应用。集成触发电路具有移相线性好、移相范围宽、温漂小、可靠性高、维修方便等优点，广泛应用于各工业系统。

4）晶闸管的缺点是过电压和过电流的能力较差，因此要采取适当的保护措施。

5）晶闸管除用于整流外，还可以用于逆变、交直流开关、交流调压和直流斩波电路等方面。逆变是整流的逆过程，把直流电变为交流电。变频是把工频交流电变成频率可调的交流电。交流开关常用双向晶闸管构成，它具有无触点、动作迅速、寿命长等优点。交流调压是通过改变晶闸管的触发延迟角 α 来实现的。直流斩波电路是把固定直流电压变成可调的直流电压。

6）随着电力电子技术的发展，出现了一些新型的电力电子器件，如电力晶体管、功率场效应晶体管和绝缘栅双极型晶体管等。

习　题

4-1　型号为 KP100-3 的晶闸管，维持电流 $I_H = 4\mathrm{mA}$，使用在下列情况下是否合适？为什么？

1）加直流电压 $U = 100\mathrm{V}$，负载电阻 $R_L = 50\mathrm{k\Omega}$。

2）加直流电压 $U = 150\mathrm{V}$，负载电阻 $R_L = 1\Omega$。

3）加正弦交流电压 $U = 220\mathrm{V}$（有效值），负载电阻 $R_L = 10\Omega$。

4-2　晶闸管整流电路接负载电阻的情况下，负载上的电压平均值与电流平均值的乘积是否等于负载的功率？为什么？

4-3　某一电热装置（电阻性负载），要求直流平均电压为 75V，电流为 20A，采用单相半波可控整流电路直接从 220V 交流电网供电。计算晶闸管触发延迟角 α、导通角 θ 以及负载电流

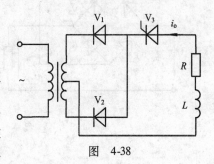

图　4-38

的有效值，并选用晶闸管。

4-4 有一纯电阻负载，需要可调的直流电源，电压 $U_\circ = 0 \sim 180V$，电流 $I_\circ = 0 \sim 6A$，现采用单相半波可控整流电路，试求交流电压的有效值，并选用晶闸管器件。

4-5 图 4-38 所示电路为单相全波可控整流电路，电感 L 较大，能否正常工作？如果不能正常工作，应采用什么措施？

4-6 分析图 4-39a、b 两个电路的工作原理，它们对晶闸管的耐压要求是否相同？

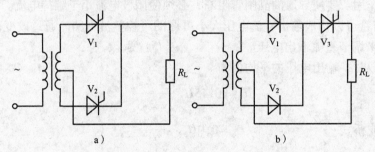

图 4-39

4-7 在单相桥式半控整流电路中，设通过单个晶闸管的平均电流为 100A，并保持此值不变，问当导通角 $\theta = 180°$ 和 $\theta = 90°$ 时，通过晶闸管的峰值电流是多少？

4-8 上题单相桥式半控整流电路中，若用变压器供电，试计算变压器二次电压及电流有效值，并选用整流器件（设 $\alpha = 0°$ 时，$U_\circ = 60V$）。

4-9 单相桥式半控整流电路，当触发延迟角 $\alpha = 0°$ 时，直流输出电压 $U_\circ = 150V$，直流输出电流 $I_\circ = 50A$。试求：

1）当负载为电阻时，如果要求直流输出电压 $U_\circ = 100V$，则触发延迟角 α 为多少？

2）当负载为电感时，如果要求 $U_\circ = 75V$，在有续流二极管的情况下，计算晶闸管的触发延迟角 α，并选用整流元器件。

4-10 如何用万用表来区别单结晶体管和晶体管？

4-11 在单结晶体管触发电路中：

1）电容 C 一般在 $0.1 \sim 1\mu F$ 范围内，如果取得太小或太大，对晶闸管的工作有何影响？

2）电阻 R_1 一般在 $50 \sim 100\Omega$ 之间，如果取得太小或太大，对晶闸管的工作有何影响？

4-12 图 4-40 所示电路为输出电压极性可变的单相半波整流电路或交流调压电路，试说明其工作原理；若要使输出电压极性为下正上负（如图所示），应在何时加触发脉冲？

4-13 图 4-41 为一简单的舞台调光电路。试分析电路的工作原理；说明 R_P、V_2、S 的作用；求晶闸管的最小导通角 $\theta_{min} = ?$

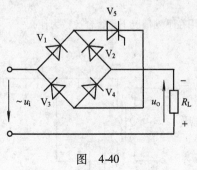

图 4-40

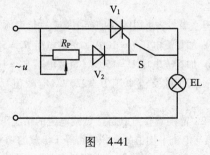

图 4-41

第五章　门电路和组合逻辑电路

第一节　概　　述

前面几章所介绍的各种电路中的电信号是随时间连续变化的，我们将这些随时间连续变化的信号称为模拟信号。从本章开始，讨论另一类不随时间连续变化的电信号——脉冲信号，这些信号称为数字信号。

处理模拟信号的电路称为模拟电路，处理数字信号的电路称为数字电路。

数字电路的高速发展和广泛应用，标志着现代电子技术水平的提高。以数字电路为基础发展起来的电子计算机、数字式仪表、数字控制装置等已广泛用于各行各业。

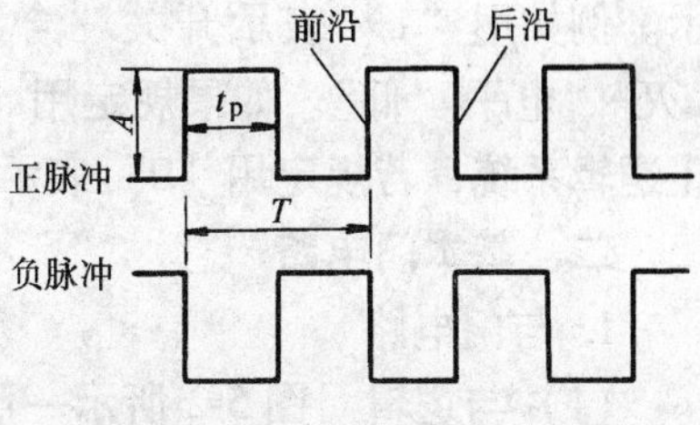

图 5-1　矩形脉冲

一、脉冲信号

数字电路中，信号往往是一些跃变信号，并且持续时间短暂，为微秒（μs）级，甚至纳秒（ns）级。这些信号称为脉冲信号。脉冲信号有许多种，如：尖脉冲、锯齿脉冲、三角脉冲等。图 5-1 所示的是最常见的矩形脉冲。实际上矩形脉冲波形并非如此理想。脉冲的一些参数为：

（1）脉冲幅度 A　脉冲信号变化的最大值。

（2）脉冲宽度 t_p　从脉冲前沿上升到 $0.5A$ 处开始，到脉冲后沿下降到 $0.5A$ 为止的一段时间。

（3）脉冲周期 T　周期性脉冲相邻两个前沿（或后沿）之间的时间间隔。

（4）脉冲频率 f　单位时间内的脉冲个数，$f = \dfrac{1}{T}$。

此外，脉冲信号还有正、负之分。脉冲变化后的值比初始值高的，称为正脉冲，反之称为负脉冲。脉冲的前沿对正脉冲而言是指上升沿，对负脉冲是指下降沿；脉冲的后沿对正脉冲而言是指下降沿，对负脉冲是指上升沿，如图 5-1 所示。

二、数字电路的特点

1）在数字电路中，电路通常是根据脉冲信号的有无、个数、宽度和频率来工作的，所以抗干扰能力强，可靠性高。

2）在数字电路中，晶体管工作在开关状态，即时而饱和导通，时而截止。

3）数字电路主要研究的是电路的输出与输入之间的逻辑关系，而不是模拟电路中的数值大小关系。

【练习与思考】

5-1-1　从工作信号和晶体管的工作状态来说明模拟电路和数字电路的区别。

5-1-2　如何区分正脉冲和负脉冲？

第二节 分立元件门电路

一、门电路的基本概念

1. 门电路

门电路是数字电路中最基本的逻辑部件，其应用十分广泛。事实上，数字电路中的"门"就是一种模拟开关，在一定条件下它允许信号通过，条件不满足时，就不允许信号通过。因此，门电路的输入与输出之间存在一定的逻辑关系，所以门电路又称为逻辑门电路。基本门电路有"与"门、"或"门和"非"门，本节将一一介绍。

2. 逻辑系统

在日常生活中，存在着大量相反的两种状态，如：开关的"合"与"断"、灯的"亮"与"灭"、电平的"高"与"低"等。这些相反的状态可分别用逻辑变量"1"和"0"表示。例如用"1"表示开关"合"、灯"亮"、电平"高"，用"0"表示开关"断"、灯"灭"、电平"低"。如果规定用"1"表示高电平，用"0"表示低电平，这样的系统称为正逻辑系统；若规定用"0"表示高电平，用"1"表示低电平，则称为负逻辑系统。

二、基本门电路

1. 与门电路

（1）与逻辑 图 5-2 所示一照明电路，两个开关 A 和 B 串联起来控制灯 F 的亮灭。显然只有当 A 与 B 都闭合时，灯才亮。如果有任何一个开关断开，或两个开关都断开，灯就不亮。表 5-1 列出了灯的亮灭与开关 A、B 状态的对应关系。表 5-2 列出它们对应的逻辑关系。

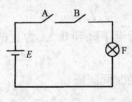

图 5-2 与逻辑电路

表 5-1 与逻辑状态表

A	B	F
断	断	灭
断	合	灭
合	断	灭
合	合	亮

表 5-2 与逻辑真值表

A	B	F
0	0	0
0	1	0
1	0	0
1	1	1

从表 5-2 可看出，只有当输入端 A 与 B 全为 1 时，输出 F 才为 1。它们之间的这种逻辑关系称为"与"逻辑关系，在逻辑代数中可以用逻辑与（或逻辑乘）来表示，即

$$F = A \cdot B \tag{5-1}$$

可以看出，逻辑乘的含义是

$$0 \cdot 0 = 0 \quad 0 \cdot 1 = 0 \quad 1 \cdot 0 = 0 \quad 1 \cdot 1 = 1$$

逻辑功能也可以概括为：有 0 出 0，全 1 为 1。

（2）二极管与门电路 如图 5-3a 所示为二极管与门电路，A、B 为它的两个输入端，F 为输出端。图 5-3b 是与门的逻辑符号。

在采用正逻辑系统时，高电平为"1"，低电平为"0"，但多少伏算高电平，多少伏算低电平，不同场合，规定不同。

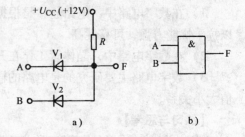

图 5-3 二极管与门电路及逻辑符号

这里假定高电平为3V左右，低电平为0V左右。当输入端A、B均为高电平时，两个二极管都导通，输出端F被钳制在3V（考虑二极管正向压降时，则比3V略高）；当两个输入端A、B一个为高电平，另一个为低电平时，接输入低电平的二极管优先导通，使输出端F被钳制在0V（考虑二极管正向压降，则比0V略高），这时接输入高电平的二极管处于反向偏置而截止；当两个输入端A、B均为低电平时，两个二极管都导通，输出端F被钳制在0V（考虑二极管正向压降，则比0V略高）。

由上述讨论可见，只有当A、B两输入端均为高电平时，输出F才为高电平。这刚好符合"与"门的要求，因此，称此电路为二极管与门电路。

两个输入端的与门电路的真值表如表5-2所示。

对于三个输入端A、B、C的与门电路，其逻辑关系为

$$F = A \cdot B \cdot C \tag{5-2}$$

它的真值表读者可以自行列出。

2. 或门电路

（1）或逻辑　图5-4表示一个简单的或逻辑电路，两个开关并联，这种情况下，开关A或B只要有一个闭合，灯就亮，只有当两个开关都断开时，灯才不亮，其逻辑状态如表5-3所示。

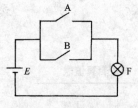

图5-4　或逻辑电路

表5-3　或逻辑状态表

A	B	F
断	断	灭
断	合	亮
合	断	亮
合	合	亮

表5-4　或逻辑真值表

A	B	F
0	0	0
0	1	1
1	0	1
1	1	1

仍采用正逻辑系统，那么A、B与F之间的逻辑关系可以用表5-4来说明，即当A或B只要有一个为1，F就为1，否则为0，这种关系称为或逻辑关系。或逻辑关系在逻辑代数中可以用逻辑或（也称逻辑加）来表示，即

$$F = A + B \tag{5-3}$$

上式含义是

$$0 + 0 = 0 \qquad 0 + 1 = 1 \qquad 1 + 0 = 1 \qquad 1 + 1 = 1$$

注意在逻辑代数中，$1 + 1 = 1$，这和普通的算术加法包括二进制加法是不同的。其逻辑功能可概括为：有1出1，全0为0。

（2）二极管或门电路　如图5-5a所示，A、B为或门电路的输入端，F为输出端。注意图中二极管的方向及R所接电源的极性和图5-3a与门电路是不同的。图5-5b是或门的逻辑符号。

或门的输入端只要有一个为高电平，输出就为高电平。例如当A为高电平，B为低电平时，V_1将优先导通，使F钳制在高电

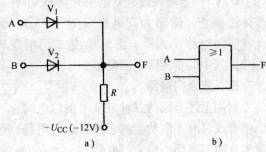

图5-5　二极管或门电路及逻辑符号

平，这时 V_2 因反向偏置而截止；如果 A、B 均为高电平，V_1、V_2 同时导通，F 仍为高电平；只有当 A、B 都是低电平时，F 才为低电平，此时两个二极管都导通。

对于三个输入端的或门电路，其逻辑关系式为

$$F = A + B + C \tag{5-4}$$

它的真值表读者可自行列出。

以上所讨论的与门、或门电路所采用的都是正逻辑，如果采用负逻辑，即低电平为 1，高电平为 0，读者不难看出：图 5-3 的与门电路将变成或门电路，而图 5-5 的或门电路却变成了与门电路。因此，同一电路采用正逻辑和采用负逻辑，所得到的逻辑功能是不同的。所以在分析一个逻辑电路之前，首先要弄清楚采用的是正逻辑还是负逻辑。本书如不加特别说明，均采用正逻辑。

3. 非门电路

（1）非逻辑 图 5-6 表示一个简单的非逻辑电路，电源 E 通过一继电器 A 的动断触点向灯泡供电，当继电器 A 不通电时，灯亮；继电器 A 通电时，灯不亮。如果把通电和灯亮定义为 1 态，不通电和灯不亮定义为 0 态，则继电器和灯之间的逻辑关系可以用表 5-5 来说明，即输出端与输入端的状态总是相反，这种关系称为非逻辑关系。非逻辑关系在逻辑代数中用逻辑非表示，即

$$F = \overline{A} \tag{5-5}$$

上式含义是

$$1 = \overline{0} \qquad 0 = \overline{1}$$

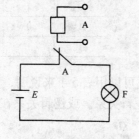

图 5-6 非逻辑电路

表 5-5 非逻辑真值表

A	F
0	1
1	0

（2）晶体管非门电路 如图 5-7a 所示，非门电路只有一个输入端，如果图中 R_C 和 R_B 的阻值选择恰当，当输入端 A 为高电平时（如 3V），晶体管饱和导通，输出端 F 为低电平（约 0.2V）；当输入端为低电平时（0V 左右），晶体管截止，输出为高电平（近于 3V）。因此，非门也称反相器。图 5-7b 是非门的逻辑符号，其中的小圆圈表示反相。

三、复合门电路

利用上述介绍的三种最基本的门电路，可以组合成具有不同功能的多种复合门电路，这里先介绍与非门、或非门电路。

1. 与非门电路

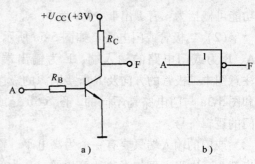

图 5-7 非门电路及其逻辑符号

如果在与门的输出端接一个非门，使与门的输出反相，就组成了一个与非门。图5-8是具有两个输入端的与非门逻辑符号。输入、输出之间的逻辑表达式为

$$F = \overline{A \cdot B} \tag{5-6}$$

表5-6为其真值表。从表中可以看出，与非门的输入端只要有一个为0，则输出为1，只有当输入全为1时，输出才为0（即"有0出1，全1为0"）。

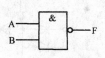

图5-8　与非门逻辑符号

表5-6　与非门真值表

A	B	F
0	0	1
0	1	1
1	0	1
1	1	0

2. 或非门电路

如果在或门的输出端接一个非门，使或门的输出反相，就组成一个或非门。图5-9是两个输入端的或非门逻辑符号。或非门输入输出之间的逻辑表达式为

$$F = \overline{A + B} \tag{5-7}$$

表5-7为或非门的真值表，从表中可以看出，或非门只要有一个输入端为1，则输出为0，只有当输入全为0时，输出才为1（有1出0，全0为1）。

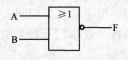

图5-9　或非门逻辑符号

表5-7　或非门真值表

A	B	F
0	0	1
0	1	0
1	0	0
1	1	0

【练习与思考】

5-2-1　一个四输入的与非门，要使输出为1，是否可以由任一个输入端加输入信号来确定？如果可以，所加信号应该是高电平还是低电平？

5-2-2　如对图5-3a和图5-5a所示的二极管门电路采用负逻辑进行分析，试列出逻辑状态表，并说明其逻辑功能。

第三节　TTL集成门电路

集成电路与分立元件电路相比，具有可靠性高、体积小、功耗低等优点。本节介绍的集成门电路是一种输入端和输出端都用晶体管的逻辑门电路，简称TTL集成门电路。它具有较高的工作速度和较强的带负载能力，是用得较多的一种集成逻辑门。下面以应用较普遍的TTL与非门为例进行介绍。

一、TTL与非门

1. 工作原理

图5-10a是四输入端TTL与非门的简化电路，它由两个晶体管V_1、V_2组成。V_1有四个发射极，称为多发射极晶体管。如果把多发射极晶体管的集电极、各发射极与基极之间的

PN 结用二极管表示，如图 5-10b 所示，那么 V_1 就类似于一个二极管与门电路。TTL 与非门工作原理简述如下。

当一个（或多个）输入端的电平为 0（约 0V）时，V_1 基极与输入为 0 的发射极之间的 PN 结处于正向偏置，电流将通过 R_1 流向该 PN 结，使 V_1 的基极电位 V_{B1} 被钳制在 0.7V 左右，因而使 V_2 截止，输出端 F 为 1（高电平）。当输入端全为 1（约 3V）时，电源通过 R_1 和 V_1 的集电结给 V_2 提供基极电流，使 V_2 饱和导通，输出端 F 为 0（低电平）。V_1 的基极电位 V_{B1} 是 V_1 集电结和 V_2 发射结的正向压降之和，约 1.4V，V_1 各发射结均处于反向偏置。由此可见，该电路输出、输入之间为与非逻辑关系。

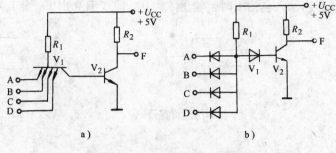

图 5-10　TTL 与非门的简化电路

在图 5-10 中，当某输入端悬空时，由于相应的发射结不能导通，所以它与该输入端加高电平等效。

74 系列 TTL 集成逻辑器件系国际上通用的标准器件，其品种共分为六大类，即 74××（标准）、74LS××（低功耗肖特基）、74S××（肖特基）、74ALS××（先进低功耗肖特基）、74AS××（先进肖特基）、74F××（高速），它们的逻辑功能完全相同。图 5-11 是两种 74 系列 TTL 与非门的外引线排列图。一片集成器件内的各个逻辑门互相独立，可以单独使用，但共用一根电源引线和一根地线。

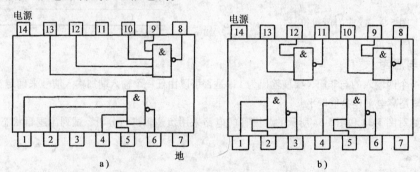

图 5-11　74 系列 TTL 与非门

a）7420 四输入端双与非门　b）7400 二输入端四与非门

2. 主要参数

为了更好地理解 TTL 门电路的一些参数，首先介绍它的电压传输特性。图 5-12 是 TTL 与非门的电压传输特性。电压传输特性是指将与非门的某一输入端接电压 u_i，而其他输入端都接高电平，当 u_i 自零逐渐增加时，由实验测得的输出电压 u_o 与输入电压 u_i 之间的关系曲线。下面结合电压传输特性介绍 TTL 与非门电路的几个主要参数，它们是使用者判断器件性能好坏的依据。

（1）输出高电平 U_{oH}　当输入信号有一个或多个为低电平时，与非门的输出电压值，即传输特性曲线上 ab 段的电压值。U_{oH} 的典型值约为 3.5V，产品规范值 $U_{oH} \geqslant 2.4$V，标准高电平 $U_{SH} = 2.4$V。

（2）输出低电平 U_{oL}　当输入信号全为高电平时，与非门的输出电压值，即传输特性上 de 段的电压值。通常 $U_{oL} \leqslant 0.35$V，产品规范值 $U_{oL} \leqslant 0.4$V。

（3）关门电平 U_{off}　保证输出高电平所允许的最大输入低电平，通常 $U_{off} \geqslant 0.8$V。当输入端的低电平受正向干扰而升高时，只要不超过关门电平 U_{off}，输出仍能保持高电平。可见关门电平愈大，表明电路抗正向干扰的能力愈强。

（4）开门电平 U_{on}　保证输出低电平所允许的最小输入高电平，通常 $U_{on} \leqslant 1.8$V。当输入高电平受负向干扰而降低时，只要不低于开门电平 U_{on}，输出仍能保持低电平。所以开门电平愈小，表明电路抗负向干扰的能力愈强。

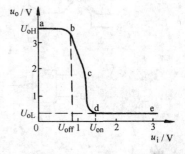

图 5-12　TTL 与非门电压传输特性

（5）扇出系数 N　其值表示输出端能带同类门的最大数目。典型 TTL 电路的扇出系数 $\geqslant 8$，它反映了 TTL 电路的带负载能力。

（6）平均传输延迟时间 t_{pd}　在与非门某一输入端加上一个脉冲电压，其余输入端接高电平，其输入、输出波形如图 5-13 所示，输出电压变化相对于输入电压变化有一定的时间延迟。从输入脉冲上升沿达 50% 到输出脉冲下降沿达 50% 所经过的时间称为上升延迟时间 t_{pd1}；从输入脉冲下降沿达 50% 到输出脉冲上升沿达 50% 所经过的时间称为下降延迟时间 t_{pd2}。门电路的平均传输延迟时间定义为

$$t_{pd} = \frac{t_{pd1} + t_{pd2}}{2}$$

TTL 电路的平均传输延迟时间 $t_{pd} \leqslant 40$ns。平均传输延迟时间愈小，电路的允许工作速度愈高。

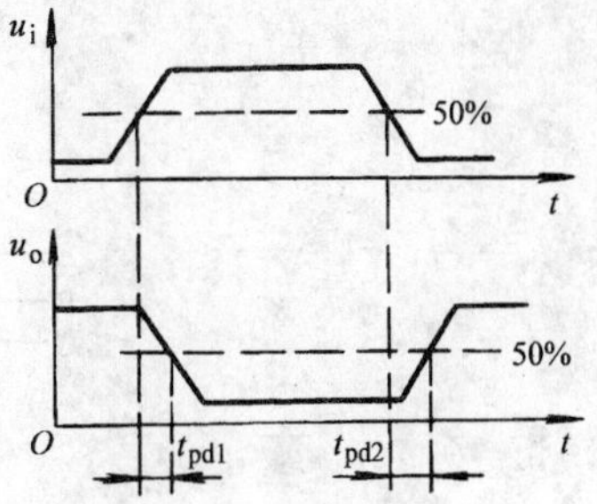

图 5-13　与非门电路输入、输出波形的延迟情况

*二、集电极开路与非门

在实际使用中，常需要将几个与非门的输出端直接用导线连在一起，完成将各与非门输出相与的逻辑功能。例如两个二输入端与非门的输入分别为 A、B 和 C、D，输出分别为 F_1 和 F_2，那么 F_1 和 F_2 相与的逻辑式为

$$F = F_1 \cdot F_2 = \overline{AB} \cdot \overline{CD}$$

这种靠导线的连接方式来实现与的功能称为线与。

但是，并不是所有的与非门都能接成线与电路。如果把上面所讨论的一般 TTL 与非门的输出端连在一起，当有的门输出低电平，有的门输出高电平时，将使输出的低电平升高，同时还可能因功耗过大而烧坏器件，因此一般 TTL 与非门的输出端不允许直接连在一起，也就是说一般的 TTL 与非门不能实现线与功能。

为了实现线与功能，产生了 TTL 与非门的一种变形——集电极开路与非门，简称 OC 门。

将图 5-10a 中的 R_2 去掉就得到集电极开路与非门的简化原理图（这里是两输入端），如图 5-14a 所示。图 5-14b 为 OC 门的逻辑符号。OC 门的输出端允许连在一起，使用时输出端必须通过一个外接负载电阻 R_L 与电源相接，如图 5-15 所示。其中图 5-15a 是作与非门使用，图 5-15b 是构成线与使用。

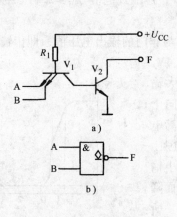

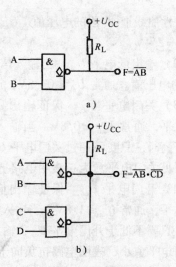

图 5-14　集电极开路与非门
a）简化原理图　b）逻辑符号

图 5-15　OC 门的接法
a）与非　b）线与

OC 门除实现线与功能外还有其他用途，图 5-16 是用它作驱动电路。

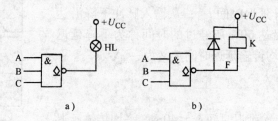

图 5-16　OC 门作驱动电路
a）驱动指示灯　b）驱动小型继电器

【练习与思考】

5-3-1　有时可以把与非门当非门使用，这时与非门多余的输入端应如何处理？

5-3-2　为什么关门电平愈高，开门电平低，TTL 与非门的抗干扰能力愈强？

第四节　MOS 集成门电路

一、MOS 集成电路简介

半导体数字集成器件按照管子的结构可分为两大类：一类是双极型晶体管集成器件，如前面讨论的 TTL 与非门；另一类是 MOS 场效应晶体管组成的单极型集成器件。与前者相比，MOS 集成器件具有工艺简单、集成度高、功耗低等优点，因此中大规模集成器件广泛采用 MOS 管。早期 MOS 管的主要缺点是工作速度比较低。

MOS 集成电路按其管子的导电类型可分为三种：一种是问世较早的 PMOS 电路；另一种是 NMOS 电路，它的工作速度比 PMOS 电路高；第三种是由 PMOS 和 NMOS 两种 MOS 管组成的互补型 MOS 电路，称为 CMOS 电路。

由于 CMOS 电路具有功耗极低、电源电压范围很宽（5～15V）、便于和 TTL 等双极型电路连接、输出摆幅大、抗干扰性能好、驱动能力强（有时可直接驱动小功率三极管）、工作速度较快（高速 CMOS 电路的工作速度已与 TTL 电路相当）等优点，所以应用很广。它不仅适用于逻辑电路设计，而且常用于大规模集成电路（如存储器和微处理器）的设计与制造。目前常用的 CMOS 数字逻辑电路，主要有 CD4000、MC14500 和 CC4000B 系列的产品。本节所讨论的逻辑门为 CMOS 集成器件。

二、MOS 集成门电路

1. 非门

图 5-17 是 CMOS 非门电路，其中 V_2 是增强型 N 沟道 MOS 管，称为驱动管，V_1 称为负载管，是增强型 P 沟道 MOS 管（由于工艺上的原因 MOS 数字集成电路中都采用增强型 MOS 管，以后不再强调），它们栅极连在一起作输入端，漏极连在一起作输出端。PMOS 管 V_1 的衬底和源极接正电源 U_{DD}，NMOS 管 V_2 的衬底和源极接地。

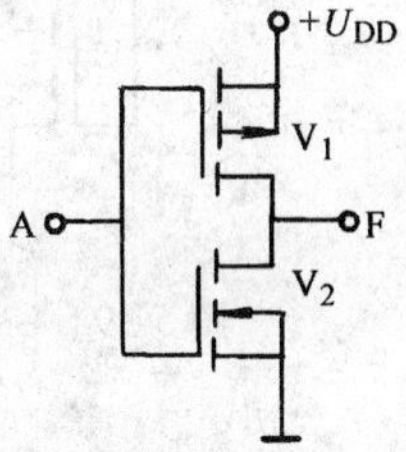

N 沟道增强型 MOS 管的栅源电压 U_{GS} 和开启电压 $U_{GS(TH)}$ 为正值，P 沟道增强型 MOS 管的 U_{GS} 和 $U_{GS(TH)}$ 为负值。增强型 MOS 管的导通条件是 $|U_{GS}| > |U_{GS(TH)}|$。图 5-17 所示非门电路的工作原理如下。

当输入端 A 为高电平时，V_2 管 $U_{GS2} > U_{GS2(TH)}$，因而导通。而 V_1 管的 $|U_{GS1}| < |U_{GS1(TH)}|$，所以 V_1 截止，这时输出端 F 为低电平；当输入端 A 为低电平时，V_2 管的 $U_{GS2} < U_{GS2(TH)}$，所以 V_2 截止，而 V_1 管 U_{GS1} 为负值，且 $|U_{GS1}| > |U_{GS1(TH)}|$，因此 V_1 导通，使输出端 F 为高电平，所以电路输出与输入之间的逻辑关系为

$$F = \overline{A}$$

图 5-17　CMOS 非门电路

2. 与非门

图 5-18 是两个输入端的 CMOS 与非门电路，其中负载管 V_1、V_2 是两个并联的 PMOS 管，驱动管 V_3、V_4 是两个串联的 NMOS 管。并联管 V_1、V_2 的栅极分别与串联管 V_3、V_4 的栅极相连后作为输入端。根据增强型 MOS 管导通条件可以看出，当输入端 A、B 全为 1 时，V_3、V_4 导通，V_1、V_2 截止，这时输出为 0；当输入端有一个（或两个）为 0 时，则与其相应的串联管截止，并联管导通，这时输出为 1，因此电路的输出与输入之间为与非逻辑关系，即

$$F = \overline{A \cdot B}$$

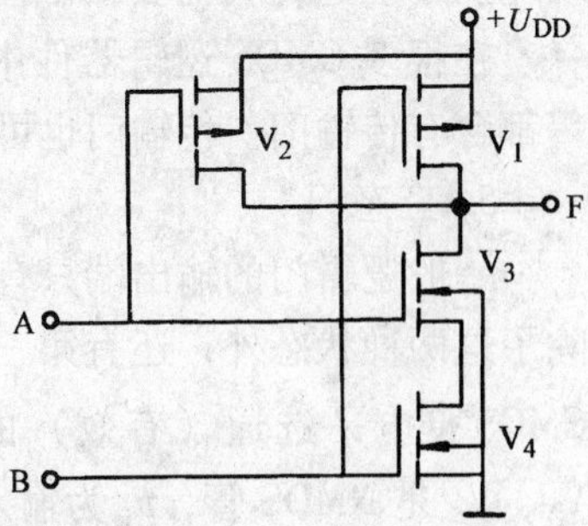

3. 或非门

图 5-19 是两个输入端的或非门电路。其中负载管 V_1、V_2 是两个串联的 PMOS 管，驱动管 V_3、V_4 是两个并联的 NMOS 管。根据导通条件不难看出，电路的输出与输入之间为或非逻辑关系，即

图 5-18　CMOS 与非门电路

$$F = \overline{A + B}$$

由上述可知，与非门的输入端愈多，串联的驱动管也愈多，导通时的总电阻就愈大，输出低电平值将会因输入端的增多而提高，所以输入端不能太多。而或非门电路的驱动管是并联的，不存在这个问题。所以在 MOS 复合门中，或非门用得较多。

4. 传输门

传输门是一种控制信号能否通过的电子开关。图 5-20 是 CMOS 传输门电路及其逻辑符号，它由一个 PMOS 管和一个 NMOS 管并联组成，它们的源极接在一起作为输入端，漏极接在一起作为输出端，而栅极接互补控制信号 C 和 $\bar{C}$。

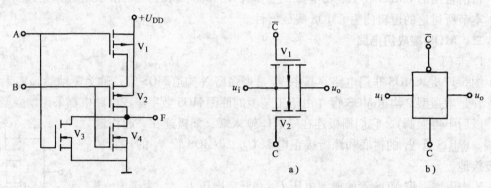

图 5-19　CMOS 或非门电路　　　　　　图 5-20　传输门

设图 5-20 中两管的开启电压 | $U_{GS1(TH)}$ | $=3V$ 时，输入信号 u_i 在 0 ~ 10V 之间变化。当控制信号 C 为 10V、$\bar{C}$ 为 0V、u_i 在 7V 以下时，V_2 导通；u_i 在 3 ~ 10V 之间时，V_1 导通。因此，当 u_i 在 0 ~ 10V 内变化时，至少有一个管子导通，这种情况相当于开关接通，$u_i = u_o$。当控制信号 C 为 0V、$\bar{C}$ 为 10V 时，V_1 和 V_2 都截止。这种情况相当于开关断开，u_i 不能传送到输出端。

以上分析说明，CMOS 传输门的导通与截止取决于控制端所加的控制信号。当 C 为 1、$\bar{C}$ 为 0 时，传输门导通；C 为 0、$\bar{C}$ 为 1 时，传输门截止。由于 MOS 管的源极和漏极可以互换使用，因此 CMOS 传输门具有双向传输性能，即输入端和输出端可以互换。

CMOS 传输门的两个互补信号常常通过一个非门来获得，如图 5-21 所示。这样只需要一个控制端就可以得到两个互补的控制信号。

在很多 CMOS 逻辑器件中，例如移位寄存器、计数器、存储器等都含有传输门。传输门也可作为模拟开关，即用它传输模拟量。

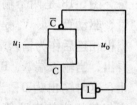

图 5-21　传输门互补
　　控制信号的获得

5. 三态门

一般逻辑门的输出端只有两种状态，即 1 和 0。而三态门的输出除了这两种状态外，还有第三种状态——高阻状态。图 5-22 是一个 CMOS 低电平选通（有效）的三态门电路及其逻辑符号。图中 V_1、V_2 是 PMOS 管，V_3、V_4、V_5 是 NMOS 管，u_i 为输入信号，u_o 为输出信号，E 为控制信号。

当 E 端为高电平 1，u_i 为任意状态时，V_2、V_3 截止，这时输出端处于悬空状态，它与 U_{DD} 和地都不连通，因此输出为高阻状态，也叫阻塞状态。当 E 为低电平 0、u_i 为 1 时，V_1 截止，V_3、V_5 导通，输出端经 V_3、V_5 接地，输出为 0。当 E 为 0、u_i 也为 0 时，V_1、V_2 导通，V_4、V_5 截止，输出端经 V_1、V_2 与 U_{DD} 相接，输出为 1。

上述三态非门在控制端 E 为 0 时的情况称为选通工作状态，此时输出与输入反相，即 $u_o = \bar{u_i}$。图 5-22 中输出端的小圈表示选通时输出和输入反相。控制端的小圈表示低电平选通

（有效）。如果输出端没有小圈，表示这种三态门选通时输出和输入同相。如果控制端没有小圈，表示高电平选通。

除上述三态非门外，还有三态与非门等。

三态门在计算机和其他控制系统中被广泛采用。它可以实现用一条共用线轮流传输来自多方面的数字信息，这条共用线常称为总线，如图 5-23 所示。当某一器件的数据需要传输到总线上时，对应三态门的控制端 E 加有效电平（这里是低电平），而其他所有三态门的 E 端则施加相反的电平，使之处于高阻态而与总线断开。

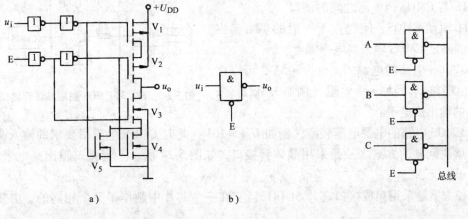

图 5-22　CMOS 三态门　　　　　　　　　图 5-23　三态门的应用示意图

【练习与思考】

5-4-1　比较 TTL 集成电路与 MOS 集成电路的特点。

5-4-2　什么叫三态门？

第五节　逻辑门电路使用中的实际问题

前几节讨论了几种逻辑门电路的工作原理，这里介绍逻辑门电路使用中的几个实际问题，包括集成逻辑门电路的性能比较，不同类型门电路之间的接口方法，门电路的外接负载以及门电路多余输入端的处理。

一、集成逻辑门电路的性能比较

结合本书的内容，这里只比较 TTL 门电路与 CMOS 门电路，如表 5-8 所示。

表 5-8　TTL 门电路与 CMOS 门电路主要性能的比较

类型	每门功耗/mW	平均传输延迟时间/ns	抗干扰能力	负载能力/N	供电电压/V
TTL	<50	10 ~ 40	中	≥8	5
CMOS	$3 \times 10^{-4} \sim 3 \times 10^{-3}$	30 ~ 90	弱	50	3 ~ 18

二、不同类型门电路之间的接口

数字集成电路有双极型和单极型两大类，双极型的只介绍了 TTL 逻辑门，后者主要介绍了 CMOS 逻辑门。实用中前者还有早期的 DTL（二极管-三极管逻辑门电路）、抗干扰能力强的 HTL（高阈值逻辑门电路）、高集成度的 I²L（集成注入逻辑门电路）以及目前双极型电路中速度最高的 ECL（射极耦合逻辑门电路）等。由于不同类型的数字电路所用电源电压不同，对输入电平和电流的要求不同，输出电压的幅值也不同，因此两种不同类型的门电路相互之间往往不能直接连接，通常需要在它们之间加上一个电平转换电路（或称为接口电路，简称接口）。由于不同类型的电路有不同的要求，接口电路有多种多样。

这里主要介绍 TTL 和 CMOS 门电路之间的接口电路。

1. TTL 与 CMOS 门电路之间的接口

由 TTL 驱动 CMOS，问题在于一般的 TTL 输出高电平不能满足 CMOS 输入高电平需要。

如果 CMOS 电路的电源 U_{DD} 也为 +5V，可以在 TTL 的输出端与 U_{CC} 间加入一电阻（例如 3.3kΩ）来提高 TTL 的输出高电平。

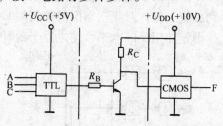

图 5-24　TTL 与 CMOS 间用晶体管接口

如果 CMOS 电路的电源电压较高，例如 $U_{DD} = 10V$，此时 CMOS 电路所要求的输入高电平 ≥7V。解决问题的方案之一是采用晶体管接口，如图 5-24 所示。当接口输出高电平时，其值约等于 U_{DD}。

另一种方案是采用集成接口芯片 5G1413。它在一个芯片中制作了 7 个相同的、由复合管组成的电流放大电路，也叫七路达林顿驱动矩阵。图 5-25 是 $\frac{1}{7}$ 5G1413 的原理图、等效电路和外引线排列。

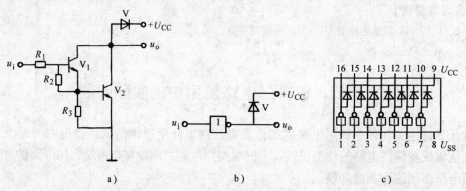

图 5-25　5G1413 放大电路

a）原理图　b）等效电路　c）外引线排列

用 $\frac{1}{7}$ 5G1413 作 TTL 与 CMOS 门电路之间的接口电路，如图 5-26 所示。当 TTL 电路输出高电平时，5G1413 中的 V_1、V_2 饱和导通（图 5-25a），接口输出低电平，直接作为 CMOS 电路的低电平输入；当 TTL 电路输出低电平时，由于 V_1、V_2 截止，U_{DD} 通过电阻 R 作为 CMOS 电路的高电平输入。

2. CMOS 与 TTL 门电路之间的接口

用一般的 CMOS 直接驱动 TTL 是困难的，主要是 CMOS 中驱动管的导通电阻在 TTL2mA

电流的注入下（如图 5-27 所示），其电平不易满足 TTL 输入低电平 ≤0.8V 的要求，即 CMOS 输出低电平作为 TTL 的输入低电平往往太高，因此，它们之间需要接口电路转换电平。常用的接口电路如下。

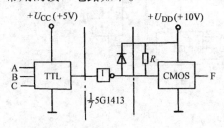

图 5-26　TTL 与 CMOS 间用 $\frac{1}{7}$5G1413 接口

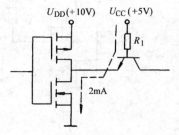

图 5-27　CMOS 直接驱动 TTL

一种方法是采用晶体管接口电路，如图 5-28 所示。

另一种方法是采用集成六反相器 C033（CC4069B）作接口，如图 5-29 所示。图中三个反相器并联，在 10V 工作电压下，它的驱动管导通电阻很小，其输出电平可以满足 TTL 输入低电平的要求。

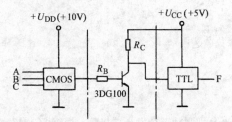

图 5-28　CMOS 与 TTL 间用晶体管接口

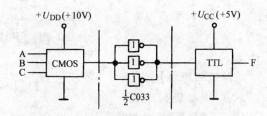

图 5-29　C033 作 CMOS 与 TTL 之间的接口

还有一种方法是采用 CC4049B（六反相器）或 CC4050B（六同相器）电平转换器作为 CMOS 与 TTL 电路之间的接口。

在使用接口的时候，应注意接口是否具有反相作用。

三、门电路的外接负载问题

在许多实际应用场合，往往需要用 TTL 或 CMOS 门电路等去驱动指示灯、发光二极管 LED 或小型继电器等负载。图 5-30 示出了几个实例。

图 5-30a 表示 TTL（74××）门电路驱动 LED 的标准接法，由于 TTL 具有较大的电流负载能力，LED 直接接 +5V 电源。图 5-30b 表示 TTL 直接驱动 5V 小电流继电器，其中二极管 V 起续流作用，以防止过电压。图 5-30c 表示 CMOS 门电路通过晶体管接口驱动低电压小电流的小型继电器。图 5-30d 表示在 TTL 或 CMOS 的输出端接 5G1413，以增强带负载能力。

四、门电路多余输入端的处理

集成逻辑门电路在使用时，一般不让多余输入端悬空，以防止干扰信号引入。对于 TTL 与非门，一般可将多余输入端通过上拉电阻（1～3kΩ）接电源正端。也可利用一反相器将其输入端接地，将其输出端（高电平）接 TTL 与非门的多余输入端。对于 CMOS 电路，多余输入端可根据需要使之接地（或非门）或直接接电源正端（与非门）。

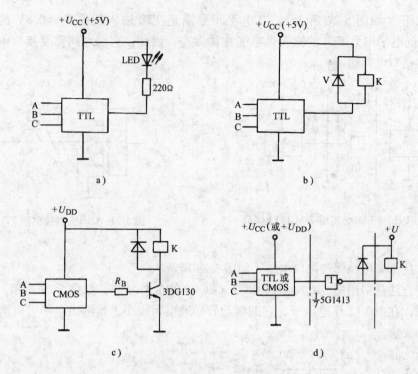

图 5-30 门电路外接负载实例

【练习与思考】

5-5-1 什么是接口电路?

5-5-2 今需要用三个控制信号 A、B、C 通过 5G1413 来分别驱动三个发光二极管,根据 5G1413 的外引线排列,画出接线图。

第六节 逻 辑 代 数

逻辑代数又称布尔代数,它是分析和设计组合逻辑电路的数学工具。与普通代数相同的是可用各种字母(如 A、B、C、D 等)表示逻辑变量,但与普通代数不同的是逻辑变量的取值只有"0"和"1"两种。

一、逻辑代数简介

1. 逻辑代数的基本运算

(1)加法(即逻辑"或"运算)

$$F = A + B$$

$$0 + 0 = 0 \qquad 0 + 1 = 1 \qquad 1 + 0 = 1 \qquad 1 + 1 = 1$$

$$A + 0 = A \qquad A + 1 = 1 \qquad A + A = A \qquad A + \overline{A} = 1$$

(2)乘法(即逻辑"与"运算)

$$F = A \cdot B$$

$$0 \cdot 0 = 0 \qquad 0 \cdot 1 = 0 \qquad 1 \cdot 0 = 0 \qquad 1 \cdot 1 = 1$$

$$A \cdot 0 = 0 \qquad A \cdot 1 = A \qquad A \cdot A = A \qquad A \cdot \overline{A} = 0$$

（3）逻辑"非"运算

$$F = \overline{A}$$

$$\overline{0} = 1 \qquad \overline{1} = 0$$

$$\overline{\overline{A}} = A \tag{5-8}$$

2. 基本定律

（1）交换律

$$A \cdot B = B \cdot A \tag{5-9}$$

$$A + B = B + A \tag{5-10}$$

（2）结合律

$$(A \cdot B) \cdot C = A \cdot (B \cdot C) \tag{5-11}$$

$$(A + B) + C = A + (B + C) \tag{5-12}$$

（3）分配律

$$A(B + C) = A \cdot B + A \cdot C \tag{5-13}$$

$$A + B \cdot C = (A + B) \cdot (A + C) \tag{5-14}$$

（4）吸收律

$$A \cdot (A + B) = A \tag{5-15}$$

$$A(\overline{A} + B) = A \cdot B \tag{5-16}$$

$$A + A \cdot B = A \tag{5-17}$$

$$A + \overline{A}B = A + B \tag{5-18}$$

证：右式 $= (A + \overline{A})(A + B) = AA + AB + \overline{A}A + \overline{A}B = A + AB + \overline{A}B = A(1 + B) + \overline{A}B$

$\qquad = A + \overline{A}B = $ 左式。

（5）摩根定律（反演定律）

$$\overline{AB} = \overline{A} + \overline{B} \tag{5-19}$$

$$\overline{A + B} = \overline{A}\ \overline{B} \tag{5-20}$$

另外，以上各式的证明还可以通过变量的取值来验证，如 $\overline{AB} = \overline{A} + \overline{B}$。

证：将 A、B 取值（0 或 1）的组合列入表 5-9 中，发现等式的左边与右边相等，则式
(5-19) 成立。

表 5-9 A、B 取值（0 或 1）的组合

A	B	$\overline{AB}$	$\overline{A} + \overline{B}$	A	B	$\overline{AB}$	$\overline{A} + \overline{B}$
0	0	1	1	1	0	1	1
0	1	1	1	1	1	0	0

二、逻辑函数的化简

逻辑函数经过化简，用逻辑电路实现时，既可少用集成芯片，又可提高逻辑电路的可靠
性。下面主要介绍运用逻辑代数化简逻辑函数的一般方法。

1. 并项法

运用 $A + \overline{A} = 1$，将两项合并为一项，可消去某些变量。如

$$F = ABC + \overline{A}BC = BC(A + \overline{A}) = BC$$

2. 配项法

运用 $B=B(A+\overline{A})$ 进行配项化简。如

$$
\begin{aligned}
F &= AB+\overline{A}\ \overline{C}+B\overline{C}=AB+\overline{A}\ \overline{C}+B\overline{C}(A+\overline{A}) \\
&= AB+\overline{A}\ \overline{C}+B\overline{C}A+B\overline{C}\ \overline{A} \\
&= AB(1+\overline{C})+\overline{A}\ \overline{C}(1+B)=AB+\overline{A}\ \overline{C}
\end{aligned}
$$

3. 加项法

运用 $A+A=A$ 进行加项化简。如

$$
\begin{aligned}
F &= ABC+A\overline{B}C+AB\overline{C}=ABC+A\overline{B}C+AB\overline{C}+ABC \\
&= AC(B+\overline{B})+AB(C+\overline{C})=AC+AB
\end{aligned}
$$

4. 吸收法

运用 $A+AB=A$ 进行化简，消去多余因子。如

$$F=\overline{A}C+\overline{A}\ \overline{B}C(D+E)=\overline{A}C$$

除了上述介绍的运用逻辑代数对逻辑函数进行化简外，还可运用卡诺图等方法进行化简，这里就不一一介绍了。

第七节　组合逻辑电路的分析和设计

一、组合逻辑电路的分析

组合逻辑电路的分析是根据已知的逻辑图写出逻辑式，分析其逻辑功能，具体的分析步骤如下：

1）由已知的逻辑图写出输出的逻辑表达式。

2）运用逻辑代数化简逻辑表达式。

3）由逻辑式列出其真值表。

4）由真值表分析其逻辑功能。

下面通过例题说明组合逻辑电路的分析过程。

【例 5-1】 分析图 5-31a 所示逻辑图的逻辑功能。

分析　根据图 5-31a 的逻辑图，从输入端到输出端依次写出各个门的逻辑式，最后写出输出端 F 的逻辑式，并运用逻辑代数的基本公式化简。

$$
\begin{aligned}
F &= (\overline{A}+\overline{B})\cdot(\overline{C}+\overline{D}) \\
&= \overline{\overline{(\overline{A}\cdot\overline{B})\cdot(\overline{C}+\overline{D})}} \\
&= \overline{(\overline{\overline{A}}+\overline{\overline{B}})+(\overline{\overline{C}}+\overline{\overline{D}})} \\
&= \overline{AB+CD}
\end{aligned}
$$

从化简结果可以看出,输出与输入为与、或、非关系。凡是具有这种逻辑功能的门电路,称为与或非门。与或非门的逻辑符号如图 5-31b 所示,其真值表读者可自行列出。

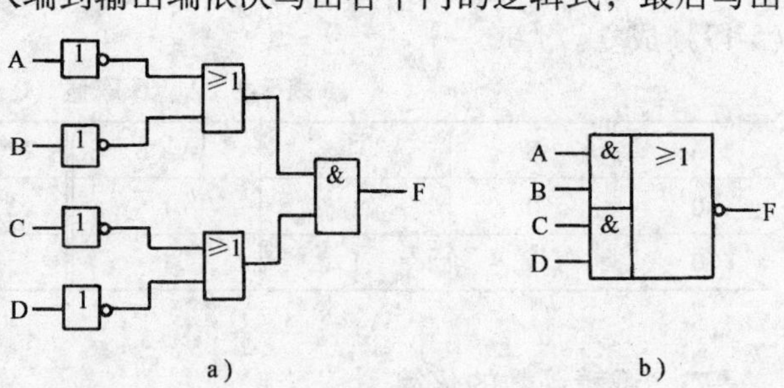

图 5-31　例 5-1 图

【例 5-2】 已知逻辑电路如图 5-32a 所示，写出逻辑表达式，并分析其逻辑功能。

分析　1）根据图 5-32a 的逻辑图写出逻辑式，并进行化简得

$$F = \overline{\overline{AB} \cdot A} \cdot \overline{\overline{AB} \cdot B}$$
$$= \overline{\overline{\overline{AB} \cdot A}} + \overline{\overline{\overline{AB} \cdot B}}$$
$$= \overline{AB} \cdot A + \overline{AB} \cdot B$$
$$= (\overline{A} + \overline{B}) \cdot A + (\overline{A} + \overline{B}) \cdot B$$
$$= \overline{A}A + \overline{B}A + \overline{A}B + \overline{B}B$$
$$= A\overline{B} + B\overline{A}$$

2）列真值表，见表 5-10。

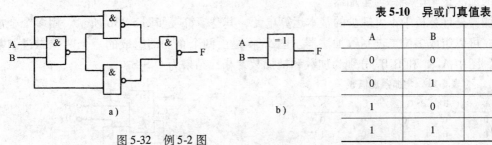

图 5-32　例 5-2 图

表 5-10　异或门真值表

A	B	F
0	0	0
0	1	1
1	0	1
1	1	0

3）分析其逻辑功能。从真值表可以看出，当 A 和 B 状态相同（同为 1 或同为 0）时，输出为 0；当 A 和 B 状态相异（即不同）时，输出为 1，这种逻辑关系称为异或功能。异或功能常用符号⊕表示，即

$$F = A \oplus B$$

具有这种逻辑功能的门电路称为异或门，它的逻辑符号如图 5-32b 所示。

【例 5-3】　逻辑图如图 5-33a 所示，它有 A_i、B_i 和 C_{i-1} 三个输入端，两个输出端 S_i 和 C_i，分别写出 S_i 和 C_i 的逻辑式。

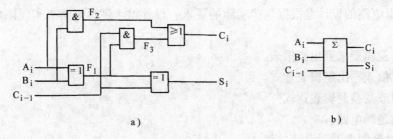

图 5-33　例 5-3 图

分析　根据各个门的逻辑功能可以写出以下逻辑式

$$F_1 = A_i \oplus B_i$$
$$F_2 = A_i \cdot B_i$$
$$F_3 = C_{i-1}(A_i \oplus B_i)$$

而
$$S_i = F_1 \oplus C_{i-1}$$
$$C_i = F_2 + F_3$$

故
$$S_i = (A_i \oplus B_i) \oplus C_{i-1}$$
$$C_i = A_i \cdot B_i + C_{i-1}(A_i \oplus B_i)$$

根据逻辑式列出真值表如表 5-11 所示，因为有三个输入端，所以表中共有八种组合情况。分析表 5-11 可以发现，如果 A_i、B_i 各代表两个多位二进制数中的某一位加数和被加数，C_{i-1} 代表从低位送来的进位数，那么输出端 S_i 就是 A_i 和 B_i 以及进位 C_{i-1} 三者相加的本位和数，而 C_i 则是向高位发出的进位数。例如当 $A_i = 1$，$B_i = 1$，$C_{i-1} = 1$，即低位有进位时，则

$$A_i + B_i + C_{i-1} = (1 + 1 + 1)_2 = (11)_2。$$

这表明在此情况下，相加结果本位仍是 1，对高位有进位，所以 $S_i = 1$，$C_i = 1$。这种带有进位的加法逻辑电路称为全加器。

全加器是计算机中不可缺少的基本运算单元，其逻辑符号如图 5-33b 所示。用多个全加器串联，可以组成多位二进制数加法器。图 5-34 是由两个全加器组成的一个两位二进制数加法器，图中 A_2A_1 和 B_2B_1 分别为加数和被加数，相加结果为 $C_2S_2S_1$。

表 5-11 全加器真值表

A_i	B_i	C_{i-1}	C_i	S_i
0	0	0	0	0
0	0	1	0	1
0	1	0	0	1
0	1	1	1	0
1	0	0	0	1
1	0	1	1	0
1	1	0	1	0
1	1	1	1	1

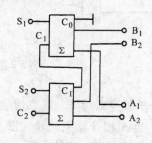

图 5-34 二进制数加法器

通过上述组合逻辑电路有关问题的讨论，论及到了与或非门、异或门和全加器，这些都是常用的组合逻辑器件，必须掌握。

二、组合逻辑电路的设计

组合逻辑电路的设计是根据生产实际的要求，设计组合逻辑电路来实现该要求。具体步骤如下：

1）根据逻辑要求列出真值表。

2）由真值表写出逻辑表达式。

3）化简或变换逻辑表达式。

4）画出逻辑电路。

下面通过例题来说明设计过程。

【例 5-4】　图 5-35 是一个楼梯照明灯控制电路。单刀双掷开关 A 装在楼下，B 装在楼上。由图可以看出，只有当两个开关都处于向上或都处于向下位置时，灯才亮，而一个向上扳、一个向下扳时，灯就不亮。这样，在楼下开灯后，可在楼上关灯，或在楼上开灯后，可在楼下关灯。设计一个实现这种关系的逻辑电路。

解　用 F 表示灯的状态（即 F 为逻辑电路的输出），设 F = 1 表示灯亮，F = 0 表示灯不亮。用 A 和 B 表示开关 A 和 B 的位置（即 A 和 B 为逻辑电路的输入），设 A、B 为 1 表示开关向上，A、B 为 0 表示开关向下。

1）列真值表。根据上述电路中灯亮与开关 A、B 位置的关系，列出其逻辑状态表（即真值表），如表 5-12 所示。

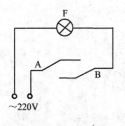

表 5-12	同或门真值表	
A	B	F
0	0	1
0	1	0
1	0	0
1	1	1

图 5-35 例 5-4 图

2）由真值表写逻辑表达式。由真值表写出逻辑式的方法有多种，这里仅介绍与或式表达法。本例的真值表两变量只有四种取值组合，其中有两种情况使 F = 1，一种是 A = 0，B = 0，这种情况可以用与逻辑关系 $F = \overline{A}\,\overline{B}$ 表示；另一种情况是 A = 1，B = 1，可以用与逻辑关系 F = AB 表示。显然对灯亮来说，上述两种情况应该是或逻辑关系，所以输出 F 与各输入变量的逻辑关系可以用与或式表达，即

$$F = \overline{A}\,\overline{B} + AB$$

由此可以得出根据真值表写出与或表达式的一般方法：对应于 F = 1 的每一种情况分别写出一个与项，对每个与项，如果输入变量的值为 1，用原变量表示；如果输入变量为 0，则用反变量表示，将这些与项相加即为输出 F 的与或逻辑表达式。

从真值表可以看出，当输入端 A 和 B 状态相同时，输出为 1，否则为 0，这种逻辑关系称为同或关系。

3）由逻辑表达式画出逻辑电路图，如图 5-36a 所示。这种实现同或关系的逻辑电路称为同或门。

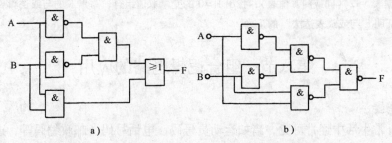

图 5-36 同或门逻辑电路

图 5-36a 是由三种门电路组成的同或门，需要三种类型的器件才能实现。工程实际中，组合逻辑电路的设计，不仅要求电路简单，而且要求所用器件的数目和种类最少，这样可以使组装好的电路结构紧凑，工作可靠而且经济。下面，只用与非门实现上述逻辑功能。先把上式化为与非表达式

$$F = \overline{\overline{\overline{A}\,\overline{B} + AB}} = \overline{(\overline{\overline{A}\,\overline{B}}) \cdot (\overline{AB})}$$

根据此式画出的同或逻辑电路如图 5-36b 所示，该设计只需 5 个与非门（两个 7400 芯片）即可实现。

【例 5-5】 设计一个逻辑电路供三人表决使用。

解 假设每人有一电键，如果赞成，就按电键，表示"1"；如果不赞成，不按电键，表示"0"。表决结果用指示灯显示，如果多数赞成，则指示灯亮，F = 1，否则灯不亮，

$F = 0$。

1）据题意列出真值表如表 5-13 所示。

2）由真值表写出逻辑表达式，即

$$F = AB\overline{C} + A\overline{B}C + \overline{A}BC + ABC$$

3）运用逻辑代数进行化简

$$F = AB\overline{C} + A\overline{B}C + \overline{A}BC + ABC + ABC + ABC$$
$$= AB(C + \overline{C}) + BC(A + \overline{A}) + AC(B + \overline{B})$$
$$= AB + BC + AC = AB + C(A + B)$$

4）画逻辑电路图，如图 5-37 所示。

表 5-13　例 5-5 真值表

A	B	C	F
0	0	0	0
0	0	1	0
0	1	0	0
0	1	1	1
1	0	0	0
1	0	1	1
1	1	0	1
1	1	1	1

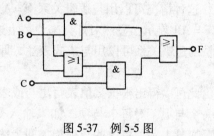

图 5-37　例 5-5 图

该电路也可用与非门实现，读者可自行画出。

【练习与思考】

5-7-1　与或非门的逻辑符号如图 5-31b 所示，分析变量 A、B、C、D 为哪些取值时，F 的值为 1。

5-7-2　根据表 5-12（同或门真值表），找出 F = 0 的变量取值组合，写出 $\overline{F}$ 的与或逻辑表达式，据式列出真值表，以证明"与或式表达法"的正确。

第八节　组合逻辑电路的应用

一、编码器

编码在日常生活中经常可见，诸如运动员号码、电话号码、邮政编码等，这些都是用十进制数表示的编码，称为十进制编码。编码的目的是用数码来表示不同的对象或信号。

数字系统中二进制数码用得较多。二进制数码只有 0 和 1，把若干个 0 和 1 排列组合成不同的二进制数，就可以代表各种不同的对象或信号。因为用 0 和 1 组成的每一个二进制数都有某种具体含义，所以这些二进制数被称为代码。例如，采用二进制计数时，1000 常用作十进制数 8 的代码，1001 常用作十进制数 9 的代码。用代码表示各种对象或信号的过程叫作编码，具有编码功能的逻辑电路称为编码器。编码器的输入端接编码信号，其输出即为输入信号的代码。通常一个信号对应一个输入端，所以对 n 个信号进行编码，就需要 n 个输入端，而且任一时刻只允许对一个输入信号编码。

根据不同的需要，编码器有二进制编码器、二-十进制编码器、优先编码器等。本节只讨论前两种。

1. 二进制编码器

一位二进制数只能有 0 和 1 两种代码，可以给两个信号编码，两位二进制数能组成四种代码，可以给四个信号编码，n 位二进制数能组成 2^n 个代码，可以给 2^n 个信号编码。用 n 位二进制代码给 2^n 个信号编码的逻辑电路称为二进制编码器。下面通过一个具体例子来了解二进制编码器的工作原理和设计方法。

【例 5-6】 试为十进制数 0～7 设计一个编码电路。

解 1）确定二进制代码的位数。这里要给十进制数 0～7 编码，实际上，给什么对象编码无关紧要，关键要明确给几个对象编码，这里是 8 个，因此有八个输入端，分别用 Y_0～Y_7 表示，输出为三位二进制代码，用 C、B、A 表示（C 为高位）。

2）列编码表。编码表是把待编码的 8 个信号和二进制代码相对应列成的表格。这种对应关系是人为的，所以编码方式很多，表 5-14 所列的是其中最为简单的一种。

表 5-14　三位二进制编码表

输入	（十进制数）	输	出		输入	（十进制数）	输	出	
		C	B	A			C	B	A
Y_0	(0)	0	0	0	Y_4	(4)	1	0	0
Y_1	(1)	0	0	1	Y_5	(5)	1	0	1
Y_2	(2)	0	1	0	Y_6	(6)	1	1	0
Y_3	(3)	0	1	1	Y_7	(7)	1	1	1

3）由编码表写出逻辑式。设信号输入为 1，不输入为 0。由表直接写出与或表达式并变换得

$$C = Y_4 + Y_5 + Y_6 + Y_7 = \overline{\overline{Y_4 + Y_5 + Y_6 + Y_7}}$$
$$= \overline{\overline{Y_4}\ \overline{Y_5}\ \overline{Y_6}\ \overline{Y_7}}$$
$$B = Y_2 + Y_3 + Y_6 + Y_7 = \overline{\overline{Y_2 + Y_3 + Y_6 + Y_7}}$$
$$= \overline{\overline{Y_2}\ \overline{Y_3}\ \overline{Y_6}\ \overline{Y_7}}$$
$$A = Y_1 + Y_3 + Y_5 + Y_7 = \overline{\overline{Y_1 + Y_3 + Y_5 + Y_7}}$$
$$= \overline{\overline{Y_1}\ \overline{Y_3}\ \overline{Y_5}\ \overline{Y_7}}$$

4）由逻辑表达式画逻辑电路图。逻辑图如图 5-38 所示。进行编码时，任何时刻只允许某一个输入端为高电平（有输入信号），编码器的输出端出现该输入信息对应的代码。如当 $Y_1 = 1$ 时，输出 CBA = 001，即十进制数 1 的代码；当 $Y_2 = 1$ 时，CBA = 010，即十进制数 2 的代码。当 Y_1～Y_7 均为 0 时，输出 CBA = 000，这相当于输入十进制数 0 的情况，因此图 5-38 省去了对应于十进制数 0 的输入端 Y_0。

2. 二-十进制编码器

用二进制代码给十进制数（0～9）十个数码进行编码的逻辑电路，称为二-十进制编码器。用来表示十进制数 0～9 的二进制代码称为二-十进制代码，简称 BCD 码（Binary-Coded-Decimal 的缩写）。这里的编码对象是 0～9 十个数码，因此编码电路需要有十个输入端

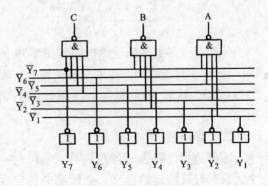

图 5-38　三位二进制编码器

（分别用 $Y_0 \sim Y_9$ 表示），四个输出端（分别用 D、C、B、A 表示）。由于四位二进制代码有十六种组态，选取其中任何十种都可以作为 0～9 十个数码的代码，所以这里的编码方案也很多。采用不同的编码方案可以得到不同形式的 BCD 码。

如果选用二进制数 0000～1001 来表示十进制数 0～9（去掉后面 1010～1111 六种组态），则称为 8421BCD 码，简称 8421 码。8421 码和二进制数表示方法一致，使用方便，因此被广泛采用。表 5-15 是 8421BCD 码编码表，可以看出，自左至右四位数码中的 1 所代表的十进制数值分别是 8、4、2、1，它们分别被称为各对应位的权。把各位为 1 的权值相加即为该四位二进制数所代表的十进制数，例如 1001 所代表的十进制数是 $8 \times 1 + 4 \times 0 + 2 \times 0 + 1 \times 1 = 9$。

表 5-15　8421BCD 码编码表

输入	（十进制数）	输出				输入	（十进制数）	输出			
		D	C	B	A			D	C	B	A
Y_0	(0)	0	0	0	0	Y_5	(5)	0	1	0	1
Y_1	(1)	0	0	0	1	Y_6	(6)	0	1	1	0
Y_2	(2)	0	0	1	0	Y_7	(7)	0	1	1	1
Y_3	(3)	0	0	1	1	Y_8	(8)	1	0	0	0
Y_4	(4)	0	1	0	0	Y_9	(9)	1	0	0	1

计算机的键盘输入逻辑电路就是由编码器组成的。下面来设计一个键控 8421BCD 码编码器。当按下"1"键时，$Y_1 = 1$（其余输入信号为 0），输出 DCBA 为"0001"；当按下"6"键时，$Y_6 = 1$（其余输入信号为 0），输出 DCBA 为"0110"。

根据编码表 5-15 写出各输出端与或表达式并变换得

$$D = Y_8 + Y_9 = \overline{\overline{Y_8} \ \overline{Y_9}}$$

$$C = Y_4 + Y_5 + Y_6 + Y_7$$
$$= \overline{\overline{Y_4} \ \overline{Y_5} \ \overline{Y_6} \ \overline{Y_7}}$$

$$B = Y_2 + Y_3 + Y_6 + Y_7$$
$$= \overline{\overline{Y_2} \ \overline{Y_3} \ \overline{Y_6} \ \overline{Y_7}}$$

$$A = Y_1 + Y_3 + Y_5 + Y_7 + Y_9$$
$$= \overline{\overline{Y_1} \ \overline{Y_3} \ \overline{Y_5} \ \overline{Y_7} \ \overline{Y_9}}$$

依照以上各式画出逻辑电路如图 5-39 所示。当 $Y_1 \sim Y_9$ 全为 0，即不按任何键时，输出为 0000，这相当于输入十进制数 0 的情形。

二、译码器

编码是用代码表示各种信号，所以每一个代码都有其特定的含义。把代码的特定含义"翻译"出来叫作译码。可见译码是编码

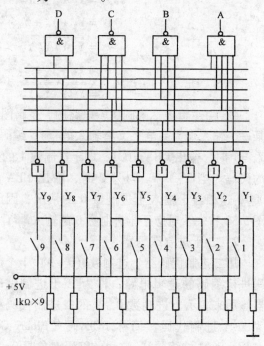

图 5-39　8421BCD 码编码器

的反过程。具有译码功能的逻辑电路称为译码器。译码器的输入是二进制代码，输出是代码所代表的特定信号。常用译码器输入、输出的端头数来称呼译码器，例如四个输入端十个输出端的译码器被称为 4 线-10 线译码器。另外，还有用译码器的用途来命名的，如用于地址译码的译码器被称为地址译码器。

译码器的用途很广，种类很多，这里仅介绍以下两种。

1. 二进制译码器

二进制译码器是将一组 n 位二进制代码，按其编码时的原意分别译成 2^n 个对应信号的逻辑电路。对应每一组输入代码，只有其中一个输出端为有效电平，其余输出端则为相反电平。二进制集成译码器有 2 线-4 线（74LS139）、3 线-8 线（74LS138）、4 线-16 线（74LS154）译码器等。二进制译码器的工作原理和设计方法可通过下例说明。

【例 5-7】 设 CBA 为十进制数 0～7 的二进制代码，试设计其译码电路。

解 因为代码 CBA 代表 0～7 八个信号，所以译码器应该有 3 个输入端，8 个输出端（分别用 Y_0～Y_7 表示），为 3 线-8 线译码器。设输出端有效电平为 1，列得真值表如表 5-16 所示。

表 5-16 三位二进制译码器真值表

输		入	输				出				输		入	输				出			
C	B	A	Y_0	Y_1	Y_2	Y_3	Y_4	Y_5	Y_6	Y_7	C	B	A	Y_0	Y_1	Y_2	Y_3	Y_4	Y_5	Y_6	Y_7
0	0	0	1	0	0	0	0	0	0	0	1	0	0	0	0	0	0	1	0	0	0
0	0	1	0	1	0	0	0	0	0	0	1	0	1	0	0	0	0	0	1	0	0
0	1	0	0	0	1	0	0	0	0	0	1	1	0	0	0	0	0	0	0	1	0
0	1	1	0	0	0	1	0	0	0	0	1	1	1	0	0	0	0	0	0	0	1

根据真值表写出逻辑表达式

$$Y_0 = \overline{C}\,\overline{B}\,\overline{A} \qquad Y_1 = \overline{C}\,\overline{B}\,A \qquad Y_2 = \overline{C}\,B\,\overline{A} \qquad Y_3 = \overline{C}\,B\,A$$

$$Y_4 = C\,\overline{B}\,\overline{A} \qquad Y_5 = C\,\overline{B}\,A \qquad Y_6 = C\,B\,\overline{A} \qquad Y_7 = C\,B\,A$$

根据以上各式画出的逻辑电路如图 5-40 所示。译码时，只要输入某一个代码，输出端就会出现该代码所对应的信号。例如当 CBA = 011 时，输出只有 $Y_3 = 1$，它对应的信号是十进制数 3。

2. 二-十进制显示译码器

在数字式仪表、计算机和其他数字系统中，通常要把测量数据和运算结果用十进制数显示出来，这就要用显示译码器，它的作用是把二-十进制代码译成能用显示器件显示出来的十进制数。常用的显示器件有半导体数码管、液晶数码管和荧光数码管等。下面只介绍半导体数码管。

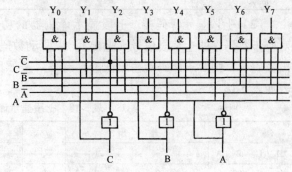

图 5-40 3 线-8 线译码器

（1）半导体数码管 半导体数码管（或称 LED 数码管）的基本单元是 PN 结。如第一章第三节中所述，用某些特定材料形成的 PN 结，当其导通时就发光。单个 PN 结可以封装成发光二极管，多个 PN 结可以按分段式封装成半导体数码管。

半导体数码管将十进制数码分成七段，每段为一发光二极管，其结构如图 5-41 所示。其中一个点状发光二极管用来显示小数点符号。选择不同字段发光，可显示出不同的字形。例如，当只有 a、b、c 三段发光时，显示十进制数 7。

半导体数码管中各个发光二极管的连接方式有两种，一种是共阳极接法，如图 5-42a 所示；另一种是共阴极接法，如图 5-42b 所示。前者要求译码器输出低电平有效，即译码器输出为低电平时，对应的字段发光；后者则要求译码器输出高电平有效。使用时每个二极管常串联适当的限流电阻（约 100Ω）。

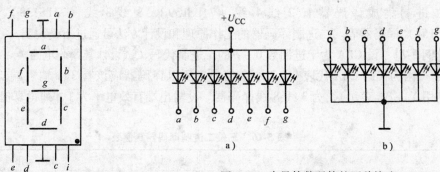

图 5-42　半导体数码管的两种接法
a) 共阳极　b) 共阴极

图 5-41　BS202 型半导体数码管

半导体数码管的优点是亮度大、清晰、工作电压低（5V）、体积小、寿命长（>1000h）、响应速度高、有红黄绿等颜色，缺点是工作电流较大。表 5-17 给出了几种常用半导体数码管的一些主要参数。

表 5-17　半导体数码管主要参数

型　　号	工作电压/V	反向击穿电压/V	直流工作电流(全亮)/mA	极限工作电流(全亮)/mA	连接方式
BS202	≤1.8	≥5	60	200	共阴
BS204	≤1.8	≥5	60	200	共阳
BS206	≤3.6	≥10	60	200	共阳

（2）七段显示译码器　七段显示译码器的功能是把 8421 二-十进制代码（输入）译成对应于数码管的七字段信号（输出），以驱动数码管显示相应的十进制数码。假设采用共阳极数码管，则要求译码器输出低电平有效。按照图 5-41 的字形，列得七段显示译码器真值表如表 5-18 所示。

表 5-18　七段显示译码器真值表

D	C	B	A	a	b	c	d	e	f	g	显示数码	D	C	B	A	a	b	c	d	e	f	g	显示数码
0	0	0	0	0	0	0	0	0	0	1	0	0	1	0	1	0	1	0	0	1	0	0	5
0	0	0	1	1	0	0	1	1	1	1	1	0	1	1	0	0	1	0	0	0	0	0	6
0	0	1	0	0	0	1	0	0	1	0	2	0	1	1	1	0	0	0	1	1	1	1	7
0	0	1	1	0	0	0	0	1	1	0	3	1	0	0	0	0	0	0	0	0	0	0	8
0	1	0	0	1	0	0	1	1	0	0	4	1	0	0	1	0	0	0	0	1	0	0	9

根据真值表 5-18 可以写出译码器各输出端的与或逻辑表达式，经化简$^\ominus$并用与或非门实现其逻辑关系，即可得出七段显示译码器的逻辑电路，如图 5-43 所示。

目前各种数码显示器的译码电路广泛采用集成电路，常用的七段显示译码驱动器属 TTL 型的有 7447（T1047）、7448（T1048）、74247、74248 等；CMOS 型的有液晶显示驱动器 CCA055B（C306、CD4055）等。图 5-44 示出了 74248 的外引线排列，其中 LT 端，BI/RBO 端、RBI 端为辅助控制端（它们的用途可参阅有关手册）。74248 输出高电平有效，适用于共阴极的半导体数码管。

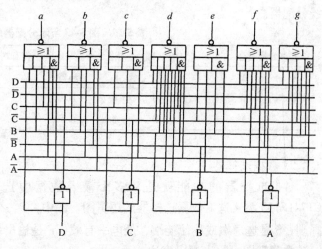

图 5-43　七段显示译码电路

这里介绍的译码器以及前面介绍的全加器、编码器等均属于中规模集成电路（MSI），这些组合逻辑器件具有一定的通用性，还可用来实现其他一些组合逻辑功能。

*三、数据分配器和数据选择器

1. 数据分配器

数据分配器的功能就是将一个输入数据分时传送到多个输出端输出，即一路输入，多路输出。图 5-45 给出了一个 4 路输出数据分配器的逻辑图。图中，D 为数据输入端；A_0 和 A_1 为控制端；F_0、F_1、F_2、F_3 为四个输出端。

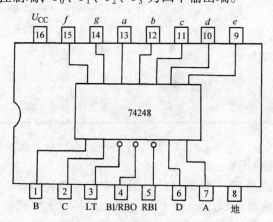

图 5-44　七段显示译码器 74248

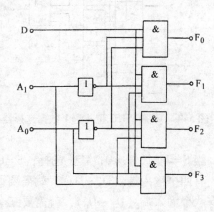

图 5-45　4 路输出分配器的逻辑图

由逻辑图可写出逻辑表达式：

$$F_0 = \overline{A_1}\,\overline{A_0}D \qquad F_1 = \overline{A_1}A_0D$$

$$F_2 = A_1\,\overline{A_0}\,D \qquad F_3 = A_1A_0D$$

$\ominus$　这里使用的是卡诺图化简方法，这种方法需参阅有关文献。

由逻辑表达式列出分配器的功能表如表 5-19 所示。A_0 和 A_1 有四种组合，分别将数据 D 分配给四个输出端，构成 2-4 线分配器。若有三个控制端，则可以控制 8 路输出，构成 3-8 线分配器。

表 5-19　图 5-45 所示分配器的功能表

控制端的组合		输　　出				控制端的组合		输　　出			
A_0	A_1	F_3	F_2	F_1	F_0	A_0	A_1	F_3	F_2	F_1	F_0
0	0	0	0	0	D	1	0	0	0	D	0
0	1	0	D	0	0	1	1	D	0	0	0

2. 数据选择器

数据选择器的功能就是从多个输入数据中选择一个作为输出。图 5-46 给出了 CT74LS153 型 4 选 1 数据选择器的逻辑图。图中，$D_3 \sim D_0$ 是四个数据输入端；A_0 和 A_1 是选择端；$\overline{S}$ 是选通端或称使能端，低电平有效；F 是输出端。

由逻辑图可写出逻辑表达式为

$$F = D_0 \overline{A_1}\, \overline{A_0} S + D_1 \overline{A_1} A_0 S + D_2 A_1 \overline{A_0} S + D_3 A_1 A_2 S$$

由逻辑表达式列出数据选择器的功能表如表 5-20 所示。

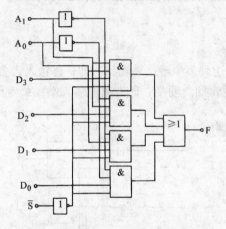

图 5-46　CT74LS153 型 4 选 1 数据选择器

表 5-20　CT74LS153 型数据选择器的功能表

选择端组合		选　通	输　出
A_1	A_2	$\overline{S}$	F
×	×	1	0
0	0	0	D_0
0	1	0	D_1
1	0	0	D_2
1	1	0	D_3

当 $\overline{S} = 1$ 时，F = 0，禁止选择；$\overline{S} = 0$，正常工作。

有四个输入端（$D_3 \sim D_0$），就需要两个选择端（A_1 和 A_0），因为它们有四种组合；如果有八个输入端（$D_7 \sim D_0$），就需要三个选择端（A_2、A_1 和 A_0），这里不一一介绍。

*第九节　只读存储器和可编程逻辑器件

一、只读存储器（ROM）

存储器是计算机的重要组成部分，只读存储器（ROM）就是其中的一种。

ROM 一般用来存储相对固定的信息，即把信息写入到存储器中之后，只能读出，不能写入，即使切断电源，信息也不会消失。若 ROM 中的信息只能由生产厂固定，用户不能改变的话，就称其为固定式 ROM。若 ROM 中的信息可由用户设定，但一经写定，就不能再改的，就称为可编程 ROM（PROM）。还有光擦编程 ROM（EPROM）、电擦编程 ROM（E²PROM）等。

根据其逻辑特性，ROM 属于组合逻辑器件，即给定一组输入（地址），它相应地给出一种输出（存储的字）。

1. 固定式 ROM

固定式 ROM 主要由地址译码器和存储矩阵组成，图 5-47 是一个用二极管构成的 4×4 位固定式 ROM，它可以存放四个四位二进制数，称四个字，每字四位，每一个字存放在一个地址单元。为了区别不同的地址单元，给它们各编一个号码——地址码，这样就可以根据地址码来读取相应的存储字。因为这里是四个地址单元，所以采用了 2 线-4 线地址译码器。

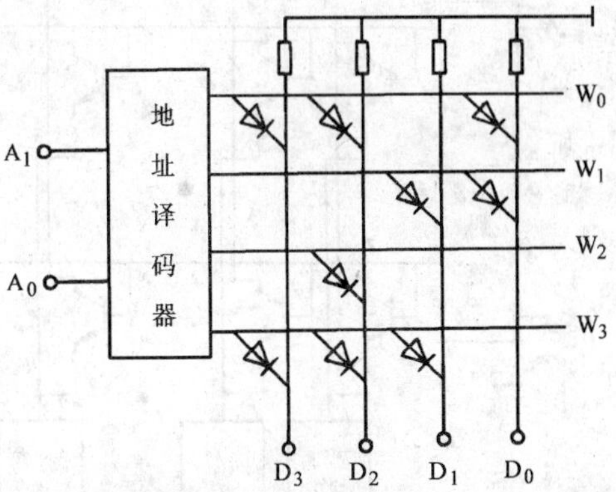

图 5-47 中，四根水平线 W_0、W_1、W_2、W_3

图 5-47 二极管 ROM

称为行线或字线，四根垂直线 D_3、D_2、D_1、D_0 称为列线或位线。在存储矩阵中，行线与列线交叉处是否接有二极管是在制造时根据存储内容确定的。

设地址译码器输出高电平有效。当地址码 A_1A_0 为 00 时，行线 W_0 为高电平，其余行线均为低电平，此称行线 W_0 被选中。这时接在 W_0 上的二极管导通，使位线 D_3、D_2、D_0 输出为 1，而位线 D_1 与 W_0 之间未接管子，因而输出为 0。由此可见该存储器字线与位线交叉处接有管子时，存储内容为 1，不接管子，存储内容为 0。表 5-21 列出了图 5-47 中四个地址单元所存储的内容。

存储数据的存储矩阵也可由双极型（BJT）或 MOS 型三极管构成。

2. PROM

PROM 在出厂时，存储的内容为全 0（或全 1），用户根据需要，可将某些单元改写为 1（或 0）。

图 5-48 表示一种双极型熔丝结构的 PROM 电路示意图，它在每个单元的三极管发

表 5-21 图 5-47 所示 ROM 存储内容

地	址	内		容	
A_1	A_0	D_3	D_2	D_1	D_0
0	0	1	1	0	1
0	1	0	0	1	1
1	0	0	1	1	1
1	1	1	1	1	0

射极上都接有快速熔丝。所谓改写内容，就是根据要求，把矩阵中的某些熔丝熔断。由于熔丝烧断后便不能再恢复，因此 PROM 只能改写一次。

3. EPROM

EPROM 是一种可以重复改写的存储器。它采用的是一种特殊的 MOS 管（称浮栅管），可通过加 25V 的高压和编程脉冲写入信息，并可在停电以后长期保存信息，还可以擦除和重写信息。但由于写的过程很慢，且能重写的次数有限，因此在实际应用中作为只读存储器使用。

典型的 EPROM 芯片为 2716，它有 11 根地址输入线，对应有 2048（2^{11}）个存储地址单元，每个地址单元可以存储一个八位二进制数，相应有 8 根数据输出线。通常用 2K×8 来

表示它的存储容量，注意这里 1K 实际为 1024。图 5-49 是 EPROM2716 的外引线排列和模式选择表。

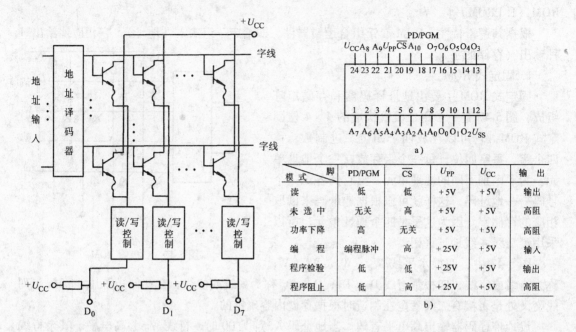

模式 \ 脚	PD/PGM	$\overline{CS}$	U_{PP}	U_{CC}	输出
读	低	低	+5V	+5V	输出
未选中	无关	高	+5V	+5V	高阻
功率下降	高	无关	+5V	+5V	高阻
编程	编程脉冲	高	+25V	+5V	输入
程序检验	低	低	+25V	+5V	输出
程序阻止	低	高	+25V	+5V	高阻

b)

图 5-48 双极型熔丝结构 PROM   图 5-49 EPROM2716 的外引线排列和模式选择表
a) EPROM2716 外引线排列 b) 模式选择表

其外引线的作用说明如下：

$A_0 \sim A_{10}$——地址输入端。

$O_0 \sim O_7$——输出端。

$\overline{CS}$——片选控制端，当 $\overline{CS} = 0$ 时，片子才被选中投入工作。

PD/PGM——功耗下降/编程控制端。为了减少功耗，片子可以以功耗下降方式工作，此时该端点应接高电平。写入信息时，在 U_{PP} 端施加 25V 电压，PD/PGM 端加一个正脉冲，完成相应地址单元信息的写入。

U_{CC}——正电源端（+5V）。

U_{SS}——接地端。

EPROM 的读出过程和固定式 ROM 一样，在片子被选中的条件下，按照输入的地址码输出该地址单元中的存储内容。

二、可编程逻辑器件（PLD）[⊖]

可编程逻辑器件（Programmable Logic Device—PLD）是一种由用户编程以实现某种逻辑功能的新型逻辑器件。PLD 的出现，打破了由中小规模通用型集成电路和大规模专用集成电路垄断天下的局面。与中小规模通用型集成电路相比，用 PLD 实现数字系统，具有集成度高、速度快、功耗小、可靠性高等优点；与大规模专用集成电路相比，用 PLD 实现数字系统，具有研制周期短、先期投资少、修改逻辑设计方便、小批量生产成本低等优势。由此可

⊖ 这部分内容请读者在学习过第六章时序逻辑电路后再阅读。

见，PLD 将在集成电路市场占据统治地位。

1. PLD 器件的分类

在实际应用中，PLD 可根据其结构、集成度以及编程方法进行分类。

按其结构分类有：与阵列固定、或阵列可编程的 PLD（如可编程只读存储器 PROM）；与阵列和或阵列均可编程的 PLD（如 FPLA）；与阵列可编程、或阵列固定的 PLD。

按其集成度分类有：低密度可编程逻辑器件（LDPLD），通常集成度小于 1000 门/每片的 PLD；高密度可编程逻辑器件（HDPLD），通常集成度大于 1000 门/每片的 PLD。

按其编程方法分类有：掩膜编程；熔丝或反熔丝编程；浮栅编程；SRAM 编程器件。

综上所述，通常把一次性编程的（如 PROM）称为第一代 PLD，把紫外光（UV）擦除的（如 EPROM）称为第二代 PLD，把电擦除的（如 E^2PROM）称为第三代 PLD。第二代、第三代 PLD 的编程都是在编程器上进行的。1991 年，美国 Lattice 公司又推出一种在系统编程（ISP）器件，编程工作直接在目标系统或电路板上进行而不用编程器，称为第四代 PLD。

2. PLD 基本结构和电路表示法

任何组合逻辑函数都可以化为与或式，从而用"与门-或门"二级电路实现，而任何时序逻辑电路又都是由组合逻辑电路加上存储元件（触发器）构成的。为实现不同的逻辑功能，PLD 的基本结构框图如图 5-50a 所示。它主要由输入缓冲、与阵列、或阵列和输出结构四部分组成。其中核心部分是可以实现与-或逻辑的与阵列和或阵列，由与门构成的与阵列用来产生乘积项，由或门构成的或阵列用来产生乘积项之和形式的函数。功能较强的 PLD 器件，其输出信号可以通过内部通路反馈到与阵列的输入端。为了适应各种输入情况，与阵列的每个输入端（包括内部反馈信号输入端）都有输入缓冲电路，如图 5-50b 所示，从而降低对输入信号的要求，使之具有足够的驱动能力，并产生原变量（A）和反变量（$\overline{A}$）两个互补的信号。有些 PLD 的输入电路还包含锁存器（Latch），甚至是一些可以组态的输入宏单元，可对信号进行预处理。输出结构相对于不同的 PLD 差异很大，有些是组合输出结构，有些是时序输出结构，还有些是可编程的输出结构，可以实现各种组合逻辑和时序逻辑功能。

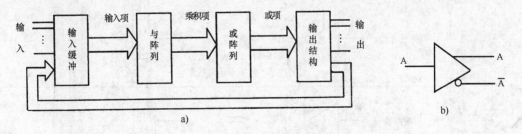

图 5-50　PLD 的基本结构和缓冲器表示法

a）PLD 的基本结构　b）缓冲器表示法

由于目前 PLD 电路资料多取自国外，因此国内很多教材在介绍 PLD 电路时，电路中门电路的符号仍采用国外的符号。这里把 PLD 电路中用到的几个门电路符号与国标中门电路符号对照画出，以方便读者阅图。

国内外几种门电路符号对照

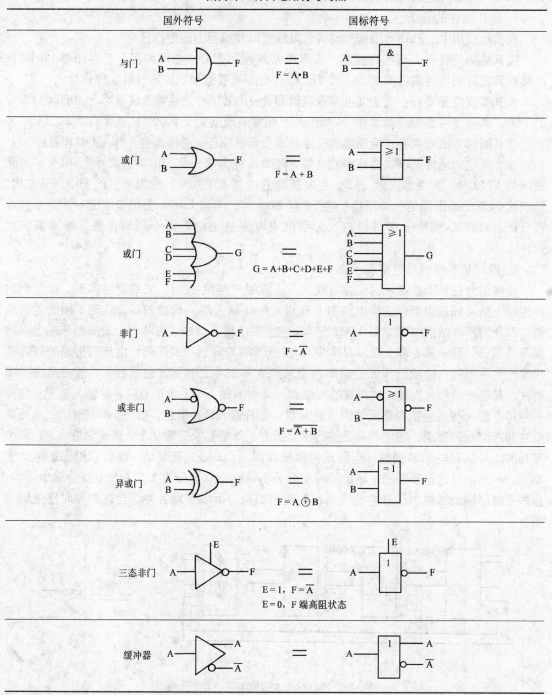

国外符号		国标符号

PLD 电路表示法与传统表示法有所不同，主要因为 PLD 的阵列规模十分庞大，用传统的方法表示极不方便。图 5-51a 中给出了 PLD 的三种连接方式。连线交叉处有实点的表示硬线连接，也就是固定连接，用户不可改变；有符号"×"的表示可编程连接，它通常表示此点目前是互连的，即编程熔丝未被烧断；若交叉点上没有"×"，连线只是单纯交叉的，

表示不连接或者是擦除单元。

图 5-51b 给出了 PLD 惯用表示法的一个示例。显然，在输入量很多的情况下，PLD 表示法显得简洁。由图可看出，三输入端与门的输入线只画一根线，一般称为乘积线，三个输入变量分别由三根与乘积线垂直的竖线送入，其中固定连接和编程连接的相应输入项为乘积项的一部分，不连接的输入线不作为乘积项的一部分。

图 5-51 PLD 的连接方式与表示法
a）连接方式 b）PLD 表示法

图 5-52 所示为三输入变量 A、B、C 分别通过具有互补输出端的输入缓冲器输入原变量和反变量构成的与阵列。第一个与门输出为 $D = \overline{AB}$，第二个与门输出为 $E = A\,\overline{A}\,B\,\overline{B}\,C\,\overline{C} = 0$，这种状态称为与门的默认状态。为了表示方便，可以在相应与门符号中加一个"×"，以代替所有输入项所对应的"×"，如第三个与门所表示的那样，F = 0。第四个与门与所有输入都不接通，即它的输入是悬空的，因此 G = 1，一般将其称作"悬浮 1"状态。

阵列逻辑电路中，与门、或门一般采用图 5-53 所示的符号。

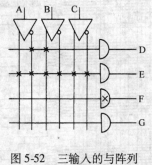

图 5-52 三输入的与阵列

图 5-53 阵列逻辑电路中的
与门及或门符号
a）与门 b）或门

3. PLA 器件

PLA 是 20 世纪 70 年代中期出现的器件，其结构如图 5-54 所示。它的与阵列和或阵列都是可编程的，这种双重可编程阵列使逻辑设计更加灵活方便，而且可以有较多的输入变量。下面用 PLA 来实现供三人表决的逻辑电路，该电路的最简与或表达式为 F = AB + BC + CA。对应的电路如图 5-55 所示。

4. GAL 器件

GAL 器件是一种新型的可电擦除、可重复编程、可硬件加密的低密度 PLD。它具有输出逻辑宏单元（Output Logic Macrocell—OLMC），以此代替或阵列及寄存器等，用户可通过编程选择其组态，大大提高了设计的灵活性。

（1）GAL 的结构 GAL 器件按门阵列的可编程性分为两大类：一类是普通型，与阵列可编程，或阵列固定，如 20 引脚的 GAL16V8；另一类，与或阵列都可编程，称为新一代 GAL 器件。

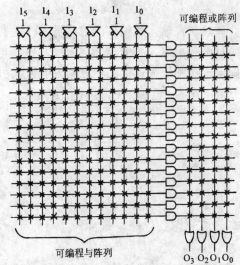

图 5-54 PLA 器件的阵列结构

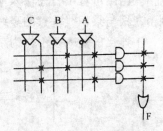

图 5-55 用 PLA 实现供三人
表决的逻辑电路

GAL 器件型号 GAL16V8 的含义是：16 表示与阵列的输入变量数，8 表示输出端数，而 "V" 则表示输出方式可以改变。

这里以 GAL16V8 为例介绍 GAL 器件的基本结构，如图 5-56 所示。

1）基本组成

①16 个具有互补输出的缓冲器，其中 8 个是输入缓冲器，另 8 个是从输出逻辑宏单元反馈到输入阵列的缓冲器。

②8 个三态输出缓冲器。

③8 个输出逻辑宏单元 OLMC。

④可编程与阵列有 32 列、64 行，共 2048 个编程单元。

⑤一个系统时钟端 CP、电源端 V_{CC} 接 5V 电源和一个接地端 GND。

2）输出逻辑宏单元(OLMC)。GAL16V8 的 8 个输出逻辑宏单元 $OLMC_{12} \sim OLMC_{19}$ 内部结构完全相同，均由 8 输入或门、异或门、D 触发器和 4 个数据选择器组成，如图 5-57 所示。但它们的外部连线稍有区别，如果用 n 表示本级

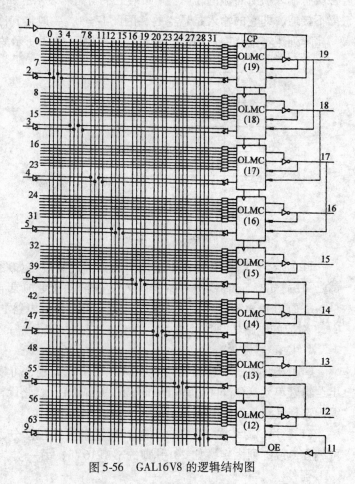

图 5-56 GAL16V8 的逻辑结构图

引脚号，m 表示邻级引脚号，则 $OLMC_{13} \sim OLMC_{15}$ 的邻级引脚号 $m = n - 1$，$OLMC_{16} \sim$ $OLMC_{18}$ 的则为 $m = n + 1$，而 $OLMC_{12}$ 的 m 端接 OE 端（11 脚），$OLMC_{19}$ 的 m 端接时钟端（1 脚），如图 5-56 所示。通过对 OLMC 的编程可实现各种组合逻辑和时序逻辑功能，为设计者提供了极大的灵活性。下面分别介绍各部分的逻辑功能。

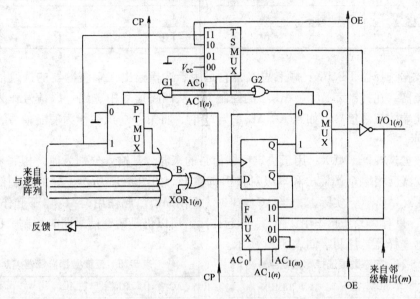

图 5-57　OLMC 的内部结构

①8 输入或门，每个 OLMC 中包含或阵列中的一个或门，或门的每一个输入对应与阵列中相应的一个乘积项，因此，或门的输出 B 为相关乘积项的逻辑和。

②异或门，它是一个极性控制门，其输入为或门的输出 B 和控制字 XOR，两者经异或后输出到 D 触发器的输入端及输出数据选择器的一个输入端。当 XOR = 1 时，$D = \overline{B}$，异或门起反相器的作用；当 XOR = 0 时，$D = B$，异或门仅作为同相缓冲器使用。

③D 触发器，其对或门的输出状态起记忆作用，使 GAL 能配置成时序逻辑电路，其输出在控制字 AC_0、$AC_{1(n)}$ 及时钟 CP 的控制下，经数据选择器 OMUX 输出，或经 FMUX 反馈到与阵列。

④4 个数据选择器，它们受结构控制字中的信号 AC_0、$AC_{1(n)}$、$AC_{1(m)}$ 控制，各功能如下：

乘积项数据选择器 PTMUX：它是二选一数据选择器，如图 5-57 所示，由控制字 AC_0、$AC_{1(n)}$ 经与非门控制其状态，从而决定或门的第一个输入是来自与阵列中的第一乘积项还是地。控制字如表 5-22 所示。当 $AC_0 AC_{1(n)} = 11$ 时，PT = 0，地电平被送到或门。当 AC_0、$AC_{1(n)}$ 中有一个为 0 时，PT = 1，第一乘积项被选中成为或门的一项输入。

输出数据选择器 OMUX：它也是二选一数据选择器，两个输入分别为异或门输出和 D 触发器输出，若选择异或门输出，则适用于构成组合电路；选择触发器，则适用于时序电路。控制字 AC_0、$AC_{1(n)}$ 通过或非门可控制 OM 端，$AC_0 AC_{1(n)} = 10$ 时，OMUX 使 D 触发器的 Q 端与输出三态缓冲器的输入接通；AC_0、$AC_{1(n)}$ 处于其他状态时，OMUX 将异或门的输出与输出三态缓冲器的输入接通，控制字如表 5-23 所示。

表 5-22	乘积项数据选择器控制字		
AC_0	$AC_{1(n)}$	PT	PTMUX
0	0	1	第一乘积项
0	1	1	第一乘积项
1	0	1	第一乘积项
1	1	0	0

表 5-23	输出数据选择器控制字		
AC_0	$AC_{1(n)}$	OM	OMUX
0	0	0	D
0	1	0	D
1	1	0	D
1	0	1	Q

三态数据选择器 TSMUX：顾名思义，它是用于选择输出三态缓冲器的选通信号的四选一数据选择器。在控制字 AC_0、$AC_{1(n)}$ 的控制下，从四路信号中选出一路信号作为输出三态缓冲器使能端的控制信号。如当 $AC_0AC_{1(n)} = 11$ 时，将第一乘积项作为使能信号，控制字如表 5-24 所示。

反馈数据选择器 FMUX：用于决定反馈信号的来源。其输入分别为地，相邻单元引脚输出，D 触发器反相端 $\overline{Q}$ 端输出和本级对应引脚输出。如图 5-57 所示，它的控制信号有三个 AC_0、$AC_{1(n)}$、$AC_{1(m)}$，实际上，当 $AC_0 = 1$ 时，只有 $AC_{1(n)}$ 起作用，$AC_{1(m)}$ 不起作用；相反，$AC_0 = 0$ 时，只有 $AC_{1(m)}$ 起作用，$AC_{1(n)}$ 不起作用，所以仍是两个信号同时控制，FMUX 仍是四选一数据选择器，控制字如表 5-25 所示。

表 5-24	三态数据选择器控制字	
AC_0	$AC_{1(n)}$	TSMUX
0	0	V_{CC} 开三态门
0	1	高阻输出
1	0	允许输出
1	1	第一乘积项

表 5-25	反馈数据选择器控制字		
AC_0	$AC_{1(n)}$	$AC_{1(m)}$	FMUX
0	ϕ	0	0
0	ϕ	1	相邻 OLMC 输入
1	1	ϕ	反馈或输入
1	0	ϕ	$\overline{Q}$

（2）GAL 的结构控制字　GAL 器件具有用户可编程的输出逻辑宏单元 OLMC。OLMC 的组态结构和输出极性是由结构控制字控制的。结构控制字共有 82 位，如图 5-58 所示。其中 AC_0、$AC_{1(n)}$、SYN、$XOR_{(n)}$ 是 OLMC 的控制信号。

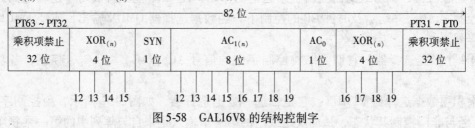

图 5-58　GAL16V8 的结构控制字

1）同步位 SYN，该位用来确定 GAL 器件将具有寄存器型输出能力（SYN = 0），或是将有纯粹组合型的输出能力（SYN = 1）。

2）结构控制位 AC_0，这一位对于 8 个 OLMC 是公共的，它与各个 OLMC 中的 AC_1 配合控制多路开关，即 4 个数据选择器。

3）结构控制位 AC_1，共有 8 位，每个 OLMC 有单独的 AC_1。

4）极性控制位 XOR，它通过 OLMC 中间的异或门，控制逻辑操作结果的输出极性：

XOR $= 0$ 时，输出极性低电平有效；XOR $= 1$ 时，输出极性高电平有效。

5）乘积项（PT）禁止位，共 64 位，分别控制逻辑图中与门阵列的 64 个乘积项，以便屏蔽某些不用的乘积项。

从上面分析可知，通过设置结构控制字可以灵活地设置输出方式：可以设置为组合输出，也可以设为寄存器输出；可以高电平有效，也可低电平有效；既可以使对应引脚为输出，也可设其为输入。这样在实际设计中，用户可以根据不同需要，通过编程软件来设置结构控制字，从而使 OLMC 配置成不同组态，主要有五种，如表 5-26 所示。

表 5-26　OLMC 的编程工作模式

SYN	AC_0	$AC_{1(n)}$	$XOR_{(n)}$	工作模式	输出极性	备　注
1	0	1	—	专用输入	—	1 和 11 脚为数据输入，三态门禁止，本单元无输出
1	0	0	0	专用组合输出	低电平有效	1 和 11 脚为数据输入，三态门被选通，所有输出是组合输出
			1		高电平有效	
1	1	1	0	选通组合输出	低电平有效	1 和 11 脚为数据输入，三态门的选通信号是第一乘积项，反馈信号取自 I/O 端，所有输出是组合输出
			1		高电平有效	
0	1	1	0	时序电路中的组合输出	低电平有效	1 脚接 CP，11 脚接 $\overline{OE}$，至少另有一个 OLMC 是寄存器输出模式
			1		高电平有效	
0	1	0	0	寄存器输出	低电平有效	1 脚接 CP，11 脚接 $\overline{OE}$
			1		高电平有效	

表 5-26 中所列的五种模式，分别与图 5-59 ~ 图 5-63 所示的电路结构相对应。

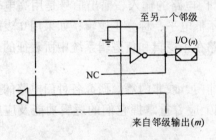

图 5-59　OLMC 专用输入模式

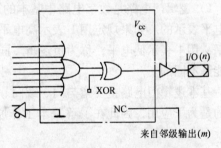

图 5-60　OLMC 专用组合输出模式

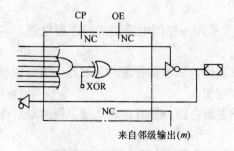

图 5-61　选通组合输出模式

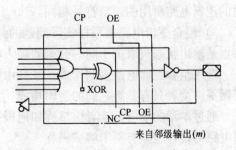

图 5-62　时序电路中的组合输出模式

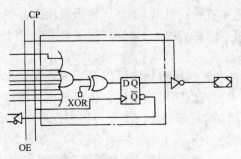

图 5-63　OLMC 寄存器输出模式

GAL 的结构控制字是由编译器按用户输入的方程式经编译而成，并由编程器写入。一般情况下，使用者首先应用某种编程语言编制描述逻辑功能的程序，然后在相应语言的开发系统中，生成标准格式数据文件，最后使用专用编程器写入 GAL 芯片，就可以实现特定的逻辑功能。

【练习与思考】

5-9-1　ROM 有哪几种类型？它们之间有何同异？

5-9-2　PLD 的连接方式有哪几种？各代表什么含义？

5-9-3　GAL 的宏单元（OLMC）可以配置成几种不同的组态？

小　　结

本章讨论的主要内容是逻辑门电路和由门电路组成的一些常用组合逻辑电路。

1）逻辑门电路是数字电路中基本的逻辑单元。门电路的输入、输出信号是用高电平和低电平表示的。如果规定用 1 表示高电平，用 0 表示低电平，称为正逻辑；如果用 0 表示高电平，用 1 表示低电平，称为负逻辑。同一逻辑电路在正逻辑和负逻辑系统中所表征的逻辑功能是不同的。

基本逻辑门电路主要指与门、或门、非门、与非门、或非门等。研究各种门电路的主要目的是为了应用，因此在了解基本工作原理的基础上应着重掌握它们的逻辑功能及应用方法。

2）由于集成电路具有工作可靠、便于微型化等优点，因此数字器件基本上都采用集成电路。目前最常见的是 TTL 集成电路和 MOS 集成电路。前者的主要优点是工作速度高，后者的主要优点是集成度高、功耗低。TTL 电路和 MOS 电路，虽然内部结构不同，但功能相同的逻辑电路所用的逻辑符号相同。

3）组合逻辑电路是根据实际问题的某种逻辑关系用一些门电路组成的逻辑电路。它的特点是输出状态只取决于同一时刻的输入状态。

常用组合逻辑电路多制作成一系列中规模集成器件，如本章介绍的全加器、编码器和译码器等。读者只有熟悉它们的逻辑功能，才能灵活应用。

通过本章的学习，读者应掌握如何根据给定的逻辑电路分析其逻辑功能，同时对组合逻辑电路的设计也应有所了解。

4）本章最后介绍了两种大规模集成器件，一种是计算机及数字系统中常用的只读存储器，另一种是可用来灵活简便地实现各种复杂逻辑功能的可编程逻辑器件。

习　题

5-1　图 5-7a 的非门电路，如果 $R_C = 2k\Omega$，$R_B = 100k\Omega$，晶体管的 $\beta = 20$，当输入端 $V_A = 0V$ 和 3V 时，校验此电路是否符合非门逻辑要求。如果不符合，可以采取哪些措施来达到非门的逻辑要求。

5-2　已知 A、B 的波形如图 5-64 所示，当作为两个输入端与门和与非门的输入信号时，分别画出它们的输出波形。

5-3　已知 A、B、C 的波形如图 5-65 所示，当作为三输入端或非门的输入信号时，试画出它的输出波形。

图　5-64
图　5-65

5-4　在下列逻辑式中，变量 A、B、C 为哪些取值时，F 的值为 1。

1) $F = (A + B) + A \cdot B$

2) $F = A \cdot B + \overline{A} \cdot C + \overline{B} \cdot C$

3) $F = (A \cdot \overline{B} + \overline{A} \cdot B) \cdot C$

5-5　用布尔代数基本公式验证下列等式。

1) $A + \overline{A \cdot \overline{B}} = 1$

2) $B \cdot C + \overline{A} + \overline{B} = B(\overline{A} + C)$

3) $A \cdot \overline{C} + AB\overline{C}(\overline{D} + E) = A \cdot \overline{C}$

4) $\overline{A} \cdot \overline{B} \cdot \overline{C} \cdot \overline{D} + B \cdot \overline{C} \cdot D + \overline{A} \cdot \overline{C} + A = A + \overline{C}$

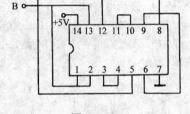

图　5-66

5-6　四与非门 7400 的接线如图 5-66 所示，试写出 F 与输入 A、B 之间的逻辑表达式，并进行化简。

5-7　写出图 5-67a、b 中两个逻辑电路的逻辑表达式，并进行化简。

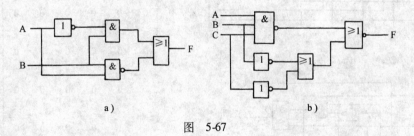

a)
b)

图　5-67

5-8　证明异或逻辑和同或逻辑二者互为其反。

5-9　根据下列逻辑式（不要化简），分别画出逻辑图。

1) $F = A \cdot B + \overline{A} \cdot C$

2) $F = \overline{A \cdot B} + (A + \overline{B}) \cdot C$

3) $F = \overline{A \cdot \overline{B} + AC + \overline{A} \cdot B \cdot C}$

5-10　用与非门实现题 5-9 给出的各逻辑关系，并画出相应的逻辑电路。

5-11　图 5-68 能够对两个一位二进制数的大小进行比较，A 和 B 为两个待比较的二进制数，比较结果由 F_1 和 F_2 的状态反映，试写出 F_1、F_2 的逻辑表达式，列出真值表。

5-12 逻辑电路如图 5-69 所示，它能在 S_0 和 S_1 的控制下对两个四位二进制数进行选择，假定输入的两个二进制数 $B_3B_2B_1B_0 = 1010$，$A_3A_2A_1A_0 = 0110$，试分析当 $S_0 = 0$，S_1 为任意状态时，输出 $F_3F_2F_1F_0$ 是哪一组二进制数？当 $S_0 = 1$，$S_1 = 0$ 时，输出又如何？

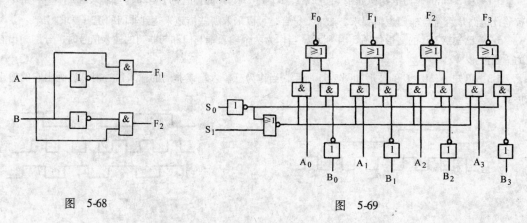

图　5-68　　　　　　　　　　　　图　5-69

5-13 设三台电动机 A、B、C，要求①A 开机则 B 也必须开机；②B 开机则 C 也必须开机，如果不满足上述要求则发出报警信号。试写出报警信号的逻辑式，并画出逻辑电路。

5-14 逻辑电路如图 5-70 所示，它有 9 个输入端 $I_1 \sim I_9$。分析当各输入端全为 0 时以及其中只有一个为 1 时，输出端 F_3、F_2、F_1、F_0 的状态，说明该电路的功能。

5-15 图 5-71 是一个编码电路，七个输入端的状态如表 5-27 所示，试把输出端 F_2、F_1、F_0 的对应状态填入表中。

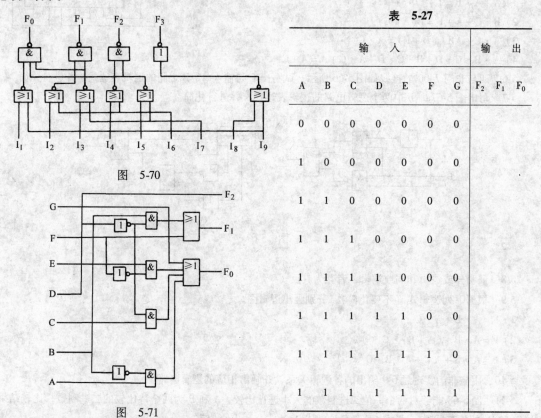

图　5-70

图　5-71

表　5-27

输　　　入							输　　出		
A	B	C	D	E	F	G	F_2	F_1	F_0
0	0	0	0	0	0	0			
1	0	0	0	0	0	0			
1	1	0	0	0	0	0			
1	1	1	0	0	0	0			
1	1	1	1	0	0	0			
1	1	1	1	1	0	0			
1	1	1	1	1	1	0			
1	1	1	1	1	1	1			

5-16 试设计一个由与非门组成的两位二进制编码电路。

5-17 试设计一个两位二进制译码电路。

5-18 电路如图 5-72 所示，四个输入端的状态如表 5-28 所示，试把各输出端的状态填入表中，并说明该电路的功能。

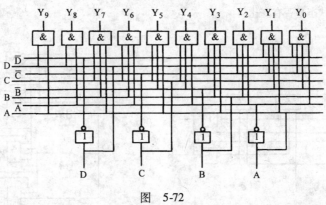

图 5-72

表 **5-28**

输		入		输				出					
D	C	B	A	Y_0	Y_1	Y_2	Y_3	Y_4	Y_5	Y_6	Y_7	Y_8	Y_9
0	0	0	0										
0	0	0	1										
0	0	1	0										
0	0	1	1										
0	1	0	0										
0	1	0	1										
0	1	1	0										
0	1	1	1										
1	0	0	0										
1	0	0	1										

5-19 CMOS 二输入端门电路如图 5-73 所示，分析其逻辑功能。

5-20 图 5-74 是一个四通道数据选择器，它可以在地址码 AB 控制下，从四个输入信号 X_0、X_1、X_2、X_3 中选出其中的一个作为输出，试分析当 A、B 为各种取值组合时，输出 F 与输入信号的关系。

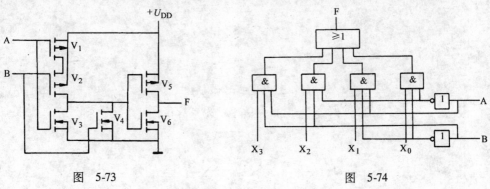

图 5-73　　　　　　　　　　　　图 5-74

5-21　图 5-75 是一个多路分配器，它可以根据地址码 AB 把输入信号 I 分配到不同的输出端 F_1、F_2、F_3、F_4。分析当 A、B 为各种取值组合时，输入信号是如何分配的？

5-22　图 5-76 是一个四人智力竞赛抢答逻辑电路，A、B、C、D 分别为各人的抢答开关，试分析①当只有开关 B 接通时，输出 F_A、F_B、F_C、F_D 的状态；②开关 B 接通后，如果其他参赛人员再接通自己的抢答开关，电路的输出状态是否有变化。

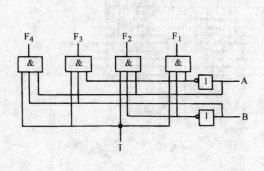

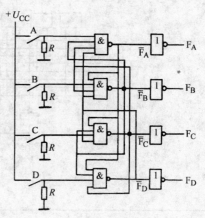

图　5-75　　　　　　　　　　　　　图　5-76

第六章　触发器和时序逻辑电路

数字电路分为组合逻辑电路和时序逻辑电路。构成组合逻辑电路的基本单元是门电路，构成时序逻辑电路的基本单元是触发器。上一章所介绍的门电路及组合逻辑电路没有记忆功能，它的输出状态完全由当时的输入状态决定，与电路原来的状态无关。本章所讨论的触发器及时序逻辑电路具有记忆功能，它的输出状态不仅与当时的输入状态有关，而且还与电路原来的状态有关。时序电路的输出相对于输入具有时序特性，学习时序电路时一定要注意触发器的触发时间，即触发器的输出状态何时发生变化。

第一节　双稳态触发器

触发器按工作状态不同，可分为单稳态触发器、双稳态触发器和无稳态触发器等。双稳态触发器有两个稳定的状态：0 状态和 1 状态。双稳态触发器能够存储一位二进制数码，是构成各种时序电路的基础，按逻辑功能不同，可分为 RS 触发器、JK 触发器、D 触发器等。其触发方式有直接电平触发方式、电平控制触发方式、主从型触发方式和边沿触发方式。

一、RS 触发器

1. 基本 RS 触发器

图 6-1 示出基本 RS 触发器的逻辑电路和逻辑符号，电路是由两个与非门交叉耦合组成的。R、S 是触发器的输入端，R 称为复位（Reset）端，S 称为置位（Set）端。Q 和 $\overline{Q}$ 为触发器的输出端，在正常情况下，Q 与 $\overline{Q}$ 的状态相反，为互补逻辑关系。通常由 Q 的状态代表触发器的状态，即当 $Q=1(\overline{Q}=0)$ 时，触发器为 1 状态；$Q=0(\overline{Q}=1)$ 时，触发器为 0 状态。

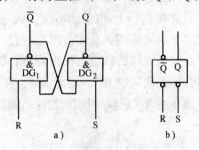

图 6-1　基本 RS 触发器
a) 逻辑电路　b) 逻辑符号

根据 R 和 S 两个输入端的不同组态，可以得出基本 RS 触发器的逻辑功能。

1）R=0，S=1 时，与非门 DG_1 有一个输入端为 0，所以 $\overline{Q}=1$。此时与非门 DG_2 的两个输入端全为 1，故 Q=0，即触发器处于 0 状态。这种情况也叫置 0 或称复位。

2）R=1，S=0 时，与非门 DG_2 有一个输入端为 0，所以 Q=1。此时与非门 DG_1 两个输入端全为 1，故 $\overline{Q}=0$，即触发器处于 1 状态，这种情况也叫置 1 或称置位。

3）R=1，S=1 时，触发器的输出端与原来 Q 和 $\overline{Q}$ 的状态有关。如果原来触发器处于 1 状态，即 $\overline{Q}=0,Q=1$，由于与非门 DG_1 两个输入端均为 1，故 $\overline{Q}=0$，并使 Q=1；如果原来触发器处于 0 状态，即 $\overline{Q}=1,Q=0$，由于与非门 DG_2 两个输入端均为 1，故 Q=0，并使 $\overline{Q}=1$。可见，这种情况下触发器保持原有状态。这体现了双稳态触发器的记忆或存储功能。

4）R=0，S=0 时，显然这种情况下 $Q=\overline{Q}=1$。根据对触发器状态的规定，它既不是 1

状态，也不是 0 状态，而且一旦同时除去输入信号，触发器的状态将由偶然因素决定。这是因为 R、S 同时由 0 回到 1 时，此刻 DG_1、DG_2 各自的输人端均为 1，触发器的 Q 和 $\overline{Q}$ 端都将向 0 转换。假定 $\overline{Q}$ 先转换为 0，将迫使 Q 保持 1，触发器将处于 1 状态；反之，若 Q 先转换为 0，则触发器将处于 0 状态。因此这种情况下触发器的状态被称为不定状态，使用时应避免出现。根据以上分析，基本 RS 触发器的逻辑功能可以用表 6-1 表示。

基本 RS 触发器是在输入端直接用电平触发的。图 6-1 所示的基本 RS 触发器是用低电平作为触发信号，也就是说，R 端和 S 端通常情况下处于高电平，当 R 端加负脉冲信号，触发器置 0；当 S 端加负脉冲信号，触发器置 1。逻辑符号中输入端靠近方框处的小圆圈表示输入端是低电平触发。基本 RS 触发器也可以用其他门电路组成，所

表 6-1　基本 RS 触发器的逻辑功能

R	S	Q
0	1	0
1	0	1
1	1	不变
0	0	不定

以有的采用高电平作为输入触发信号（即没有触发信号输入时，R 和 S 应处于低电平）。用高电平作输入触发信号的基本 RS 触发器，逻辑符号中输入端靠近方框处没有小圆圈。

基本 RS 触发器的输出直接受输人信号的控制，也就是说，它的输出状态随输入信号的变化而改变。在许多场合下，要求触发器输出状态的改变与某一控制信号同步，因此又研究出了钟控 RS 触发器。

2. 钟控 RS 触发器

钟控 RS 触发器又称同步 RS 触发器，它克服了基本 RS 触发器输出直接受输入信号控制的缺点，是一种电平控制触发方式的触发器。

图 6-2 示出钟控 RS 触发器的逻辑电路和逻辑符号。它的组成是一个基本 RS 触发器加了两个控制门 DG_3 和 DG_4，CP 是控制触发器触发的时钟脉冲（Clock Pulse）。在 CP = 0 期间，不论 R、S 处于什么状态，与非门 DG_3、DG_4 输出均为 1，基本 RS 触发器保持原来状态不变。只有在 CP = 1 期间，DG_3、DG_4 被打开，输入信号才能通过 DG_3、DG_4 作用于基本 RS 触发器，触发器的状态才会发生变化。钟控 RS 触发器的逻辑功能见表 6-2。表中 Q_n 为 CP 作用之前触发器的状态，称为现态；Q_{n+1} 为 CP 作用后触发器的状态，称为次态。需要指出的是，如果输入端 R、S 同时为 1，在 CP = 1 期间，输出端 Q 和 $\overline{Q}$ 均为 1 状态；当 R、S 同时变成 0 或者 CP 脉冲作用之后，触发器的输出状态不能确定，使用时应避免出现这种情况。

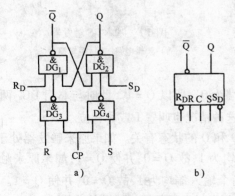

图 6-2　钟控 RS 触发器
a）逻辑电路　b）逻辑符号

表 6-2　钟控 RS 触发器逻辑功能

R	S	Q_{n+1}
0	1	1
1	0	0
0	0	Q_n
1	1	不定

逻辑符号中，端点 C 为时钟脉冲输入端；R_D 和 S_D 是直接置 0 和直接置 1 端，它们不需要经过时钟脉冲 CP 的控制就可以使触发器置 0 或置 1。一般在工作之初，用它使触发器预先处于某种给定的状态，由图可知，它们是用负脉冲置 0 或置 1 的，平常应处于高电平状态。

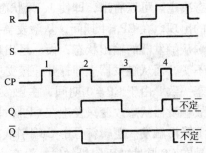

【例 6-1】 图 6-2 所示钟控 RS 触发器，已知其输入信号 R、S 及 CP 波形如图 6-3 所示。设触发器的初始状态为 0，$R_D = S_D = 1$，试画出输出端 Q 和 $\overline{Q}$ 的波形。

图 6-3 例 6-1 图

解 根据给定的 R、S 波形，由钟控 RS 触发器的逻辑功能表可知：第一个 CP 到来时，R = S = 0，所以触发器保持原态 0；第二个 CP 到来时，R = 0，S = 1，触发器翻转为 1 状态；第三个 CP 到来时，R = 1，S = 0，触发器翻转为 0 态；第四个 CP 到来时，R = S = 1，触发器的输出端 Q = $\overline{Q}$ = 1。这种情况下，当 CP 过去后，触发器的状态可能为 1，也可能为 0，这要由 DG_3 门和 DG_4 门的翻转速度来决定。根据以上分析所画出的 Q 和 $\overline{Q}$ 的波形如图 6-3 所示。图中的虚线表示状态不定。

钟控 RS 触发器虽然使输入信号受到 CP 的控制，但在 CP 的高电平期间，触发器的输出状态随输入信号的变化而变化，这将会使触发器在一个时钟脉冲作用期间发生二次或多次翻转，这种现象称为空翻现象。空翻现象将造成触发器的动作混乱。为了防止空翻，人们对电路结构又进行了改进，这就出现了主从型和维持阻塞型触发器。

二、JK 触发器

JK 触发器是一种工作状态稳定、应用极为广泛的触发器。它不仅可以有效地防止空翻现象，同时也消除了输出端的不定状态。图 6-4 示出主从型 JK 触发器的逻辑电路和逻辑符号。由图可知，它的主要组成部分是两个钟控 RS 触发器，其中接受输入信号的称为主触发器，输出信号的称为从触发器。两个触发器的时钟脉冲输入端之间接有一个非门，从而使两个钟控 RS 触发器翻转时刻先后不同。当时钟脉冲到来时，先使主触发器翻转，然后再使从触发器翻转，因此称为主从型触发器。

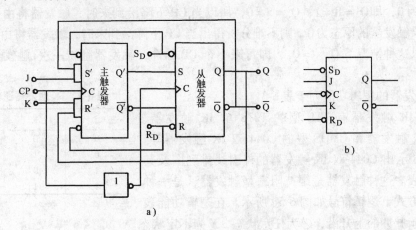

图 6-4 主从型 JK 触发器

a）逻辑电路 b）逻辑符号

在 CP = 1 期间，主触发器打开，它的输出端 Q′ 和 $\overline{Q'}$ 的状态由输入端 S′ 和 R′ 的状态决定，R′ = Q_nK，S′ = $\overline{Q_n}$J，即由触发器原来的状态（从触发器的输出状态）和输入 J、K 的状态决定。可以看出，即使 J、K 状态相同，R′、S′ 的状态也不会相同，从而克服了不定状态的出现。在 CP = 1 期间，从触发器被封锁，即使主触发器的输出状态发生变化，也不会影响从触发器的输出状态；而一旦出现 CP = 0 时，主触发器立即被封锁，它的输出状态保持不变，而从触发器立即打开，接受主触发器输出的状态，并使输出状态与主触发器的输出状态一致。由于 CP = 0 期间，主触发器输出状态保持不变，因而从触发器的输出状态不变，故触发器状态改变只发生在 CP 脉冲由高电平向低电平跳变的时刻，所以说主从型触发器为下降沿触发。逻辑符号中 C 端引线靠近方框处的符号"∧"和小圆圈，表示触发器的状态是在 CP 脉冲的下降沿触发；没有小圆圈则表示在 CP 脉冲的上升沿触发（见图 6-5c），除此之外，两者的逻辑功能相同。R_D、S_D 是直接复位、直接置位端。

根据图 6-4 所示电路，对 JK 触发器的逻辑功能分析如下。

（1）J = 0，K = 0　这种情况下，不管触发器的原来状态如何，在 CP = 1 时，由于 R′ = 0，S′ = 0，主触发器的状态保持不变；当 CP 下降沿到来时，从触发器的状态也不会改变。可见这种情况下 Q_{n+1} = Q_n。

（2）J = 0，K = 1　设触发器的原来状态为 1，在 CP = 1 时，由于 R′ = 1，S′ = 0，主触发器输出将为 0 态，即 $\overline{Q'}$ = R = 1，Q′ = S = 0，所以当 CP 下降沿到来时，触发器将由 1 态翻转为 0 态。如果触发器的原态为 0，由于 R′ = 0，S′ = 0，主触发器状态保持不变，当 CP 下降沿到来时，从触发器的状态也不会改变，即触发器保持 0 态。可见这种情况下 Q_{n+1} = 0。

（3）J = 1，K = 0　设触发器原来状态为 0 态，当 CP = 1 时，由于 R′ = 0，S′ = 1，主触发器输出将为 1 态，即 $\overline{Q'}$ = R = 0，Q′ = S = 1，所以当 CP 下降沿到来时，触发器将由 0 态翻转为 1 态。如果触发器的原态为 1，在 CP = 1 时，由于 R′ = 0，S′ = 0，主触发器的状态保持不变，当 CP 下降沿到来时，从触发器的状态也不会改变，即触发器保持 1 态。可见这种情况下 Q_{n+1} = 1。

（4）J = 1，K = 1　设触发器原来状态为 1，在 CP = 1 时，由于 R′ = 1，S′ = 0，主触发器的状态将为 0，即 $\overline{Q'}$ = R = 1，Q′ = S = 0，所以当 CP 下降沿到来时，触发器将由 1 态翻转为 0 态。如果触发器的原态为 0，则不难分析得出当 CP 下降沿到来时，触发器将由 0 态翻转为 1 态。所以这种情况下 Q_{n+1} = $\overline{Q_n}$，即每来一个 CP 脉冲，触发器翻转一次，触发器具有计数功能。

JK 触发器的逻辑功能列于表 6-3。

集成 JK 触发器有 TTL 型的 T078 单 JK 触发器、T079 双 JK 触发器和 CMOS 型的 C044 双 JK 触发器等。图 6-5a、b 示出 C044 双 JK 触发器的外引线排列图及其逻辑功能表。这种触发器是维持阻塞型触发器，是一种边沿触发方式，逻辑符号如图 6-5c 所示。在逻辑功能表中，↑ 表示脉冲的上升沿，∅ 为任意状态，X 为不定状态。

表 6-3　JK 触发器逻辑功能

J	K	Q_{n+1}
0	0	Q_n
0	1	0
1	0	1
1	1	$\overline{Q_n}$

【例 6-2】　已知图 6-5c 所示的 JK 触发器的输入信号 J、K 及触发脉冲 CP 的波形如图 6-6 所示，设触发器的初始状态为 0。试画出输出端 Q 和 $\overline{Q}$ 的波形。

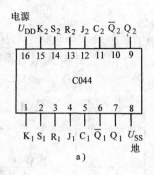

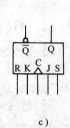

J	K	R	S	C	Q_{n+1}
0	0	0	0	↑	Q_n
1	0	0	0	↑	1
0	1	0	0	↑	0
1	1	0	0	↑	$\overline{Q_n}$
∅	∅	0	1	∅	1
∅	∅	1	0	∅	0
∅	∅	1	1	∅	X

a)　　　　　　b)　　　　　　c)

图 6-5　C044 双 JK 触发器

a) 外引线排列　b) 逻辑功能　c) 逻辑符号

解　图中没有指明 R、S 的波形，表明触发器不进行置 0 或置 1 的处理，此时 R = 0，S = 0。根据 JK 触发器的逻辑功能，并注意该触发器是上升沿触发，不难画出 Q 和 $\overline{Q}$ 的波形如图 6-6 所示。如果是下降沿触发的主从型 JK 触发器，输出端 Q 的波形读者可自行分析比较。

三、D 触发器

D 触发器也是一种应用广泛的双稳态触发器。D 触发器多为维持阻塞型。这种结构的触发器输出状态的改变，发生在 CP 脉冲由低电平向高电平跳变的时刻，即 CP 上升沿触发。

图 6-7 是 D 触发器的逻辑符号及逻辑功能表。由逻辑功能表可知，D 触发器输出端 Q 的状态由输入端 D 的状态来决定，D 的状态变化之后，必须等到时钟脉冲的上升沿到来的时刻，Q 的状态才能发生变化，故有延时触发器之称。

集成 D 触发器有 TTL 型的 T076 单 D 触发器、T077 双 D 触发器和 CMOS 型的 C043 双 D 触发器等。D 触发器也可由 JK 触发器改造而成。

图 6-6　例 6-2 图

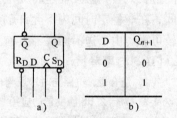

D	Q_{n+1}
0	0
1	1

a)　　　　b)

图 6-7　D 触发器逻辑
符号与逻辑功能

a) 逻辑符号　b) 逻辑功能

【例 6-3】　逻辑电路如图 6-8a 所示，分析其逻辑功能。已知输入信号 D 和 CP 的波形如图 6-8b 所示，画出输出端 Q 的波形。设 Q 端的初始状态为 0。

解　由于在触发器的输入端附加了一个非门，故 JK 触发器输入端 J、K 的状态总是相反，所以当 D = 1，即 J = 1、K = 0 时，在 CP 下降沿到来时，Q = 1；当 D = 0，即 J = 0、K = 1 时，CP 下降沿到来时，Q = 0。可见该电路输出与输入之间的关系为 $Q_{n+1} = D$，因此这是下降沿触发的 D 触发器。根据 D 触发器的逻辑功能，画出 Q 端的波形如图 6-8b 所示。

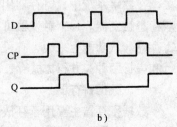

a)　　　　　　b)

图 6-8　例 6-3 图

【例 6-4】　分析图 6-9 中两个触发器的逻辑功能。

解　图 6-9a 中，D 触发器的输入端接在输出的 $\overline{Q}$ 端，如果该电路的初始状态为 0，即 Q =0，$\overline{Q}$ =1，当 CP 上升沿到来时，Q 翻为 1，$\overline{Q}$ 翻为 0；下一个 CP 上升沿到来时，Q 翻为 0，$\overline{Q}$ 翻为 1。可见每来一个时钟脉冲就翻转一次，它具有计数功能，即 $Q_{n+1} = \overline{Q}_n$。这样的计数触发器称为 T 触发器。

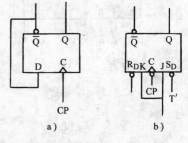

图 6-9b 中，JK 触发器的 J、K 接在一起作为一个输入端 T′。根据 JK 触发器的逻辑功能，当 T′ =0 时，在 CP 触发下，输出状态不变；当 T′ =1 时，具有 T 触发器的计数功能，这样的触发器称为 T′ 触发器。

从以上两个例题来看，根据需要，将某种逻辑功能的触发器通过简单连线或附加控制门，可以转换成具有另一种功能的触发器。

图 6-9　例 6-4 图

在使用触发器时，不仅要考虑触发器的逻辑功能，还要注意它的触发方式，这是分析时序逻辑电路的两个重要依据。电平控制触发方式的优点是结构简单，信号经过内部门的传输时间短，但有空翻现象，不能用于计数，只能用在时钟脉冲高或低有效电平作用期间输入信号不变的场合。主从型触发方式的特点是触发分两步完成，克服了空翻现象；但缺点是在主触发器接受输入信号期间不允许输入信号变化，否则会出现错误结果，抗干扰能力弱，时钟脉冲宽度要窄。边沿触发方式无空翻现象，允许在时钟脉冲触发沿来到前一瞬间加入输入信号，输入信号受干扰时间短，故抗干扰能力强；但对时钟脉冲边沿要求严格，不允许其边沿时间过长，否则触发器也将无法正常工作。时钟脉冲触发沿前后的一小段时间，称为非稳定时间，在非稳定时间内不允许输入信号变化。非稳定时间短的边沿触发器抗干扰能力强，工作较可靠。由于边沿触发器具有上述优点，故其应用日益广泛。

【练习与思考】

6-1-1　组合逻辑电路与时序逻辑电路的逻辑特性有什么区别？

6-1-2　为什么 RS 触发器的应用具有局限性，而 JK 触发器和 D 触发器的应用较为广泛？

6-1-3　钟控 RS 触发器为什么不能作计数器使用？

6-1-4　触发器的 R_D 和 S_D 两个端点有何作用？在逻辑符号中，这两个端点有小圈和没有小圈有何区别？

第二节　寄　存　器

在数字系统中，寄存器用于寄存数据或代码。寄存器的主要组成部分是具有记忆功能的双稳态触发器。一个触发器可以寄存一位二进制数，N 个触发器就可组成 N 位二进制数的寄存器。从功能上来说，它可以分为数据寄存器和移位寄存器。寄存器数据的存取方式有并行和串行两种。并行方式存、取速度快，但需要的数据线多。

一、数据寄存器

数据寄存器主要用于存放和传送数据。图 6-10 所示为四位二进制数据寄存器，它是由基本 RS 触发器和与非门组成的。

图 6-10 中，$I_3 \sim I_0$ 是数据输入端，$Q_3 \sim Q_0$ 是数据输出端。数据存入前，先使各个触发

器置 0，即清零，也就是给各触发器的复位端 R 加上一个负脉冲。设这时要存入的数据 1101 已经加到数据输入端，在寄存指令（正脉冲）来到前，门 $G_4 \sim G_1$ 被封锁，数据不能通过，四个与非门输出全为 1，触发器 $F_3 \sim F_0$ 保持 0 态。一旦寄存指令来到，与非门 $G_4 \sim G_1$ 的输出为 0010，触发器 $F_3 \sim F_0$ 的输出为 1101，数据就这样寄存在触发器之中。需要取出数据时，发出取出指令（正脉冲），与非门 $G_8 \sim G_5$ 开启，于是输出端 $Q_3 \sim Q_0$ 就得到暂存在寄存器中的数码 1101。这种能同时存入又能同时取出数据的寄存器，称为并行输入并行输出寄存器。

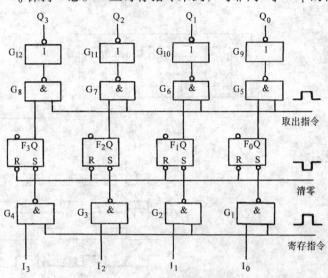

图 6-10　四位二进制数据寄存器

二、移位寄存器

移位寄存器既可存储数据，又可在移位脉冲的作用下将数据向左或向右移位。图 6-11 所示的三位单向移位寄存器，是由三个 D 触发器组成的右移寄存器，一个触发器的输出端接到下一个触发器的输入端，在移位脉冲 CP 的作用下，数据依次向右移动。若寄存器初始状态 $Q_1Q_2Q_3 = 000$，现欲寄存的数据为 101，根据电路的接法和 D 触发器的逻辑功能，可以得出在移位脉冲 CP 作用下寄存器的状态数据移动情况见表 6-4。由表可知，当第三个移位脉冲作用之后，$Q_1Q_2Q_3 = 101$，数据 101 被寄存在寄存器中。若要从此寄存器同时取出这三位数据，则称为并行输出；如果不并行输出而是再继续送来移位脉冲，则可以使寄存的数据 101 逐位从 Q_3 输出，这种输出方式称为串行输出。图 6-11 所示寄存器，数据是逐位输入的，故称其为串行输入方式的寄存器。

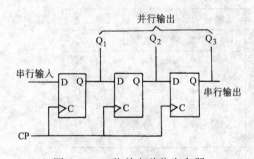

图 6-11　三位单向移位寄存器

表 6-4　移位寄存器的状态

CP 顺序	寄存器中数码		
	Q_1	Q_2	Q_3
0	0	0	0
1	1	0	0
2	0	1	0
3	1	0	1

【例 6-5】　电路如图 6-12a 所示，设初始状态 $Q_1Q_2Q_3 = 001$。试画出前七个 CP 脉冲作用期间 Q_1、Q_2、Q_3 的波形图。

解　在图 6-11 所示移位寄存器的输出端 Q_3 与输入端 D 之间加一条反馈线，就构成了本例的图 6-12a。根据电路接法和移位寄存器的逻辑功能，可以列出电路的状态表如图 6-12b

所示。按照状态表所画出的 Q_1、Q_2、Q_3 波形如图 6-12c 所示。因为图 6-12a 的电路是在移位寄存器的输出与输入之间加了一条反馈线而构成的，所以这种电路又称为自循环移位寄存器。本例中，各触发器的输出端可按顺序发出控制脉冲，故该电路又称为顺序脉冲发生器。

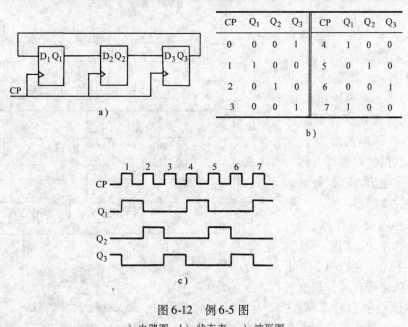

图 6-12　例 6-5 图

a) 电路图　b) 状态表　c) 波形图

　　移位寄存器在数字系统中得到广泛的应用，尤其在计算机和通信技术方面。TTL 集成移位寄存器有 T194、T195、T198 等，CMOS 集成移位寄存器有 C422、C423、C424 等。图 6-13 示出 C422 四位双向移位寄存器的外引线排列图和逻辑功能表。图中 S_1、S_0 用于工作方式选择；$\overline{MR}$ 是复位端，用低电平复位；DSL 和 DSR 分别是左移和右移数据输入端。由表可知，C422 既可串行输入又可并行输入；既可串行输出又可并行输出，通过适当连接，还可构成循环移位寄存器。该寄存器功能强，使用灵活方便。

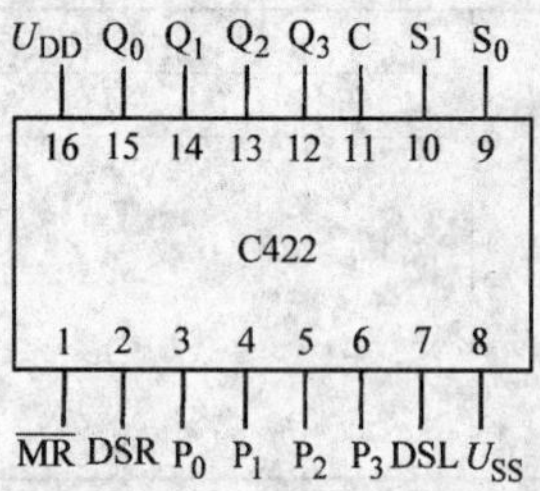

工件方式	输　入				输　出			
	C	S_1	S_0	$\overline{MR}$	Q_0	Q_1	Q_2	Q_3
保　持	↑	0	0	1	Q_0	Q_1	Q_2	Q_3
左　移	↑	1	0	1	Q_1	Q_2	Q_3	DSL
右　移	↑	0	1	1	DSR	Q_0	Q_1	Q_2
并行置数	↑	1	1	1	P_0	P_1	P_2	P_3
不 位 移	↓	∅	∅	1	Q_0	Q_1	Q_2	Q_3
复　位	∅	∅	∅	0	0	0	0	0

图 6-13　C422 四位双向移位寄存器

a) 外引线排列　b) 逻辑功能

【练习与思考】

6-2-1　什么是数据寄存器? 什么是移位寄存器?

6-2-2 用两块 C422 组成一个八位循环左移寄存器，能否使它成为八位顺序脉冲发生器？

第三节 计 数 器

计数器是用来累计输入脉冲个数的逻辑器件，此外，它还可用作分频器和定时器，在数字系统和计算机中得到广泛的应用。计数器按脉冲作用的方式，可分为异步计数器和同步计数器；按计数过程中数值的增加与减少，可分为加法计数器和减法计数器；按进位制，可分为二进制、十进制和其他进制计数器等。

一、二进制加法计数器

如前所述，双稳态触发器有 0 和 1 两种稳定状态，于是一个双稳态触发器可以表示一位二进制数。因此，要表示 N 位二进制数，则需 N 个触发器。按照二进制"逢二进一"的加法运算法则，可以列出四位二进制加法计数器的状态见表 6-5。

表 6-5 二进制加法计数状态

计数脉冲	二 进 制 数				十进制数	计数脉冲	二 进 制 数				十进制数
	Q_4	Q_3	Q_2	Q_1			Q_4	Q_3	Q_2	Q_1	
0	0	0	0	0	0	9	1	0	0	1	9
1	0	0	0	1	1	10	1	0	1	0	10
2	0	0	1	0	2	11	1	0	1	1	11
3	0	0	1	1	3	12	1	1	0	0	12
4	0	1	0	0	4	13	1	1	0	1	13
5	0	1	0	1	5	14	1	1	1	0	14
6	0	1	1	0	6	15	1	1	1	1	15
7	0	1	1	1	7	16	0	0	0	0	0
8	1	0	0	0	8						

由表 6-5 可知，二进制加法计数器的特点是：最低位对应的触发器每来一个计数脉冲就翻转一次，而其他位对应的触发器是在相邻的低位触发器从 1 变成 0 时翻转，即低位每输出一个负跳变脉冲，相邻高位触发器翻转一次。图 6-14a 是由 JK 触发器组成的四位异步二进制加法计数器。图中各触发器 J、K 端悬空，相当于 J = K = 1，因此各触发器处于计数状态，触发器 C 端每来一个脉冲，触发器翻转一次，翻转发生在脉冲的下降沿。最低位触发器的 C 端作为计数脉冲输入端，其他各触发器的 C 端与相邻低位触发器的 Q 端相连，这样，最低位触发器每来一个计数脉冲就翻转一次，而各高位触发器只有在相邻的低位触发器从 1 变为 0 时才翻转，这与表 6-5 所列的加法计数器的特点一致，因此该计数器可实现四位

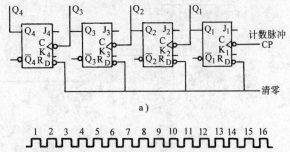

a)

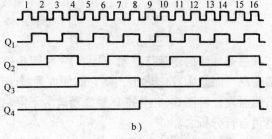

b)

图 6-14 二进制加法计数器
a) 电路图 b) 波形图

二进制加法计数。图 6-14b 是它的工作波形图。

由于计数脉冲不是同时加到各触发器的 C 端，因此各触发器的翻转时刻不同，也与计数脉冲不同步，换言之，各触发器状态的变换有先有后，故称为异步计数器。

一个 N 进制计数器要有 N 种不同的状态，当输入 N 个计数脉冲后，它能返回到初始状态。因此，图 6-14a 所示的计数器又可看成是一位十六进制加法计数器。

计数器又可称作分频器，由图 6-14b 的波形图可知，每经过一级触发器，脉冲的周期增加一倍，即频率降低一半。相对于 CP 的频率而言，图中 Q_1、Q_2、Q_3、Q_4 的波形频率分别为二分频、四分频、八分频和十六分频。

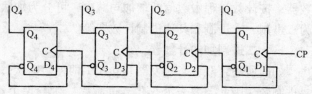

计数器也可由 D 触发器组成，图 6-15 是由 D 触发器组成的四位异步二进制加法计数器，其工作原理读者自行分析。

图 6-15　由 D 触发器组成的四位异步二进制加法计数器

图 6-16 示出 C219 集成可逆计数器的引线排列和逻辑功能表。它不仅能够实现加法计数，也能实现减法计数和并行置数。加、减计数由 M 的状态控制，M = 1 时加法计数，M = 0 时减法计数。P_E = 1 时并行预置数，将输入端 A、B、C、D 的数据送到计数器的输出端 Q_1、Q_2、Q_3、Q_4。$\bar{I}_C$ 是进位、借位输入端，$\bar{I}_C$ = 0 时计数，$\bar{I}_C$ = 1 时不计数。$\bar{O}_C$ 为进位、借位输出端，当有进位（加法计数）或借位（减法计数）时，$\bar{O}_C$ = 0，否则 $\bar{O}_C$ = 1。R 是清零端。CL 是计数脉冲输入端，它与计数器内部所有的触发器的 C 端相连，当计数脉冲作用时，应该翻转的触发器都同时翻转，所以 C219 是一种同步计数器。同步计数器的工作速度快。

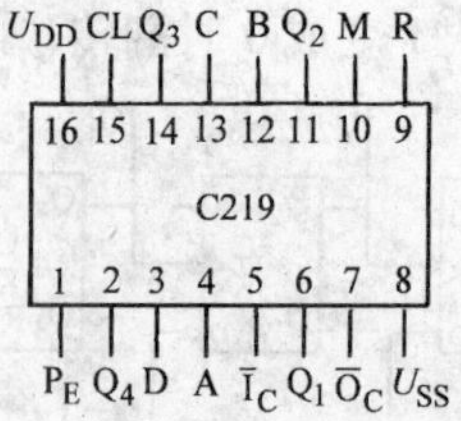

	输　　　入									输　　出			
CL	$\bar{I}_C$	M	P_E	R	A	B	C	D	Q_1	Q_2	Q_3	Q_4
Ø	Ø	Ø	1	0	A	B	C	D	A	B	C	D
Ø	Ø	Ø	Ø	1	Ø	Ø	Ø	Ø	0	0	0	0
Ø	1	Ø	0	0	Ø	Ø	Ø	Ø	不　计　数			
↑	0	1	0	0	Ø	Ø	Ø	Ø	加法计数			
↑	0	0	0	0	Ø	Ø	Ø	Ø	减法计数			

引线排列图：

U_{DD} CL Q_3 C B Q_2 M R
16 15 14 13 12 11 10 9
C219
1 2 3 4 5 6 7 8
P_E Q_4 D A $\bar{I}_C$ Q_1 $\bar{O}_C$ U_{SS}

a)　　　　　　　　　　　　　　　　b)

图 6-16　C219 集成可逆计数器

a）引线排列　b）逻辑功能

减法是加法的逆运算。对于图 6-14 和图 6-15 所示的加法计数器，如果不是从触发器的 Q 端输出，而是从 $\bar{Q}$ 端输出，则它们便成为减法计数器。如果将图 6-14 中的 JK 触发器改为上升沿触发，将图 6-15 中的 D 触发器改为下降沿触发，则加法计数器也将变成减法计数器，读者可自行分析之。

二、十进制加法计数器

二进制计数器结构简单，应用广泛，但在许多场合，为了符合人们的习惯，常常采用十进制计数器。十进制数常用 8421BCD 码表示。十进制计数器也是在二进制计数器的基础上改造而成的，因此，十进制计数器又称二–十进制计数器。一位十进制计数器需要四个触发器组成，图 6-17a 所示为一位十进制异步加法计数器电路图。其中各个触发器的驱动方程如下：

$$J_1 = K_1 = 1 \qquad J_2 = \overline{Q_4} \qquad K_2 = 1$$
$$J_3 = K_3 = 1 \qquad J_4 = Q_2 Q_3 \qquad K_4 = 1$$

根据驱动方程，可以得到时钟触发脉冲到来前 J、K 的状态，以及时钟触发脉冲作用后触发器的输出状态。当第 9 个计数脉冲作用后，计数器的状态为 1001，这时 $J_2 = \overline{Q_4} = 0$，$J_4 = Q_2 Q_3 = 0$；当第 10 个计数脉冲作用后，计数器的状态又回到 0000，其输出波形如图 6-17b 所示。

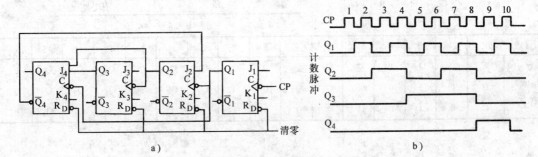

图 6-17 十进制异步加法计数器
a）电路图 b）波形图

图 6-18 示出 C210 十进制同步加法计数器的外引线排列和逻辑功能表。为了使用方便，该计数器设有 CL 和 EN 两个计数脉冲输入端。如果 CP 脉冲从 CL 输入，并使 EN = 1，此时为上升沿触发计数；如果 CP 从 EN 输入，使 CL = 0，这时为下降沿触发计数。R 为复位控制端，Q_4 为高位输出端。

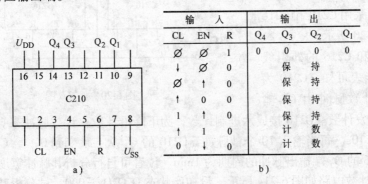

输	入		输		出	
CL	EN	R	Q_4	Q_3	Q_2	Q_1
Ø	Ø	1	0	0	0	0
↓	Ø	0	保		持	
Ø	↑	0	保		持	
↑	0	0	保		持	
1	↑	0	保		持	
↑	1	0	计		数	
0	↓	0	计		数	

图 6-18 C210 十进制同步加法计数器
a）外引线排列 b）逻辑功能

三、任意进制计数器

除二进制和十进制集成计数器外，还有一种集成计数器，通过改变外部连接线，可方便地得到其他进制的计数器，这样的计数器有 C186、C216。图 6-19 示出 C216 任意进制计数器的外引线排列、逻辑功能表和可变进制连接表。图中 A、B、C 是反馈输入端，按照可变进制连接表，改变其连接位置，就可得到 2 ~ 16 之间任一种进制的计数器。如要得到五进制计数器，可把 A 与 Q_3 相接，B、C 接高电平，输出端为 $Q_3Q_2Q_1$；如要得到一个十分频器，可把 A 接 Q_1，B 接 Q_4，C 接高电平，这样，Q_4 输出脉冲的频率即为输入计数脉冲频率的十分之一。

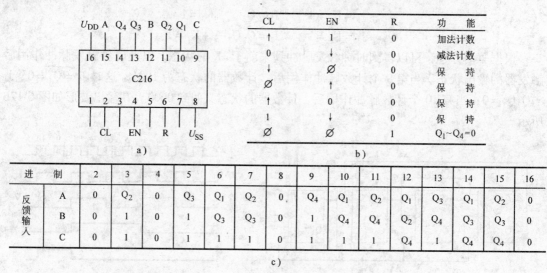

CL	EN	R	功 能
↑	1	0	加法计数
0	↓	0	减法计数
↓	∅	0	保 持
∅	↑	0	保 持
↑	0	0	保 持
1	↓	0	保 持
∅	∅	1	$Q_1 \sim Q_4 = 0$

a)   b)

进　　制	2	3	4	5	6	7	8	9	10	11	12	13	14	15	16
反馈输入 A	0	Q_2	0	Q_3	Q_1	Q_2	0	Q_4	Q_1	Q_2	Q_1	Q_3	Q_1	Q_2	0
B	0	1	1	1	Q_3	Q_3	1	Q_4	Q_4	Q_2	Q_4	Q_4	Q_3	Q_3	0
C	0	1	0	1	1	1	0	1	1	1	Q_4	1	Q_4	Q_4	0

c)

图 6-19　C216 任意进制计数器

a) 外引线排列　b) 逻辑功能　c) 可变进制连接表

【例 6-6】　今需用秒脉冲（周期为 1s 的矩形序列脉冲）来获得周期为 1min 的脉冲信号。试采用集成计数器件组成。

解　将秒脉冲经 60 分频就可得到分脉冲。构成 60 分频的电路方案很多，这里采用 C210 和 C216 来组成，如图 6-20 所示。

根据 C210 和 C216 的外引线排列和逻辑功能表可知，C210 为十进制计数，计数脉冲由 CL 输

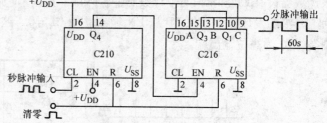

图 6-20　例 6-6 图

入，为上升沿触发计数。C216 接成六进制计数，为下降沿计数，计数脉冲来自 C210 的 Q_4，它的脉冲周期为 10s。每当输入 10 个秒脉冲，C210 的 Q_4 从 1 跳变到 0，给 C216 一个计数脉冲，所以 C216 的 Q_3 端输出脉冲的周期为 1min。读者可自行分析其脉冲宽度。

【例 6-7】　计数电路如图 6-21a 所示，设初始状态 $Q_3Q_2Q_1 = 000$。试分析其逻辑功能。

分析　此电路的 CP 脉冲不同时作用到各触发器的 C 端，因此这是一个异步计数电路。异步计数电路和同步计数电路的分析方法类似。

1) 按电路结构写出驱动方程。

$$J_1 = \overline{Q_2 Q_3}, \quad K_1 = 1$$

$$J_2 = Q_1, \quad K_2 = \overline{\overline{Q_1}\ \overline{Q_3}} = Q_1 + Q_3$$

$$J_3 = 1, \quad K_3 = 1$$

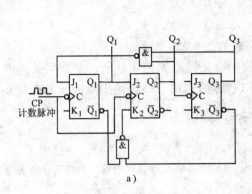

CP 脉冲	Q_3	Q_2	Q_1	十进制数
0	0	0	0	0
1	0	0	1	1
2	0	1	0	2
3	0	1	1	3
4	1	0	0	4
5	1	0	1	5
6	1	1	0	6
7	0	0	0	0
8	0	0	1	1

a)   b)

图 6-21   例 6-7 图

a) 电路图   b) 状态表

2) 根据 JK 触发器的逻辑功能和设定的初始状态列出状态表，如图 6-21b 所示。

3) 由状态表可以看出，经过 7 个 CP 脉冲后，电路恢复到初始状态 000，所以这是一个七进制加法计数器。

【**例 6-8**】   计数电路如图 6-22a 所示。设初始状态 $Q_3Q_2Q_1 = 000$。试分析其逻辑功能，并画出前 6 个 CP 脉冲作用下各输出端的波形。

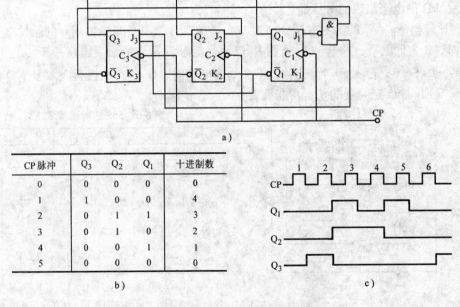

a)

CP 脉冲	Q_3	Q_2	Q_1	十进制数
0	0	0	0	0
1	1	0	0	4
2	0	1	1	3
3	0	1	0	2
4	0	0	1	1
5	0	0	0	0

b)   c)

图 6-22   例 6-8 图

a) 电路图   b) 状态表   c) 波形图

分析   此电路的 CP 脉冲同时作用到每个触发器的 C 端，因此它是一个同步计数电路。

1) 按电路结构，写出各触发器的驱动方程。

$$J_1 = \overline{\overline{Q_2}\,\overline{Q_3}} = Q_2 + Q_3 \qquad J_2 = Q_3 \qquad J_3 = \overline{Q_1}\,\overline{Q_2}$$
$$K_1 = 1 \qquad\qquad\qquad K_2 = \overline{Q_1} \qquad K_3 = 1$$

2）根据触发器的逻辑功能列出电路的状态表如图 6-22b 所示。

3）由状态表可知，该电路经过 5 个 CP 脉冲后又恢复到初始状态，且数字是递减的，故它是一位五进制同步减法计数器。在前 6 个 CP 脉冲作用下，各输出端的波形如图 6-22c 所示。

【练习与思考】

6-3-1 同步计数器与异步计数器的主要区别在哪里？

6-3-2 改变任意进制加法计数器 C216 的外部连线，可以获得哪几种分频电路？它们又分别从哪个输出端输出？

6-3-3 怎样用计数器定时？计数器用于定时需要什么条件？

第四节　555 定时器及其应用

555 定时器是一种模拟电路和数字电路相结合的多功能、中规模集成器件。它设计新颖、使用方便，应用极为广泛。它的基本应用方式是双稳态触发器、单稳态触发器和无稳态触发器三种。掌握这三种基本应用方式，便不难分析由 555 定时器组成的其他应用电路。

一、555 定时器

常用的 555 定时器是双列直插集成器件。图 6-23 为 555 定时器原理框图，图中 1 ~ 8 是管脚号。它的内部包括两个电压比较器、一个基本 RS 触发器、一个三极管 V，以及由三个阻值均为 5kΩ 的电阻组成的分压器。

电压比较器 A_1、A_2 的参考电压分别为 $2U_{CC}/3$ 和 $U_{CC}/3$。当高触发端 6 的触发电压大于 $2U_{CC}/3$ 时，R 为低电平，即 R = 0；否则 R = 1。当低触发端 2 的触发电压小于 $U_{CC}/3$ 时，S 为低电平，即 S = 0；否则 S = 1。当输出端 3 为高电平时，$\overline{Q} = 0$，三极管 V 截止；$\overline{Q} = 1$ 时，三极管 V 导通。555 定时器的基本功能见表 6-6。

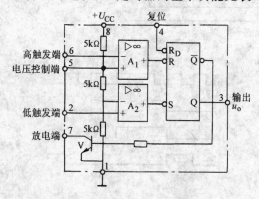

图 6-23　555 定时器原理框图

表 6-6　555 定时器基本功能

输入状态		中间状态		输出状态	
高触发端	低触发端	R	S	输出端	三极管
$< \dfrac{2}{3}U_{CC}$	$< \dfrac{1}{3}U_{CC}$	1	0	1	截止
$< \dfrac{2}{3}U_{CC}$	$> \dfrac{1}{3}U_{CC}$	1	1	不变	不变
$> \dfrac{2}{3}U_{CC}$	$> \dfrac{1}{3}U_{CC}$	0	1	0	导通
$> \dfrac{2}{3}U_{CC}$	$< \dfrac{1}{3}U_{CC}$	0	0	0	导通①

① R = S = 0 时，Q = 1，$\overline{Q}$ = 1；当 R、S 同时从 0 变成 1 时，输出状态不定，使用中应避免这种情况出现。

由表 6-6 可知，555 定时器可作为双稳态触发器使用，这时高触发端和低触发端相当于触发器的两个输入端，所不同的是它们分别以 $2U_{CC}/3$ 和 $U_{CC}/3$ 为高、低电平的界限。当电压控制端 5 外接不同电压时，两个电压比较器的参考电压随之改变，高、低触发端的触发电压也随之改变。复位端 4 是低电平复位，通常情况下为高电平。

二、单稳态触发器

如前所述，双稳态触发器在触发信号作用下有两个稳定状态；而单稳态触发器在没有触发信号作用时，电路处于某种稳定状态，在触发信号作用下，会翻转到另一种暂稳状态，但是经过一定时间后，它将自动返回到原来的稳定状态。所以单稳态触发器和双稳态触发器的共同点，都是需要用触发脉冲来实现状态的转化，不同之处在于单稳态触发器只有一种稳定状态。

图 6-24a 是 555 定时器构成的单稳态触发器电路图。其中，u_i 为触发信号，低电平触发；u_o 为输出信号。

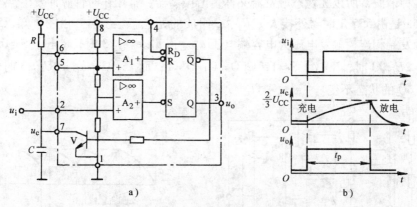

图 6-24 555 定时器构成的单稳态触发器
a）电路图 b）波形图

当触发信号尚未输入时，即 u_i 为高电平，其值大于 $U_{CC}/3$，因此电压比较器 A_2 的输出端 S 为高电平。触发器输出端 Q 的状态如下：

1）设 $Q=0$，$\overline{Q}=1$，则三极管 V 处于饱和导通状态，电容 C 的端电压 u_C 近似为零，所以电压比较器 A_1 的输出端 R 为高电平，于是触发器的输出状态保持 0 态不变。

2）若 $Q=1$，$\overline{Q}=0$，则三极管 V 处于截止状态，U_{CC} 通过 R 向 C 充电。当 u_C 上升到略高于 $2U_{CC}/3$ 时，比较器 A_1 的输出端 R 为低电平，将触发器翻转为 $Q=0$，$\overline{Q}=1$。这时，三极管 V 处于饱和导通，电容 C 通过三极管迅速放电，u_C 近似为零，于是 R 为高电平，触发器的输出状态保持 0 态不变。

从以上分析可知，当端点 2 不加触发信号时，触发器即使原来为 1 状态，经过一段时间也终将回到 0 状态，所以该单稳态触发器的稳定状态为 0 态，1 态为暂稳态，简称暂态。

当端点 2 外加低触发信号时，即 $u_i < U_{CC}/3$，则 A_2 的输出 $S=0$，触发器翻转，u_o 变成 1 态。这时，$\overline{Q}=0$，V 截止，U_{CC} 通过 R 对 C 充电，u_C 上升。在 u_C 到达 $2U_{CC}/3$ 前，如果触发信号消失，即 $u_i > U_{CC}/3$，则 A_2 的输出 $S=1$。当 u_C 上升到略大于 $2U_{CC}/3$ 时，A_1 的输出 R $=0$，触发器翻转，u_o 为 0 态，V 饱和导通，C 迅速放电，使 $R=1$。这样触发器的输出将保持 0 态，直至 u_i 的下一个低触发脉冲到来。

图 6-24b 是单稳态触发器的工作波形，暂稳态维持时间 t_p 就是 U_{CC} 经 R 对 C 充电，使之从 0 到达 $2U_{CC}/3$ 所需的时间。R、C 充电时，电容电压 u_C 为

$$u_C = U_{CC}(1 - e^{-\frac{t}{\tau}})$$

其中 $\tau = RC$。令 $t = t_p$，则 $u_C = \dfrac{2}{3}U_{CC}$，将它代入上式，可以得到输出脉冲的宽度为

$$t_p = RC\ln 3 \approx 1.1RC \qquad (6-1)$$

这种电路产生的脉冲宽度可从几个微秒到数分钟，精度可达 0.1%。

单稳态触发器被广泛应用于脉冲的整形、定时和延时控制，如楼梯路灯延时控制，报警时间控制等。

三、无稳态触发器

无稳态触发器没有稳定的输出状态，无需外加触发信号就能输出矩形脉冲。由于矩形脉冲波含有多种谐波，所以无稳态触发器又称多谐振荡器，常用作时钟脉冲发生器。

图 6-25a 是由 555 定时器外接 R_1、R_2、C 组成的无稳态触发器。由图可知，555 定时器的高、低触发端相连，触发电压为电容端电压 u_C。当 $u_C < U_{CC}/3$ 时，R = 1，S = 0，则 Q = 1，$\overline{Q} = 0$；$u_C > 2U_{CC}/3$ 时，R = 0，S = 1，则 Q = 0，$\overline{Q} = 1$；而 $U_{CC}/3 < u_C < 2U_{CC}/3$ 时，R = 1，S = 1，则 Q、$\overline{Q}$ 的状态不变。

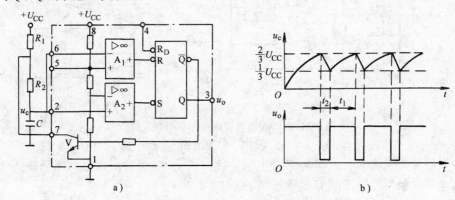

图 6-25　555 定时器构成的无稳态触发器
a）电路图　b）波形图

接通电源时，电容电压 $u_C = 0$，这时 Q = 1，$\overline{Q} = 0$，三极管 V 截止，U_{CC} 经 R_1、R_2 对 C 充电，时间常数为 $(R_1 + R_2)C$。当电容电压充到略高于 $2U_{CC}/3$ 时，Q = 0，$\overline{Q} = 1$，三极管 V 饱和导通，C 经 R_2、V 放电，时间常数为 R_2C。当 u_C 放电到略低于 $U_{CC}/3$ 时，Q = 1，$\overline{Q} = 0$，三极管 V 截止，电容又继续充电，如此周而复始，输出矩形脉冲序列，波形如图 6-25b 所示。图中 t_1 为 u_C 从 $U_{CC}/3$ 充电至 $2U_{CC}/3$ 所需的时间；t_2 为 u_C 从 $2U_{CC}/3$ 放电到 $U_{CC}/3$ 所需的时间。

$$t_1 = (R_1 + R_2)C\ln 2 \approx 0.7(R_1 + R_2)C \qquad (6-2)$$

$$t_2 = R_2 C\ln 2 \approx 0.7R_2 C \qquad (6-3)$$

矩形波的周期为

$$T = t_1 + t_2 \approx 0.7(R_1 + 2R_2)C$$

频率为

$$f = \frac{1}{T} \approx \frac{1.43}{(R_1 + 2R_2)C} \qquad (6-4)$$

改变 R_1、R_2、C 的数值，就可改变输出矩形波的频率和脉冲宽度。由 555 定时器组成的多谐振荡器受电源电压和温度变化的影响较小，最高工作频率可达 300kHz。

四、施密特触发器

施密特触发器有 0 和 1 两种稳定状态，是一种直接电平触发的触发器。它的特点是能够将不规则的信号整形成边沿很陡的矩形脉冲信号，具有滞后电压传输特性，抗干扰能力强，常用作信号整形、鉴幅、电平转换、矩形波发生器。图 6-26 示出施密特触发器的逻辑符号和电压传输特性。

由电压传输特性可知，当输入电压 u_i 增加到 U_{T+} 时，输出由高电平变成低电平；当输入电压 u_i 减小到 U_{T-} 时，输出由低电平变成高电平。由此可见，施密特触发器的输出不仅与输入信号的大小有关，而

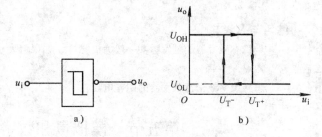

图 6-26　施密特触发器
a）逻辑符号　b）电压传输特性

且还与输入信号的变化方向有关。U_{T+}、U_{T-} 分别称为上限触发门坎电压和下限触发门坎电压，两者之差称为滞后电压或回差电压。

图 6-27a 是 555 定时器构成的施密特触发器的电路图。图 6-27b 是对应于输入电压 u_i 作用下的输出电压 u_{o1}、u_{o2} 的波形图。根据表 6-6 可知，当 $u_i < U_{CC}/3$ 时，u_{o1} 为高电平；当 $u_i > 2U_{CC}/3$ 时，u_{o1} 为低电平。当 $U_{CC}/3 < u_i < 2U_{CC}/3$ 时，如果 u_i 是从低于 $U_{CC}/3$ 增加到这一值，则 u_o 保持为高电平；如果 u_i 是从高于 $2U_{CC}/3$ 减少到这一值，则 u_o 保持为低电平。上限触发门坎电压为 $2U_{CC}/3$，下限触发门坎电压为 $U_{CC}/3$，回差电压则为 $U_{CC}/3$。当 555 定时器的引脚 5 外接电源时，则可改变上、下限触发门坎电压，从而也改变了回差电压。

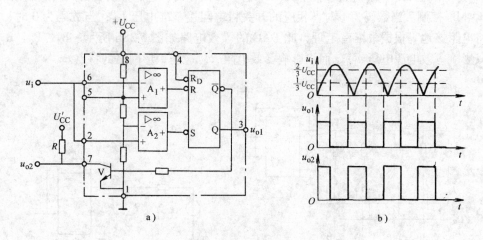

图 6-27　555 定时器构成的施密特触发器
a）电路图　b）波形图

如果需要对输出信号进行电平转换，可以用 u_{o2} 作为输出端。由于 u_{o2} 通过电阻 R 与另一

电源 U'_{CC} 相接，当 u_{o1} 为高电平时，555 定时器的 RS 触发器的 $\overline{Q}$ 端为低电平，内部的三极管 V 截止，因而 u_{o2} 输出的高电平为 U'_{CC}，图中 $U'_{CC} > U_{CC}$。

由 555 定时器构成的触发器，其电源电压为 4.5～18V，输出电流达 100～300mA，可直接驱动小型继电器。

单稳态触发器、无稳态触发器和施密特触发器都有现成的集成器件，使用时可查阅有关手册。

【练习与思考】

6-4-1　单稳态触发器的触发脉冲一般为尖脉冲，如果触发负脉冲的宽度过大（大于 t_p），将会发生什么后果？

6-4-2　怎样改变施密特触发器的回差电压？

第五节　模拟量和数字量的转换

把模拟量送入数字系统中进行处理，事先需将模拟量转换成相应的数字量；把数字量送入模拟系统中进行处理，事先亦要将数字量转换为相应的模拟量。能够将模拟量转换为数字量的装置，称为模数转换器（ADC）。能够将数字量转换为模拟量的装置，称为数模转换器（DAC）。本节只讨论常见的 R-2R T 形电阻网络数模转换器和逐次逼近型模数转换器的工作原理。

一、DAC

1. R-2R T 形电阻网络 DAC

图 6-28a 为 R-2RT 形网络数模转换器的电路图。它是一个 4 位 DAC，可以把 4 位二进制数字量转换为相应的模拟量。该电路由 R 和 2R 两种阻值的电阻组成 T 形网络，故称 R-2R T 形电阻网络 DAC。图中 B_3、B_2、B_1、B_0 为 4 位二进制数字量的输入端，u_o 为模拟量输出端，U_R 为基准电压。S_3、S_2、S_1、S_0 为 4 个电子模拟开关，它们分别受输入二进制数码 B_3、B_2、B_1、B_0 控制。当数码为 1 时，相应的开关将电阻接基准电压 U_R；当数码为 0 时，相应开关将电阻接地。根据戴维南定理，此 DAC 的等效电路如图 6-28b 所示，B_3、B_2、B_1、B_0 的值只影响等效电源电压 u_{DO}，而不影响等效电阻 R，这是 T 形网络的特点。

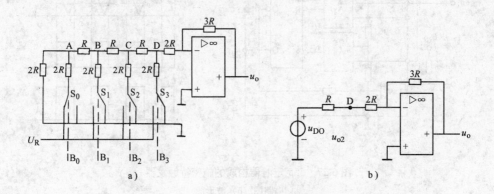

图 6-28　R-2R T 形网络数模转换器

a）电路图　b）等效电路图

当二进制数字量 $B_3B_2B_1B_0 = 0001$ 时，只有 S_0 接 U_R，S_3、S_2、S_1 均接地，这时 T 形电阻网络如图 6-29a 所示。应用戴维南定理从左至右逐级化简，不难看出，每经过一个节点，输出电压都将衰减 $1/2$，如图 6-29b 所示，这是 T 形网络的另一个特点。因此，DO 端的开路电压 $u_{DO} = U_R/2^4$。用同样的分析方法，可得出二进制数字量 $B_3B_2B_1B_0$ 的其他各位分别为 1 时网络的开路电压。根据叠加原理可求得当输入量 $B_3B_2B_1B_0$ 为任一数值时，DO 端的开路电压为

$$u_{DO} = \frac{U_R}{2^1}B_3 + \frac{U_R}{2^2}B_2 + \frac{U_R}{2^3}B_1 + \frac{U_R}{2^4}B_0$$

$$= \frac{U_R}{2^4}(2^3B_3 + 2^2B_2 + 2^1B_1 + 2^0B_0)$$

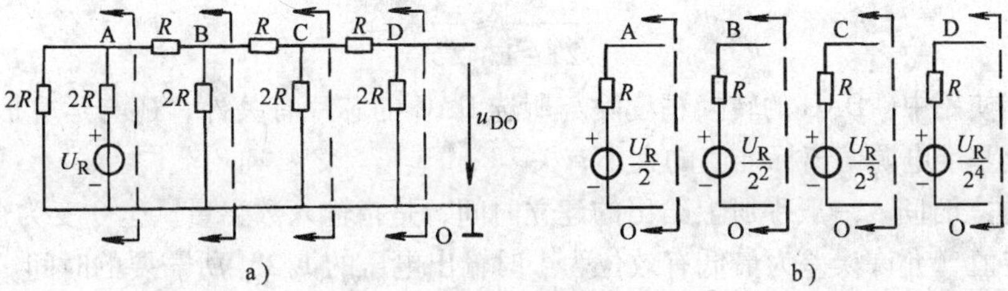

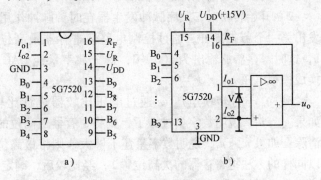

图 6-29　$B_3B_2B_1B_0 = 0001$ 时的 T 形网络及戴维南等效电路

a) T 形网络　b) 等效电路

由图 6-28b 可知，模拟输出量 u_o 为

$$u_o = -u_{DO} = -\frac{U_R}{2^4}(2^3B_3 + 2^2B_2 + 2^1B_1 + 2^0B_0) \tag{6-5}$$

它与输入的数字量成正比。

对于 n 位 $R\text{-}2R$ T 形网络 DAC，输出与输入之间的关系为

$$u_o = -\frac{U_R}{2^n}(2^{n-1}B_{n-1} + 2^{n-2}B_{n-2} + \cdots + 2^1B_1 + 2^0B_0) \tag{6-6}$$

目前 8 位、10 位、12 位和 16 位的 DAC 集成器件已普遍使用。图 6-30 所示是国产 10 位 5G7520 DAC 的外引线排列和接线图。其中 $B_9 \sim B_0$ 为 10 位数字量输入端，U_R 为基准电压输入端，U_R 取值范围为 $-5 \sim +5V$，在芯片内部有 $10k\Omega$ 的反馈电阻跨接在 R_F 与 I_{o1} 之间，运算放大器和二极管 V 是外接器件。使用中，当输入的数字量不足 10 位时，可将 DAC 多余的高位输入端引脚接地；例如，输入的数字量为 8 位时，可将 12、13 脚接地。

2. DAC 的主要性能指标

（1）分辨率　分辨率是指分辨

图 6-30　5G7520DAC

a) 外引线排列　b) 接线图

最小输出电压的能力。常以输入数字量只有最低有效位为 1 时,输出的最小电压与输入数字量有效位全为 1 时,输出的最大电压之比来表示,即分辨率为

$$\frac{1}{2^n - 1} \tag{6-7}$$

显然,位数越多,能够分辨的输出电压越小,所以有时也用输入数字量的有效位数来表示分辨率,如 5G7520 的分辨率可表示为 10 位。

(2) 转换精度 转换精度是指最大的静态转换误差,一般应低于输入数字量只有最低有效位为 1 时输出电压的 1/2。转换精度通常以相对值来表示,即 DAC 的最小输出电压的一半与最大输出电压之比,即

$$\frac{\frac{1}{2}}{2^n - 1} \approx \frac{1}{2^{n+1}} \tag{6-8}$$

在实际使用中,DAC 的转换精度除与所选 DAC 的芯片有关外,还与运算放大器的零点漂移,以及基准电源偏离标准值的大小有关。

(3) 建立时间 一般手册上给出的建立时间,是指输入数字量从全 0 变为全 1,输出电压达到稳定值(允许误差为最低有效位为 1 时输出电压的 1/2)所需要的时间。建立时间反映了 DAC 的转换速度。

根据建立时间的长短,DAC 分成以下几档:超高速（< 100ns）;较高速（1μs ~ 100ns）;高速（10 ~ 1μs）;中速（100 ~ 10μs）;低速（≥100μs）。

二、ADC

1. 逐次逼近式 ADC

ADC 有并行式、逐次逼近式、双积分式等。逐次逼近式 ADC 是一种反馈比较型的 ADC,其转换精度高、速度快、转换时间固定、易与微机接口,所以应用非常广泛。图 6-31 是逐次逼近式 ADC 的原理框图。它的主要组成部分包括逐次逼近寄存器、数模转换器、电压比较器、顺序脉冲发生器以及控制电路等。图中 u_i 为待转换的模拟电压。

逐次逼近式 ADC 的转换过程如下:

1) 转换开始前先将寄存器清零。

2) 开始转换时,顺序脉冲发生器在时钟脉冲作用下发出第一个节拍脉冲,通过控制电路使寄存器最高位置 1,这时寄存器的输出为 100…0,这个数字量经 DAC 转换成模拟电压 u_o。

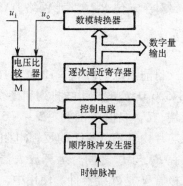

图 6-31 逐次逼近式 ADC 的原理框图

3) u_o 与待转换电压 u_i 通过电压比较器进行比较,如果 $u_o > u_i$,说明数字量过大了,则将寄存器最高位的 1 清除;如果 $u_o < u_i$,说明数字量还不够大,则将最高位的 1 保留,然后在时钟脉冲作用下,以同样的方法把寄存器的次高位置 1,经比较后,确定次高位所置之 1 的取舍。

4) 这种取舍功能是由电压比较器的输出信号 M 通过控制电路来实现的。如此逐位比较下去,直到最低位为止。比较完毕后,寄存器中的数字量即为对应于输入模拟电压 u_i 的数字量。

上述转换过程和用天平称量重物是类似的，不过"砝码"的重量是逐个相差一半。

图 6-32a 是 3 位逐次逼近式的 ADC 的电路图，图中顺序脉冲发生器即为循环移位寄存器，在 CP 脉冲作用下的波形如图 6-32b 所示。逐次逼近寄存器由主从 RS 触发器组成，下降沿触发，逻辑功能与钟控 RS 触发器的逻辑功能一致。

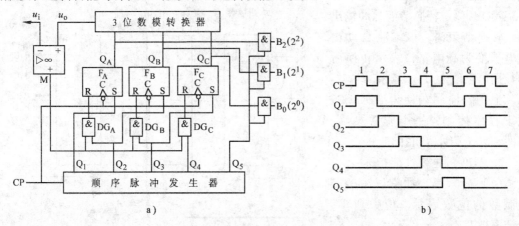

图 6-32　3 位逐次逼近式 ADC

a) 电路图　b) 波形图

转换开始前，逐次逼近寄存器先清零（图 6-32 中清零端 R_D 未画出），这时 $Q_A Q_B Q_C = 000$，经数模转换后输出 $u_o = 0$。

当第 1 个 CP 脉冲上升沿到来后，$Q_1 Q_2 Q_3 Q_4 Q_5 = 10000$。这样 F_A 的置位端为 1，其他触发器的置位端为 0，由于 $u_i > u_o$，所以 M = 0，各触发器的复位端为 0。当 CP 下降沿到来后，使 $Q_A Q_B Q_C = 100$，经数模转换后输出 u_o。

当第 2 个 CP 脉冲的上升沿到来后，$Q_1 Q_2 Q_3 Q_4 Q_5 = 01000$，这样 F_B 的置位端为 1，其他触发器的置位端为 0。除 F_A 外，其他触发器的复位端均为 0。当 $u_i > u_o$ 时，M = 0，F_A 的复位端为 0，第 2 个 CP 脉冲下降沿到来后，$F_A F_B F_C = 110$。当 $u_i < u_o$ 时，M = 1，F_A 的复位端为 1，第 2 个 CP 脉冲下降沿到来后，F_A 复位，则 $F_A F_B F_C = 010$。如此继续下去，直至第 4 个 CP 脉冲的下降沿到来后，转换结束。第 5 个 CP 脉冲到来时，$Q_5 = 1$，三态门打开，输出转换结果。转换所需时间为 5 个 CP 的周期。

集成 ADC 种类很多，常见的有 ADC0801、ADC0804、ADC0809 等。图 6-33a、c 是 ADC0809 的结构框图和外引线排列。由图可知，它有 8 路模拟量输入 $IN_0 \sim IN_7$，由地址码输入端 A、B、C 选通，其对应关系见图 6-33b。数字量输出端为 $B_7 \sim B_0$ 共 8 位，其他引脚功能如下：

1）START 是启动转换脉冲输入端。ADC 进行模数转换时，首先要在该端点提供一个启动转换脉冲，该脉冲的上升沿使 ADC 中的逐次逼近寄存器清零，下降沿使 ADC 开始进行模数转换。

2）U_{DD}、GND 分别为电源端和接地端。

3）REF(+)、REF(-)分别为基准电压正、负输入端。一般情况下，REF(+)接 +5V 电源，REF(-)接地。

4）ALE 是地址锁存有效控制端，高电平有效。当该端点为高电平时，八选一模拟开关才能根据地址码选通对应的通道。

5）CLOCK 是时钟脉冲输入端。

6）OE 是输出控制端，高电平有效。当 OE 端为高电平时，转换后的数据输出到 $B_7 \sim B_0$ 端；当 OE 为低电平时，$B_7 \sim B_0$ 端处于高阻状态。

7）EOC 是转换结束脉冲输出端。转换结束时，该端将自动由低电平变为高电平，表示转换后的数据可以取走。

上述的控制端使得 ADC0809 便于程序控制，使用非常灵活、方便，易于和计算机接口。

2. ADC 的主要性能指标

（1）分辨率　通常以输出二进制数的位数表示，位数愈多，分辨率越高。

（2）转换精度　转换的最大误差一般不大于最低有效位所对应的输入模拟电压。用相对值表示，则为

$$\frac{1}{2^n - 1}$$

显然，转换精度与分辨率有关。

（3）转换时间　完成一次转换所需的时间，即从接到启动转换脉冲信号开始，到获得转换结束信号所经过的时间。ADC0809 的转换时间为 $100\mu s$。高速模数转换器的转换时间可达 20ns。

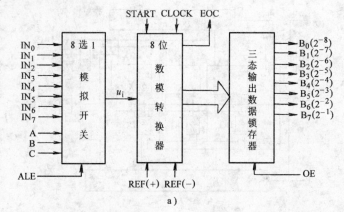

| 地址码 | | | 选通通道 |
C	B	A	
0	0	0	IN_0
0	0	1	IN_1
0	1	0	IN_2
0	1	1	IN_3
1	0	0	IN_4
1	0	1	IN_5
1	1	0	IN_6
1	1	1	IN_7

图 6-33　ADC0809 集成芯片

a）结构框图　b）八路模拟开关地址码对应选通通道　c）外引线排列

【练习与思考】

6-5-1　如图 6-28a 所示，当 $U_R = -4V$ 时，求 $B_3B_2B_1B_0$ 分别为 0110 和 1100 时输出电压 u_o 的值。

6-5-2　图 6-32a 所示 ADC，当 $U_R = -8V$、$u_i = 5.4V$ 时，经转换后输出的数字量是多少？

6-5-3　逐次逼近式 ADC 转换速度与时钟脉冲的频率有何关系？

第六节　数字电路应用实例

为了使读者对数字电路系统有一个较为完整的概念，下面给出一个按时间顺序控制的实例——数字式打铃机。它可以根据学校冬季或夏季的作息时间，对广播、电铃和电灯等进行自动控制，并具有校时功能。

图 6-34 是数字式自动打铃机的原理图。下面对各部分功能作一简要介绍。

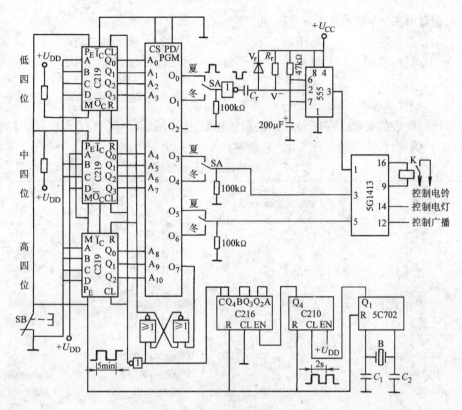

图 6-34　数字式自动打铃机原理图

石英晶体 B、电容 C_1、C_2 与电子秒表专用集成电路 5C702 组成多谐振荡器，经内部分频后，从 Q_1 端输出周期为 2s 的脉冲信号。这一脉冲信号再经 C210 和 C216 组成的 150 分频电路分频后，变成周期为 5min 的时钟脉冲信号。C216 接成十五进制计数器。采用石英晶体的目的是使振荡频率稳定，定时精确。

3 块 C219 组成 11 位二进制加法计数器。计数脉冲是周期为 5min 的时钟脉冲信号，输出端与可编程序只读存储器 2716 的地址输入端 $A_0 \sim A_{10}$ 相连。存储器 2716 中存放控制程序，即与作息时间表相对应的控制信息，每隔 5min 更换一个地址码，使其数据输出端输出一组数据，实现按时间顺序对系统进行控制。2716 共有 2048 个单元，事实上并不需要这么多，24h 只有 288 个 5min，即只需要用 288 个单元。因此到了 24 时整时，应使 2716 的输出端 O_7 = 1，然后通过由或非门组成的基本 RS 触发器，对 C219 组成的计数电路清零，使 $A_{10} \sim A_0$ 返回全零状态，开始第二天的工作循环。SB 用于在中午 12 时整时校时。当北京时间 12 时整时，迅速按下 SB，此时 $P_E = 1$，使计数器预置数 00010010000，该地址单元中正是 12 时整时的控制信息。该复位信号同时也使 5C702、C210、C216 复位，从而使计数部分与北京标准时间同步。

5G1413 的作用是驱动外部电路，即驱动电灯、广播、电铃的控制继电器线圈。

555 定时器组成单稳态触发器，用于控制打铃时间。上下课时间到达时，均使 O_0（O_1）为 1。该信号经非门反相后，给 555 定时器的 2 端一个负触发脉冲，使输出端 3 为高电平，通过驱动电路 5G1413 使电铃响 10s。当然，对于不要求铃响的时间应使 O_0（O_1）为 0。

假定通过开关 SA 选择夏季作息时间，时间表的部分内容如下：

6：00	起床	7：30 ~ 8：20	第一节课
6：15	早操	8：30 ~ 9：20	第二节课
6：45	早餐	⋮	⋮
7：20	预备	21：50	熄灯预备

根据该时间表的要求，存储器地址码和输出数据见表 6-7。其中 $O_3 = 1$，电灯亮，$O_3 = 0$，电灯熄；$O_5 = 1$，广播响，$O_5 = 0$，广播停。

表 6-7　存储器地址码和输出数据

时　间	十进制地址码	二进制地址码 $A_{10} \sim A_0$	输出数据 $Q_7 Q_6 Q_5 Q_4 Q_3 Q_2 Q_1 Q_0$
0：00	0	00000000000	00000000
0：05	1	00000000001	00000000
0：10	2	00000000010	00000000
⋮	⋮	⋮	⋮
6：00	72	00001001000	00101001
6：05	73	00001001001	00101000
⋮	⋮	⋮	⋮
7：20	88	00001011000	00000001
7：25	89	00001011001	00000000
7：30	90	00001011010	00000001
⋮	⋮	⋮	⋮
12：00	144	00010010000	01100000
⋮	⋮	⋮	⋮
21：50	262	00100000110	00001001
21：55	263	00100000111	00001000
22：00	264	00100001000	00000001
⋮	⋮	⋮	⋮
24：00	288	00100100000	10000000

【练习与思考】

6-6-1　根据图 6-34 分析电铃每次为什么能响 10s。

6-6-2　为什么校时时必须使 C210、C216 及 5C702 同时复位?

小　结

1）双稳态触发器具有记忆功能，是时序逻辑电路的基础。它有 0 和 1 两个稳定输出状态，在外界信号作用下，可以从一稳定状态转换为另一稳定状态。

双稳态触发器主要有 RS、JK 和 D 触发器。按触发方式不同，分为直接电平触发方式、电平控制触发方式、主从型触发方式和边沿触发方式。要注意掌握触发器的逻辑符号、逻辑功能和触发方式。

2）寄存器和计数器是典型的时序逻辑电路，输出与输入之间具有时序特性，从其输入、输出信号的波形上可清楚地反映出这种时序特性。

寄存器用于寄存信息,可以分为数据寄存器和移位寄存器。输入方式有并行输入和串行输入;输出方式有并行输出和串行输出。

计数器用于计数、分频和定时。计数器分为异步和同步两种。按进位方式又可分为二进制、十进制和其他进制计数器。减法是加法的逆运算,减法计数器与加法计数器之间有内在的联系。

3)555 定时器、DAC 和 ADC 都是将模拟电路与数字电路相结合的器件,这些器件的应用愈来愈广泛。

555 定时器最基本的应用方式,是用它构成双稳态触发器、单稳态触发器和无稳态触发器。施密特触发器是一种特殊的双稳态触发器。

DAC 和 ADC 是模拟电路和数字电路之间的接口,是计算机 I/O 设备的重要组件,了解它们的工作原理和用法是很有意义的。这些器件的共同特点是具有许多控制端,便于程序控制,使用灵活、方便。

4)本章最后列举了数字电路系统应用实例——数字式自动打铃机。其中的器件及各自的功能在教材中基本上都作了介绍。读者可通过这一应用实例,学习复杂电子电路的分析方法。

5)集成器件层出不穷,熟悉外引线排列和逻辑功能表是使用集成器件的重要依据。本章介绍了许多实用的集成器件,其目的是为了帮助读者掌握集成器件的具体使用方法,以便更好地理论联系实际。

习　题

6-1　基本 RS 触发器如图 6-35a 所示,根据图 6-35b 的输入波形画出 Q 和 $\overline{Q}$ 的波形。

6-2　图 6-36a 是由或非门组成的基本 RS 触发器,其输入波形如图 6-36b 所示,列出真值表,画出 Q 的波形。

6-3　逻辑符号如图 6-37a 所示,根据图 6-37b 所给出的输入波形,画出 Q 端波形。设初始状态 Q = 0。

6-4　某触发器的逻辑电路如图 6-38 所示,I 为信号输入端,CP 为时钟脉冲输入端。列出其逻辑功能表,说明其逻辑功能,并画出逻辑符号。

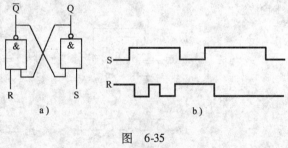

图　6-35

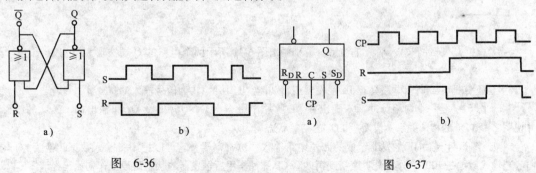

图　6-36　　　　　　　　　　　　　　　图　6-37

6-5　根据给定的逻辑符号和输入波形,分别画出图 6-39 中 a、b 两图的 Q 端波形。设初始状态 Q = 0。

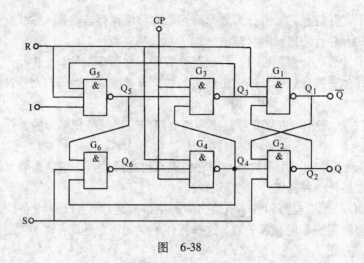

图 6-38

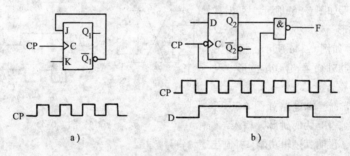

a)

b)

图 6-39

6-6 触发器如图 6-40 所示。设各触发器的初始状态 $Q_1 = Q_2 = 0$，根据给定的输入波形，分别画出 Q_1 和 F 的波形。

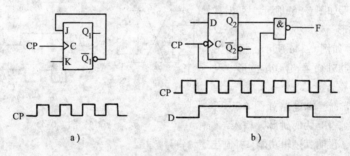

a)

b)

图 6-40

6-7 根据 CP 脉冲和输入端 A 的波形，分别画出图 6-41 所示两个电路的 Q 端波形。设初始状态 $Q_1 = Q_2 = 0$。

6-8 证明图 6-42 所示电路具有 JK 触发器逻辑功能。图中 A、B 为信号输入端。

6-9 图 6-43 是一个两相脉冲源。画出在 CP 脉冲作用下，Q_1、$\overline{Q}_1$、Q_2、$\overline{Q}_2$ 和输出 $\varnothing_1$、$\varnothing_2$ 的波形，并说明 $\varnothing_1$ 和 $\varnothing_2$ 的相位关系。设 Q_1 和 Q_2 的初始状态均为 0。

6-10 图 6-44 是由 JK 触发器组成的四位串行输入移位寄存器，它可以把串行输入数据转换为并行输出。若输入数据是 1001，分别说明第一到第四个 CP 脉冲作用后触发器的状态。设工作初始已经清零。

6-11 电路如图 6-45 所示，设初始状态 $Q_3Q_2Q_1 = 111$。分析前八个 CP 脉冲作用期间，各触发器的状态，并判断该电路的逻辑功能。

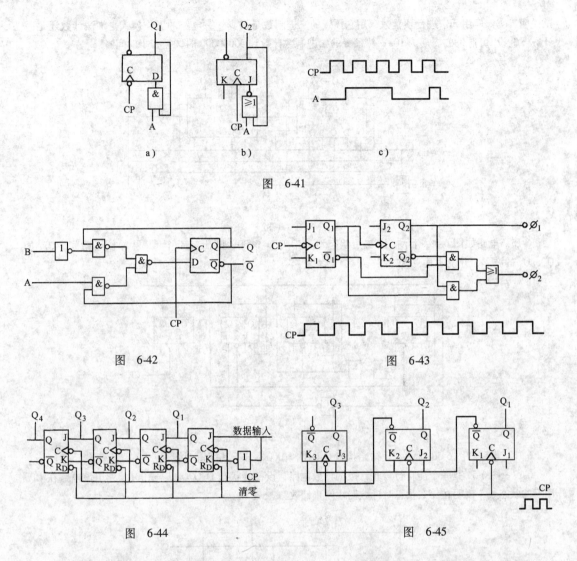

图 6-41

图 6-42   图 6-43

图 6-44   图 6-45

6-12 电路如图6-46所示。设初始状态 $Q_4Q_3Q_2Q_1 = 1111$，画出前十六个 CP 脉冲作用期间，Q_1、Q_2、Q_3、Q_4 的波形，并说明该电路的功能。

6-13 计数电路如图 6-47 所示。设初始状态 $Q_4Q_3Q_2Q_1 = 1010$，列出计数器的状态表，说明它是几进制计数器，是异步还是同步计数器。

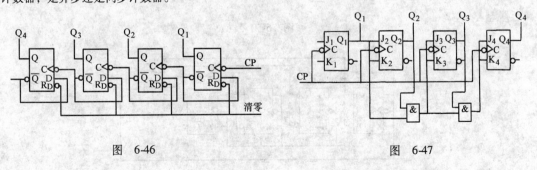

图 6-46   图 6-47

6-14 图6-48是由两块可逆计数器 C219 组成的计数定时电路，SB_1 为预置数按钮，SB_2 为复位按钮。

试说明：①如何用 SB_1 进行预置数，用它预置的二进制数是多少？②电路的工作模式是加法计数还是减法计数？③设 CP 脉冲的周期为 10s，从预置的二进制数计数到 00000000 时，需多少时间？

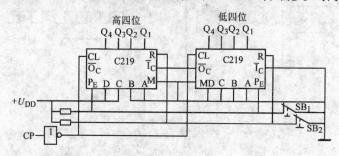

图　6-48

6-15　电路如图 6-49 所示。设初始状态 $Q_4Q_3Q_2Q_1 = 0000$，画出前十个 CP 脉冲作用期间，Q_1、Q_2、Q_3、Q_4 的波形，并说明其逻辑功能。

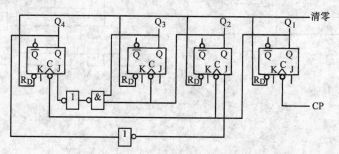

图　6-49

6-16　电路如图 6-50 所示。设初始状态 $Q_3Q_2Q_1 = 000$，分析其逻辑功能。

6-17　图 6-51 是一个能自行停止计数的计数电路，设初始状态 $Q_4Q_3Q_2Q_1 = 1001$，列出该电路在 CP 作用下的状态表，说明在什么状态时计数器才停止计数？

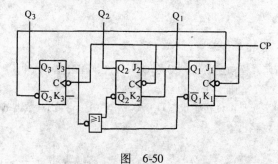

图　6-50

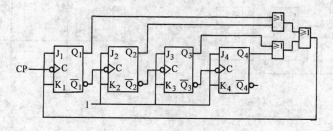

图　6-51

6-18 图 6-52 是一种计数式脉冲顺序分配器，它由计数器和译码器组成。设计数器的初始状态为 000，根据 CP 脉冲画出译码器各输出端 Y_0、Y_1、Y_2、Y_3、Y_4、Y_5、Y_6、Y_7 的波形。

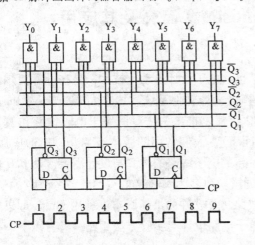

图 6-52

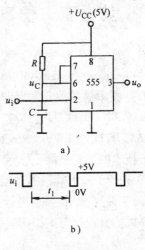

图 6-53

6-19 用两块任意进制加法计数器 C216 组成一个 60 分频器。

6-20 试用集成器件组成两位十进制计数、译码、显示电路，并作简要说明。

6-21 555 定时器的接法如图 6-53a 所示，设图中 $R = 500\text{k}\Omega$，$C = 10\mu\text{F}$。u_i 的波形如图 6-53b 所示（设 t_1 远大于脉冲宽度）。要求：①对应于 u_i 画出 u_C 和 u_o 的波形；②u_o 的下降沿比 u_i 下降沿延迟了多少时间？

6-22 用一块 555 定时器、一块 C422 四位双向移位寄存器、四只发光二极管 $V_1 \sim V_4$（红、橙、黄、绿）及其他元件，组成一个流动彩灯控制电路。灯亮的规律为

$$\rightarrow V_1 V_2 V_3 \rightarrow V_2 V_3 V_4 \rightarrow V_3 V_4 V_1 \rightarrow V_4 V_1 V_2 \rightarrow$$

并要求灯灭的时间为 1.5s。

6-23 一个 10 位 T 形电阻网络的 DAC，参考电压 $U_R = -5\text{V}$。试问当输入数字量为 1111111111 和 1000000000 时，输出模拟电压各为多少？

6-24 图 6-54 是一种转换速度较高的并行式 ADC，它由分压电路、电压比较器和编码器组成。图中的编码器如习题 5-15 中的图 5-71 所示，U_R 为参考电压，u_i 为输入模拟电压。试分析当 u_i 为 5.1V、5.9V 和 6.1V 时，输出的数字量 F_2、F_1、F_0 各为何值？该 ADC 的最大转换误差为多少 V？

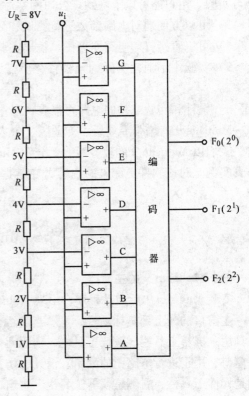

图 6-54

*第七章 仿真软件 Multisim 9 简介及其应用

EDA（Electronic Design Automation）技术，也称电子设计自动化技术，是在计算机辅助设计（CAD）技术的基础上发展起来的电路计算机设计软件系统。加拿大 Interactive Image Technologies 公司（简称 IIT 公司）于 20 世纪 80 年代末推出一个专门用于电子线路仿真和设计的 EDA 工具软件 EWB（Electronics Workbench），人们常用的版本有 4.0d 和 5.0c 版，但随着电子技术的飞速发展，该版本已不能满足新的电子线路的仿真与设计需要。从 6.0 版开始，EWB 进行了较大规模的改动，仿真设计的模块改名为 Multisim。

Multisim 9 是美国 NI 公司最近推出的电子线路仿真软件的最新版本。利用 Multisim 9 可以实现计算机仿真设计与虚拟实验，与传统的电子电路设计与实验方法相比，具有以下一些特点：

1）设计与实验可以同步进行，可以边设计边实验，修改调试方便。

2）Multisim 9 提供了齐全的仿真用的元器件和仪器仪表，可以完成各种类型的电路设计与实验。用户还可以上网到该公司网站对仿真元器件库进行升级。

3）可以方便地对电路参数进行测试和分析。

4）可以直接打印电路原理图、输出实验数据和测试结果。

5）实验中不消耗实际的元器件，所需元器件的数量不受限制，实验成本低、速度快、效率高。

6）设计和实验成功的电路可以在产品中使用。

Multisim 9 有增强专业版、专业版、个人版、学生版、教育版和演示版等多个版本。这里，我们以 Multisim 9 的教育版为例介绍 Multisim 9 的基本知识、基本操作方法和几个具体仿真实例。对该软件更深入的内容可在掌握该软件的基本使用方法后查阅相关书籍自学完成。

第一节 Multisim 9 的窗口

一、Multisim 9 的主窗口

安装 Multisim 9 后启动程序，出现 Multisim 9 的主窗口，如图 7-1 所示。

主窗口的最上部是标题栏，显示当前运行的软件名称。第二行是菜单栏，再向下是系统工具栏、屏幕工具栏、设计工具栏、使用元件列表和仿真开关。主窗口中部最大的区域是电路窗口，用于进行电路图的编辑、设计、仿真分析、数据测量和波形显示等操作。窗口的左侧是元件工具栏，右侧是仪器工具栏。主窗口最下方是状态栏，显示当前电路的状态、仿真进行的时间等。

二、Multisim 9 的菜单栏

Multisim 9 的界面和所有 Windows 应用程序一样，可以在菜单中找到各个功能的命令。菜单栏由文件（File）、编辑（Edit）、视图（View）、放置（Place）、仿真（Simulate）、文

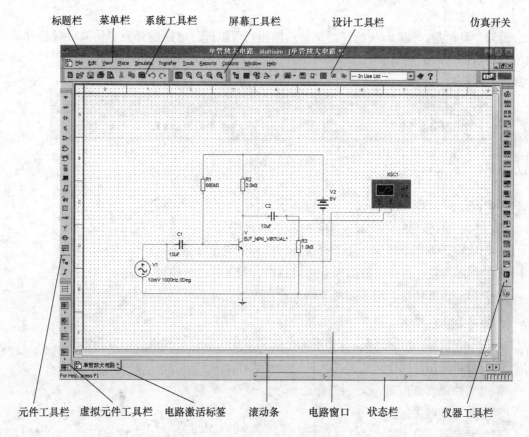

图 7-1　Multisim 9 的主窗口

件输出（Transfer）、工具（Tools）、报告（Reports）、选项（Options）、窗口（Window）和帮助（Help）菜单构成。

三、Multisim 9 的操作工具栏

Multisim 9 设置了方便用户操作的工具栏：系统工具栏、屏幕工具栏和设计工具栏等。

1. 系统工具栏

Multisim 9 的系统工具栏如图 7-2 所示。各个按钮的操作与其他 Windows 软件相同，从左到右分别为创建新文件、打开文件、保存文件、打印、打印预览、剪切、复制、粘贴、撤销上一步、不撤销。

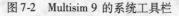

图 7-2　Multisim 9 的系统工具栏

图 7-3　Multisim 9 的屏幕工具栏

2. 屏幕工具栏

Multisim 9 的屏幕工具栏如图 7-3 所示。通过屏幕工具栏可方便地调整所编辑电路的视图大小，各个按钮的含义依次为：全屏、放大、缩小、调整到选定区域大小和调整到适合页面大小。

3. 设计工具栏

设计工具栏是 Multisim 9 的核心部分，使用它可以进行电路的建立、仿真、分析并最终输出设计数据等。虽然菜单中各个命令也可以执行这些设计功能，但使用工具栏进行电路设计会更方便快捷。Multisim 9 的设计工具栏如图 7-4 所示。

图 7-4　Multisim 9 的设计工具栏

各个按钮的含义如下：

层次项目按钮：用于显示或隐藏层次项目栏。

层次电子数据表按钮：用于开关当前电路的电子数据表。

数据库按钮：可开启数据库管理对话框，对元件进行编辑。

元件编辑器按钮：用于调整、增加或创建新元件。

仿真按钮：用于开始、结束电路仿真。

图形编辑器/分析按钮：在出现的下拉菜单中可选择将要进行的分析方法。

后分析按钮：用于对仿真结果的进一步操作。

电气性能测试按钮。

显示印刷版按钮。

打开 Ultiboard Log File。

打开 Ultiboard 7 PCB。

--- In Use List --- 列出了当前电路中所使用的全部元件列表，以供检查和重复使用。如果电路中还要添加与列表中相同的元件，可直接从"In Use List"中选取。

教育网站按钮。使用该按钮用户通过因特网进入 EDApart. com 网站。

帮助按钮。Multisim 9 的帮助（Help）系统不仅包括软件本身的操作指南，更重要的是包含有元器件的功能操作，用户可以通过输入帮助主题查找信息。

四、仿真开关

仿真开关，有"停止/运行"和"暂停"两个按钮，没有运行仿真时，"暂停"按钮为灰色，即不可用。单击按钮，用来控制仿真的进程。仿真也可通过菜单栏中的 Simulate/Run 和 Simulate/Pause 命令以及设计工具栏中的仿真按钮 来控制。

五、Multisim 9 的元件工具栏

Multisim 9 的元件工具栏如图 7-5 所示。

图 7-5　Multisim 9 的元件工具栏

Multisim 9 的元件工具栏默认值是可见的，如果不可见，请选择菜单栏中的 View／Tool-bars／Components 命令或选择设计工具栏中的 ⚏ 按钮，单击右键从出现的下拉菜单中选取 Components。元件工具栏通常放置在窗口的左边。用户也可以任意移动这一工具栏，图 7-5 所示为元件工具栏的横向放置。

各个按钮代表的含义如下：

✛	电源库	⊞	其他数字器件库
⩗	基本元件库	⊕	混合器件库
⫪	二极管库	▣	指示器件库
⅄	晶体管库	MISC	其他器件库
⫯	模拟元件库	⅄	射频器件库
⊠	TTL 元件库	⊕	机电类器件库
⊞	CMOS 元件库	⊟	放置梯形图
☷	微处理器库	⬚	设置层次栏
▦	外围设备库	♫	放置总线

Multisim 9 的元件库中提供了两种类型的元件，即实际元件和虚拟元件，实际元件是与实际元件的型号、参数值以及封装都相对应的元件，其参数值用户不能更改；而虚拟元件是不与实际元件相对应的元件，其参数值可以任意设置，只能用于电路仿真。

Multisim 9 还专门提供了一个虚拟元件工具栏，如图 7-6 所示。

图 7-6　虚拟元件工具栏

各个按钮代表的含义如下：

⧈	显示电源元件按钮	▷	显示模拟元件栏
◉	显示信号源元件按钮	M	显示混合元件栏
▨	显示基本元件按钮	▣	显示测量元件栏
⊞	显示二极管按钮	⬚	显示虚拟定值元件栏
⊞	显示晶体管按钮	3D	显示 3D 元件栏

元件工具栏的内容将在第二节作详细介绍。

六、Multisim 9 的仪器工具栏

Multisim 9 的仪器工具栏如图 7-7 所示。仪器工具栏是进行虚拟电子实验和电子设计仿真最快捷而又最形象的特殊窗口，也是 Multisim 最具特色的地方。

图 7-7　Multisim 9 的仪器工具栏

各个按钮代表的仪器仪表如下所示：

- 万用表
- 函数发生器
- 功率表
- 双通道示波器
- 四通道示波器
- 频率特性仪
- 频率计数器
- 字信号发生器
- 逻辑分析仪
- 逻辑转换仪
- IV 特性分析仪
- 失真分析仪
- 频谱分析仪
- 网络分析仪
- 安捷伦信号发生器
- 安捷伦万用表
- 安捷伦示波器
- Tektronix 示波器
- LabVIEW 虚拟仪器按钮
- 测量探针

仪器工具栏中的某些仪器仪表将在第三节作详细介绍。

第二节　Multisim 9 的元件工具栏

Multisim 9 教育版的 Multisim Datebase 中含有 15 个元件库（Component），每个元件库中又含有数量不等的元件分类库（又称元件箱）（Family），各种电路元器件分门别类地放在这些元件分类库中供用户调用。

为了使读者正确使用元件库，下面对这 15 个元件库中的元件分类列出，并对在电工电子技术仿真中经常用到元件的使用方法和注意点进行介绍，其他不常用的元件，用户可通过 Multisim 9 的帮助（Help）系统获得。

1. 电源库（Sources）

电源库有各种类型的电源器件，有为电路提供电能的电源，也有作为输入信号的信号源以及产生电信号转变的控制电源，还有一个接地端和一个数字接地端。Multisim 电源库中的元件全部为虚拟元件，因而用户不能使用 Multisim 中的元件编辑工具对其进行修改或重新创建，只能通过自身的属性对话框对其参数直接进行设置。电源库中的电源系列如图 7-8 所示。

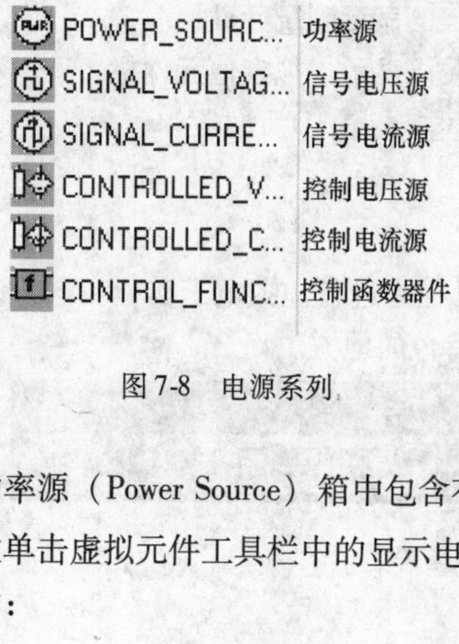
POWER_SOURC... 功率源
SIGNAL_VOLTAG... 信号电压源
SIGNAL_CURRE... 信号电流源
CONTROLLED_V... 控制电压源
CONTROLLED_C... 控制电流源
CONTROL_FUNC... 控制函数器件

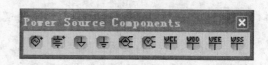

图 7-8　电源系列

Power Source Components
VCC
VDD
VEE
VSS

图 7-9　功率源中的元件

功率源（Power Source）箱中包含有电路仿真中常用的电源元件。该元件箱中的元件还可通过单击虚拟元件工具栏中的显示电源元件按钮打开，如图 7-9 所示。各按钮代表的元件为：

交流电压源	三相Ｙ形联结的电源
直流电压源	V_{CC}电压源
数字接地端	V_{DD}电压源
接地端	V_{EE}电压源
三相△形联结的电源	V_{SS}电压源

使用时要注意：

1）电路中的公共参考点（0V电位）一般用接地端⏚，Multisim电路图上可以同时调用多个接地端。而数字接地端⏚一般仅用于某些数字电路的"Real"⊖仿真设计中，例如在含有CMOS器件的电路中，必须有一个适当的V_{DD}电压源和一个数字接地端。

2）V_{CC}电压源是直流电压源的简化符号，常用于为数字元件提供电能或逻辑高电平，双击可对其数值进行设置，正值和负值均可。V_{DD}电压源与V_{CC}基本相同，当为CMOS器件提供直流电源进行"Real"仿真时，只能用V_{DD}。

信号电压源（Signal Voltage Source）箱和信号电流源（Signal Current Source）箱中包含各种类型的电压源和电流源。单击虚拟元件工具栏中的显示信号源元件（Signal Source Components）按钮 ◈ ▾ 也可打开箱中的元件，如图7-10所示。

图7-10　信号源中的元件

其中：

1）正弦交流电压源◈，电压显示的数值为正弦电压的有效值（方均根值），Deg为正弦电压的初相位。例如有一正弦电压 $u = 12\sqrt{2}\sin\ (2\pi \times 50t + 60°)$ V，则参数应设置为：$12V/50Hz/60Deg$。该交流电压源和功率源（Power Source）箱中的交流电压源一样，只是两者的默认值不同而已。

2）时钟电压源◈，实质上是一个幅度、频率和占空比均可调节的方波发生器，常作为数字电路的时钟触发信号，其参数值在其属性对话框中设置。

2. ⌁基本元件库（Basic）

基本元件库如图7-11所示。基本元件库中包括实际元件（Generic Component）库20个，虚拟元件（Virtual Component）库3个，虚拟元件库的背景为墨绿色。实际元件是根据实际存在的元件参数精心设计的，与实际存在的元件基本对应，模型精度高，仿真结果准确可靠，而且实际元件都有元件封装标准，可将仿真后的原理图直接转换成PCB文件。虚拟元件是指元件的大部分参数是该类（或该种）元件的典型值，用户可根据需要改变部分模型的参数，只用于仿真，虚拟元件后都有_ Virtual后缀。用户在选取元件时应该尽量选取实

⊖　数字电路的仿真有"Ideal"和"Real"两种设置，"Ideal"仿真能够快速地得到仿真结果，而"Real"仿真与现实更接近，但需要为数字电路添加数字电源和数字接地端。

际元件，但在选取不到某些参数或要进行温度或参数扫描等分析时，就要选用虚拟元件。由于虚拟元件的参数值可以由用户设置，这样就给设计分析带来很大的方便，但是虚拟元件不能转化成 PCB 文件。

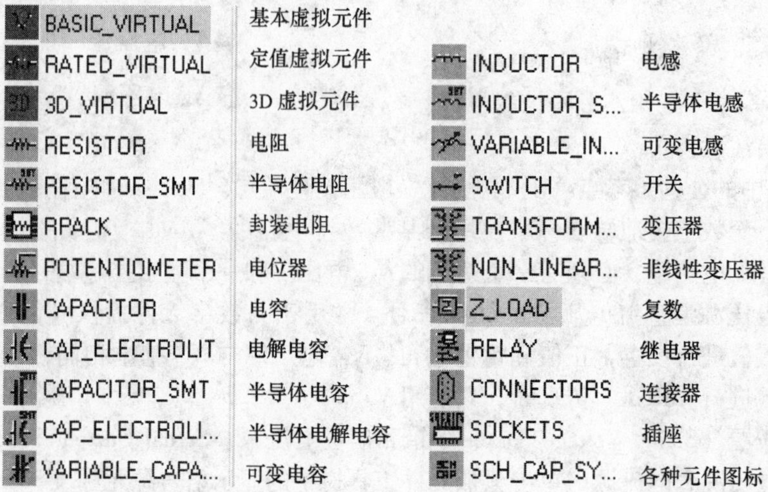

BASIC_VIRTUAL	基本虚拟元件		
RATED_VIRTUAL	定值虚拟元件	INDUCTOR	电感
3D_VIRTUAL	3D 虚拟元件	INDUCTOR_S...	半导体电感
RESISTOR	电阻	VARIABLE_IN...	可变电感
RESISTOR_SMT	半导体电阻	SWITCH	开关
RPACK	封装电阻	TRANSFORM...	变压器
POTENTIOMETER	电位器	NON_LINEAR...	非线性变压器
CAPACITOR	电容	Z_LOAD	复数
CAP_ELECTROLIT	电解电容	RELAY	继电器
CAPACITOR_SMT	半导体电容	CONNECTORS	连接器
CAP_ELECTROLI...	半导体电解电容	SOCKETS	插座
VARIABLE_CAPA...	可变电容	SCH_CAP_SY...	各种元件图标

图 7-11　基本元件库

对常用元件在使用中的说明如下：

1）基本元件库中的电阻箱、电感箱和电容箱中的元件是电路中最常用的元件，它们都是实际元件，因而参数值不能改动。对于元件的操作将在第四节做具体的介绍。

2）可变电阻、可变电容和可变电感的使用方法类似。以可变电阻为例，元件符号旁所显示的数值为 100K _ LIN 指两个固定端子之间的阻值 100kΩ，而百分比 50%，则表示滑动点下方电阻占总阻值的百分比。电位器滑动点的移动可由用户通过其属性对话框的 Key 栏设置键盘上的某个字母进行，小写字母表示减少百分比，大写字母表示增加百分比。

3）开关箱中有常用的单刀双掷开关（SPDT）和单刀单掷开关（SPST）等开关，其通断状态可由键盘上的字母来控制。

3. 二极管库（Diode）

二极管库如图 7-12 所示，它包含 10 个元件箱，其中有一个虚拟元件箱。

DIODES_VIRTUAL	虚拟二极管	SCHOTTKY_DIODE	肖特基二极管
DIODE	普通二极管	SCR	晶闸管整流器
ZENER	稳压二极管	DIAC	双向晶闸管
LED	发光二极管	TRIAC	三端双向晶闸管
FWB	整流桥	VARACTOR	变容二极管

图 7-12　二极管库

4. 晶体管库（Transistors）

晶体管库如图 7-13 所示，它包含 18 个元件箱，其中有一个虚拟元件箱。

5. 模拟元件库（Analog）

模拟元件库如图 7-14 所示，它包含 6 个元件箱，其中有一个虚拟元件箱。

6. ⊞ TTL 元件库（TTL）

TTL 元件库如图 7-15 所示，它包含 6 个元件箱，含有 74 系列的 TTL 数字集成逻辑器件箱。使用时须注意以下几点：

1）有些元件是复合型结构，如 7400N。在同一个封装里存在 4 个相互独立的两端输入与非门：A、B、C 和 D，使用时可任选一个。

2）同一个器件如有多种封装形式时，当仅用于仿真分析时可任意选取；当要把仿真结果传送给 Ultiboard 等软件进行印制电路板设计时，一定要区分选用。

3）在含有 TTL 数字器件的电路进行"Real"仿真时，电路窗口中要有数字电源符号和相应的数字接地端，通常 $V_{CC} = 5V$。

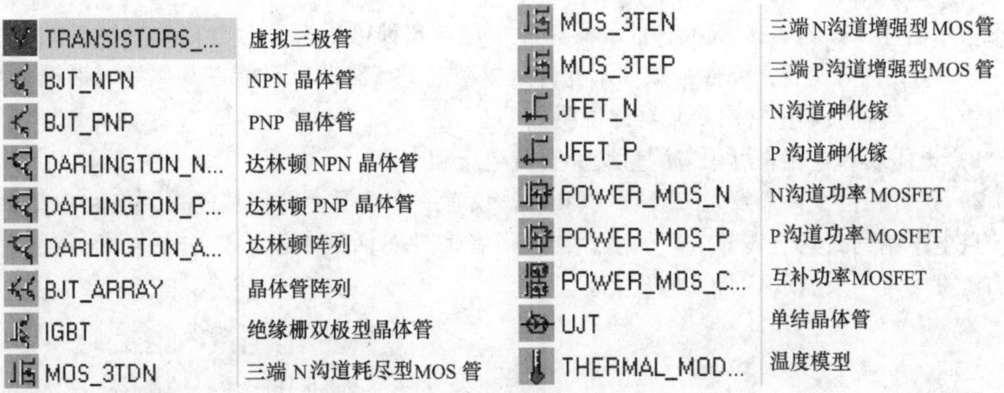

TRANSISTORS_...	虚拟三极管	MOS_3TEN	三端 N 沟道增强型 MOS 管
BJT_NPN	NPN 晶体管	MOS_3TEP	三端 P 沟道增强型 MOS 管
BJT_PNP	PNP 晶体管	JFET_N	N 沟道砷化镓
DARLINGTON_N...	达林顿 NPN 晶体管	JFET_P	P 沟道砷化镓
DARLINGTON_P...	达林顿 PNP 晶体管	POWER_MOS_N	N 沟道功率 MOSFET
DARLINGTON_A...	达林顿阵列	POWER_MOS_P	P 沟道功率 MOSFET
BJT_ARRAY	晶体管阵列	POWER_MOS_C...	互补功率 MOSFET
IGBT	绝缘栅双极型晶体管	UJT	单结晶体管
MOS_3TDN	三端 N 沟道耗尽型 MOS 管	THERMAL_MOD...	温度模型

图 7-13　晶体管库

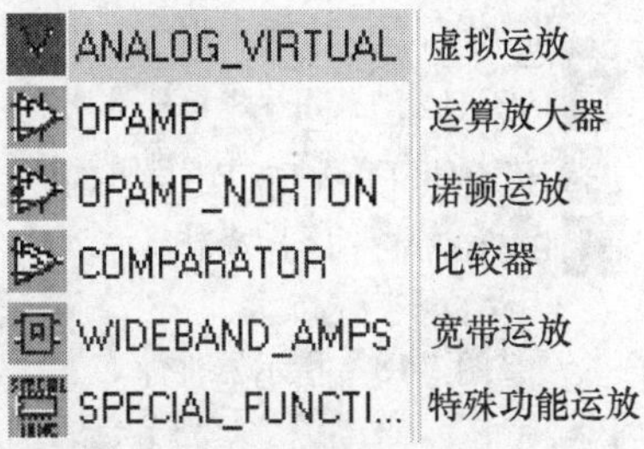

ANALOG_VIRTUAL	虚拟运放	74STD	标准型系列
OPAMP	运算放大器	74S	肖特基系列
OPAMP_NORTON	诺顿运放	74LS	低功耗肖特基系列
COMPARATOR	比较器	74F	高速系列
WIDEBAND_AMPS	宽带运放	74ALS	先进低功耗肖特基系列
SPECIAL_FUNCTI...	特殊功能运放	74AS	先进肖特基系列

图 7-14　模拟元件库 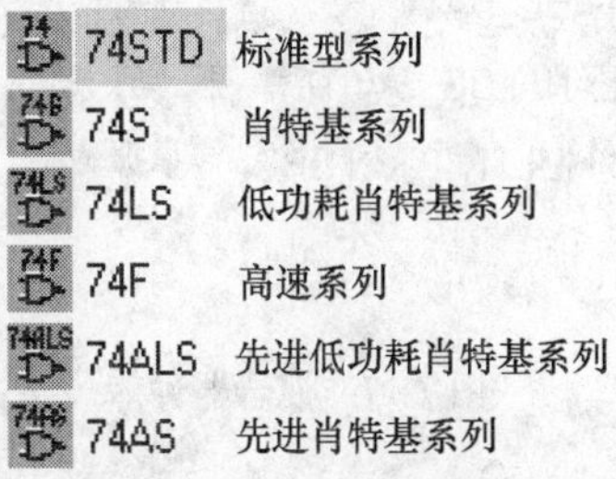　　　　　　　　图 7-15　TTL 元件库

7. ⊞ CMOS 元件库（CMOS）

CMOS 元件库如图 7-16 所示，它包含 11 个元件箱。CMOS 元件库中含有 74 系列和 4XXX 系列的 CMOS 数字集成逻辑器件箱。使用时须注意以下几点：

1）在含有 CMOS 数字器件的电路进行"Real"仿真时，电路窗口中要放置数字电源符号 V_{DD} 和相应的数字接地端，V_{DD} 数值大小根据所选 CMOS 元件的要求来设置。

2）当某种 CMOS 元件是复合封装或同一模型有多个型号时，处理方法与上述 TTL 元件相同。

8. ⊞ 混合器件库（Mixed）

混合器件库如图 7-17 所示。

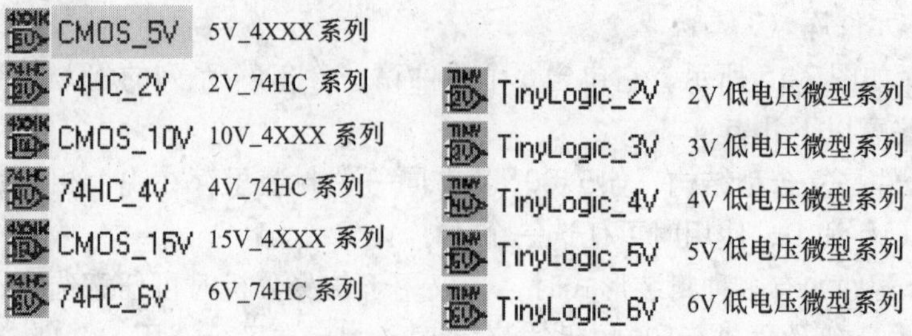

CMOS_5V   5V_4XXX 系列

74HC_2V   2V_74HC 系列   TinyLogic_2V   2V 低电压微型系列

CMOS_10V   10V_4XXX 系列   TinyLogic_3V   3V 低电压微型系列

74HC_4V   4V_74HC 系列   TinyLogic_4V   4V 低电压微型系列

CMOS_15V   15V_4XXX 系列   TinyLogic_5V   5V 低电压微型系列

74HC_6V   6V_74HC 系列   TinyLogic_6V   6V 低电压微型系列

图 7-16　CMOS 元件库

9. 　指示器件库（Indicators）

指示器件库如图 7-18 所示。指示器件库中包含 8 种可用来显示电路仿真结果的显示器件，Multisim 称为交互式元件，软件不允许从模型上进行修改，只能在其属性对话框中对某些参数进行设置。其中常用的元器件说明如下：

1）电压表和电流表可用来测量交、直流电压和电流。

2）探针相当于一个发光二极管（LED），仅有一个端子，可将其连接到电路中某个点。当该点电平达到高电平（即"1"，其门限值可在属性对话框中设置）时便发光。在数字电路的仿真中常用来显示某点的电平状态。

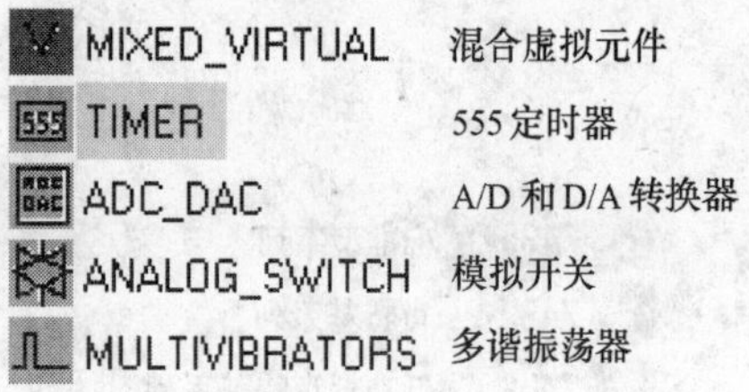

MIXED_VIRTUAL   混合虚拟元件   VOLTMETER   电压表

TIMER   555 定时器   AMMETER   电流表

ADC_DAC   A/D 和 D/A 转换器   PROBE   探针

ANALOG_SWITCH   模拟开关   BUZZER   蜂鸣器

MULTIVIBRATORS   多谐振荡器   LAMP   灯泡

     VIRTUAL_LAMP   虚拟灯泡

     HEX_DISPLAY   十六进制显示器

     BARGRAPH   条柱显示

图 7-17　混合器件库 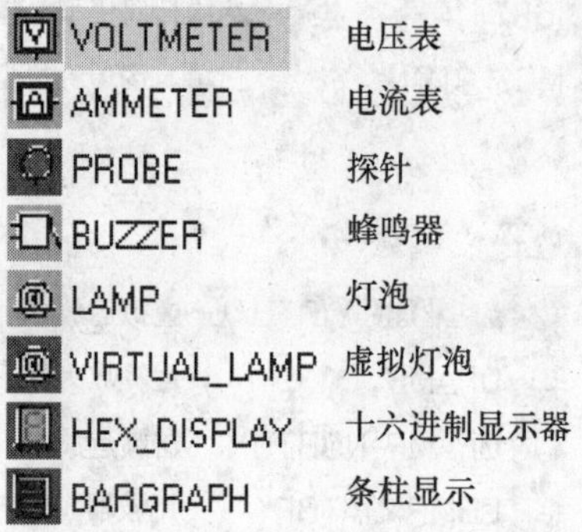   图 7-18　指示器件库

3）蜂鸣器是用计算机自带的扬声器模拟理想的压电蜂鸣器。当加在其端口的电压超过设定值时，压电蜂鸣器就按设定的频率鸣响。其参数值可通过属性对话框设置。

4）灯泡的工作电压和功率不可设置，当灯泡烧毁后不能恢复。而虚拟灯泡的工作电压和功率可以由用户设置，烧毁后，若供电电压正常，它会自动恢复。

5）十六进制显示器中有带译码的七段数码显示器和不带译码的七段数码显示器。

10. 　其他器件库（Miscellaneous）

其他器件库如图 7-19 所示。

11. 　其他数字器件库（Miscellaneous Digital）

其他数字器件库如图 7-20 所示。

前面讲的 TTL 元件库和 CMOS 元件库中的元器件都是按照型号存放的，这给数字电路初学者带来不便，如果按功能存放，调用起来就会方便得多。其他数字器件库（Misc Digit-

MISC_VIRTUAL	虚拟其他器件		LOSSY_TRANSM...	有损耗传输线
TRANSDUCERS	传感器		LOSSLESS_LINE...	无损耗传输线类型1
OPTOCOUPLER	光耦合器		LOSSLESS_LINE...	无损耗传输线类型2
CRYSTAL	晶体		FILTERS	滤波器
VACUUM_TUBE	真空管		MOSFET_DRIVER	MOSFET 驱动器
FUSE	熔丝		POWER_SUPPLY...	电源控制器
VOLTAGE_REGU...	稳压器		MISCPOWER	多功能电源
VOLTAGE_REFE...	电压基准器		PWM_CONTROL...	PWM 控制器
BUCK_CONVERT...	开关电源降压转换器		NET	网络
BOOST_CONVER...	开关电源升压转换器		MISC	多功能元件
BUCK_BOOST_C...	开关电源升降压转换器			

图 7-19　其他器件库

al）中的 TTL 元件箱就是把常用的数字元件按照其功能存放的，其中数字逻辑器件有：与门、或门、非门、或非门、与非门、异或非门、缓冲寄存器、三态缓冲寄存器和施密特触发器等。它们都是虚拟元件，不能转换成 PCB 版图文件。

TIL	数字逻辑器件		MICROCONTROL...	微控制器
DSP	DSP 系列		MICROPROCESS...	微处理器
FPGA	FPGA 系列		VHDL	VHDL 系列
PLD	PLD 系列		MEMORY	存储器
CPLD	CPLD 系列		LINE_TRANSCEI...	线性收发器

图 7-20　其他数字器件库

12.　机电类器件库（Electro mechanical）

机电类器件库如图 7-21 所示。

13.　射频器件库（RF）

射频器件库如图 7-22 所示。

SENSING_SWITC...	感测开关		RF_CAPACITOR	射频电容器
MOMENTARY_S...	瞬态开关		RF_INDUCTOR	射频电感器
SUPPLEMENTAR...	接触器		RF_BJT_NPN	射频 NPN 管
TIMED_CONTACTS	计时接触器		RF_BJT_PNP	射频 PNP 管
COILS_RELAYS	线圈与继电器		RF_MOS_3TDN	射频 MOSFET
LINE_TRANSFOR...	线性变压器		TUNNEL_DIODE	隧道二极管
PROTECTION_D...	保护装置		STRIP_LINE	传输线
OUTPUT_DEVICES	输出设备		FERRITE_BEADS	铁氧体磁珠

图 7-21　机电类器件库　　　　　　　图 7-22　射频器件库

14.　外围设备库（Advanced Peripherals）

218

外围设备库如图 7-23 所示。

15.  微处理器库（MultiMCU）

微处理器库如图 7-24 所示。

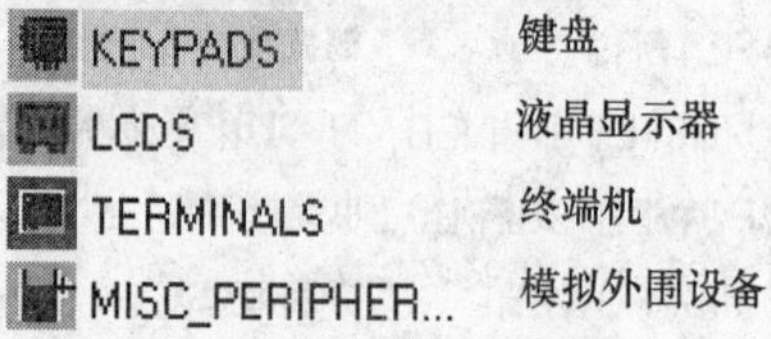

KEYPADS　　　　　键盘

LCDS　　　　　　液晶显示器

TERMINALS　　　　终端机

MISC_PERIPHER...　模拟外围设备

805x　　805X 系列单片机

PIC　　　PIC 单片机

RAM　　　RAM

ROM　　　ROM

图 7-23　外围设备库

图 7-24　微处理器库

用户对于常用的元器件在哪个元器件库要比较清楚，这样调用起来比较方便快捷。所有的元器件均可从上述元器件库中调取，如果使用虚拟元件还可从虚拟元件工具栏中直接调取。

第三节　Multisim 9 中仪器仪表的使用

Multisim 给用户提供了仿真用的多种仪器仪表，可以完成电路中电压、电流、电阻和功率等物理量的测量以及电路波形的观察，使用方便快捷、测量数值准确。这些仪器仪表大多在仪器工具栏中，只有电压表和电流表在元件工具栏的指示器件库 中，因而电压表和电流表的选取和元件的选取（将在本章第四节介绍）一样。而要使用仪器工具栏中的仪器仪表，只需用鼠标左键单击仪器仪表栏中该仪表的图标，将其拖到工作区即可。下面对在电子电路仿真中常用的仪器仪表作简要介绍。

1. 电压表（Voltmeter）

电压表的符号如图 7-25a 所示。可以用来测量电路的交流或直流电压，使用时与被测电

a)

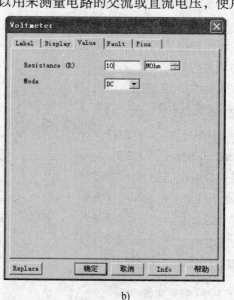

b)

图 7-25　电压表
a）符号　b）属性对话框

路并联。其连线端子根据需要可以通过单击鼠标右键选择快捷菜单中的 90 Clockwise 和 90 CounterCW 改变为左右放置或上下放置。双击电压表，出现如图 7-25b 所示电压表的属性对话框。

单击属性对话框的 Value 栏，可以设置电压表的内阻（Resistance）和测量电压的模式（Mode）。电压表的内阻默认值是 10MΩ，这样大的内阻一般对被测电路的影响很小。电压表的内阻一般应设置大一些。测量电压的模式根据测量电压的类型选择"DC"（直流）或"AC"（交流），当测量直流电压时，电压表的两个接线端有正负之分，使用时应按电路的正负极性对应连接，否则读数将为负值；当测量交流电压时，显示的数值为电压的有效值。

对话框的 Label 栏用来设置电压表在图中的参考编号和标号。Display（显示）、Fault（故障）和 Pins（管脚）的设置一般采用默认值即可。

2. 🔲电流表（Ammeter）

电流表的符号如图 7-26a 所示。可以用来测量电路的交流或直流电流，使用时与被测电路串联。其连线端子根据需要可以通过单击鼠标右键选择快捷菜单中的 90 Clockwise 和 90 CounterCW 改变为左右放置或上下放置。双击电流表，出现如图 7-26b 所示电流表的属性对话框。

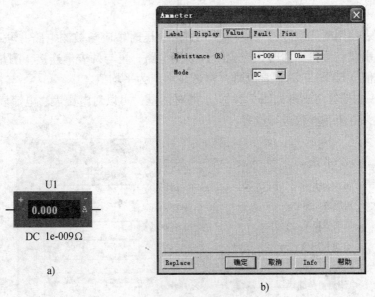

图 7-26　电流表
a）符号　b）属性对话框

单击属性对话框的 Value 栏，可以设置电流表的内阻（Resistance）和测量电流的模式（Mode）。电流表的内阻默认值是 $1 \times 10^{-9}\Omega$，这样小的内阻一般对被测电路的影响很小。电流表的内阻一般应设置小一些。测量电流的模式根据测量电流的类型选择"DC"（直流）或"AC"（交流），当测量直流电流时，电流表的两个接线端有正负之分，使用时应按电路的正负极性对应连接，否则读数将为负值；当测量交流电流时，显示的数值为电流的有效值。对话框中其他栏的设置一般采用默认值即可。

3. ▣数字万用表（Multimeter）

单击鼠标左键从仪器仪表栏中将数字万用表拖到工作区，看到的数字万用表图标如图 7-27a 所示。双击该图标就显现出它的面板，如图 7-27b 所示。万用表的图标用来接线，面板用来设置参数和读取数据。数字万用表使用时能自动调整量程，可以用来测量交、直流电压、交、直流电流和电阻，使用时根据测量的信号选择相应的按钮即可。

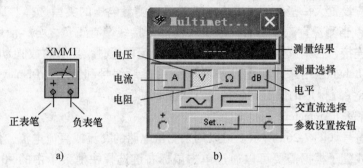

图 7-27　数字万用表
a）图标　b）面板

数字万用表使用时和实际万用表一样，测量电压时，应与被测电路并联；测量电流时，应与被测电路串联；测量电阻时，应先断开被测电路，再与两表笔连接。测量交流时，测量显示值为有效值（RMS）；测量直流时，测量显示值为平均值。

单击 Set... 按钮将出现如图 7-28 所示的对话框，可以对电压表、电流表的表头内阻以及欧姆表的表头电流等参数进行设置。

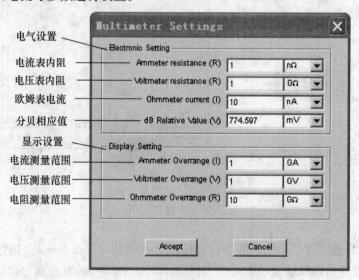

图 7-28　数字万用表的参数设置

4. ▦函数发生器（Function Generator）

单击鼠标左键从仪器仪表栏中将函数发生器拖到工作区，出现函数发生器的图标如图

7-29a 所示。双击该图标就出现它的面板，如图 7-29b 所示。函数发生器可以提供正弦波、三角波和方波三种输出波形，只需点击相应的波形按钮即可。信号的频率、占空比、幅度以及直流偏置电压量均可通过面板上相应的选项设置。

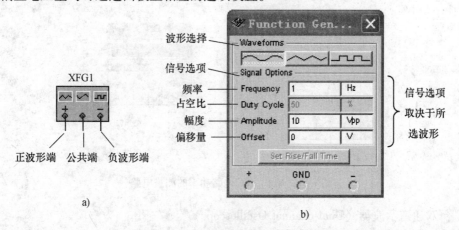

图 7-29　函数发生器

a）图标　b）面板

该仪表与待测设备连接时须注意以下几点：

1）连接 + 和 Common 端子，输出信号为正极性信号，其峰-峰值等于 2 倍幅值。

2）连接 − 和 Common 端子，输出信号为负极性信号，其峰-峰值等于 2 倍幅值。

3）连接 + 和 − 端子，输出信号的峰-峰值等于 4 倍幅值。

4）同时连接 +、Common 和 − 端子，且把 Common 端子与公共地（Ground）符号相连，则输出两个幅度相等、极性相反的信号。

5. 功率表（Wattmeter）

功率表是 Multisim 新增加的仪表，可用来测量电路的交、直流功率和电路的功率因数。由于功率的单位为瓦特，故功率表又称为瓦特表。它的图标和面板如图 7-30 所示。

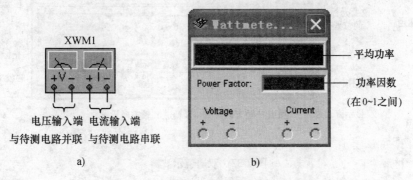

图 7-30　功率表

a）图标　b）面板

图 7-31 为串联 RLC 电路的功率测量电路，由图中功率表的读数可知，电路的平均功率

为 1.794W，功率因数为 0.353。

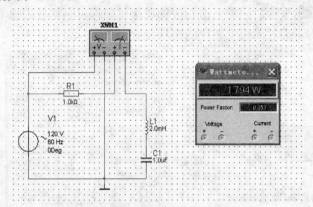

图 7-31　串联 RLC 电路功率的测量电路

6. ▨▨双通道示波器（Dual-channel Oscilloscope）

示波器是电子电路实验中使用最频繁的仪器之一，它可以用来直观地观测波形，测量电信号的频率和幅度。Multisim 9 提供了双通道示波器（Dual-channel Oscilloscope）和四通道示波器（Four-channel Oscilloscope），两者的使用方法基本类似。下面重点介绍双通道示波器。双通道示波器的图标和面板如图 7-32 所示。

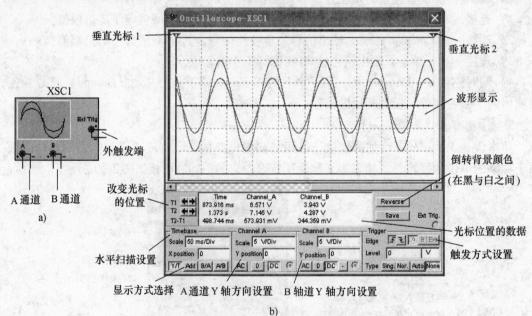

图 7-32　双通道示波器

a）图标　b）面板

双通道示波器的图标如图 7-32a 所示，它共有 6 个端子，分别为 A 通道的正负接线端、B 通道的正负接线端和外触发的正负接线端。若要测某点的信号波形，只须将 A 通道或 B 通道的正接线端与待测点相连即可；若要测器件两端的信号波形，则须将 A 通道或 B 通道的正负接线端与器件两端相连即可。当电路中已有接地符号时，外触发端可不接。

双通道示波器的面板如图 7-32b 所示，面板的布置按其功能的不同可分为 6 个区：波形显示、时基（Timebase）设置、A 通道（Channel A）设置、B 通道（Channel B）设置、测试数据显示和触发方式（Trigger）设置。面板的操作如下：

（1）Timebase 区　用来设置 X 轴方向时间基线与扫描时间。

Scale：表示 X 轴方向每一个刻度代表的时间。单击该栏后将出现上下翻转列表，可根据所测信号频率的高低选择适当的值。

X position：设置 X 轴方向时间基线的起始位置。当该值为零时，信号将从屏幕的左边缘起开始显示，大于零则使时间基线右移，小于零则左移。

Y/T：表示 Y 轴方向显示 A、B 通道的输入信号，X 轴方向显示时间基线，并按设置时间进行扫描。

B/A：表示将 A 通道信号作为 X 轴扫描信号，将 B 通道信号施加在 Y 轴上。

A/B：表示将 B 通道信号作为 X 轴扫描信号，将 A 通道信号施加在 Y 轴上。

以上两种方式可用于观察李沙育图形。

Add：表示 X 轴按设置时间扫描，而 Y 轴方向显示 A、B 通道输入信号的和。

（2）Channel A 区　用来设置 Y 轴 A 通道输入信号的标度。

Scale：表示 Y 轴方向对 A 通道输入信号而言每格所表示的电压数值。单击该栏后将出现上下翻转列表，可根据所测信号的大小选择适当的值。

Y position：表示时间基线在显示屏幕中的上下位置。当其值大于零时，时间基线在屏幕中线上方，反之在下方。

AC：表示屏幕仅显示输入信号中的交变分量（相当于信号通过了一个隔直流电容）。

0：表示将输入信号对地短接。

DC：表示屏幕将输入信号的交直流分量全部显示。

（3）Channel B 区　用来设置 Y 轴 B 通道输入信号的标度。其设置与 Channel A 区相同。

（4）Trigger 区　用来设置示波器的触发方式。

Edge：表示将输入信号的上升沿或下跳沿作为触发信号。

A 或 B：表示用 A 通道或 B 通道的输入信号作为同步 X 轴时基扫描的触发信号。

Ext：用示波器图标上外触发端子连接的信号作为同步 X 轴时基扫描的触发信号。

Level：设置选择触发电平的大小。

Sing：选择单脉冲触发。

Nor：选择一般脉冲触发。

Auto：表示触发信号不依赖外部信号。一般情况下使用 Auto 方式。

（5）波形显示区　用来显示被测试的波形。

波形显示区的背景有黑白两种颜色，可通过单击面板右下方的 Reverse 按钮来转换。

为了更清楚地观察波形，可以将连接到通道 A 和通道 B 的导线设置为不同颜色，这样两个波形将用设定的颜色来显示。在动态显示时，单击仿真的暂停按钮或按 F6 键，可使波形"冻结"。

在屏幕上有两条可以左右移动的光标，光标上方有三角形标志，通过鼠标左键可拖动光标左右移动，也可通过单击屏幕下方光标左右移动的按钮来改变光标的位置。为了测量准确，单击暂停按钮或按 F6 键使波形静止后再测量。

（6）测量数据显示区　用来显示光标测量的数据。

在显示屏幕下方中间有一个测量数据的显示区。Time 项的数据从上到下分别为：光标 1 离屏幕最左端的时间、光标 2 离屏幕最左端的时间、两光标之间的时间差。Channel _ A（Channel _ B）下方的从上到下的数据分别为：光标 1 处 A（B）通道的输出电压值、光标 2 处 A（B）通道的输出电压值、两光标之间的电压差。通过这些测量数据可以得出信号的幅值、周期、频率以及两信号之间的相位差。对于测量的数据，单击面板右下方的 Save 按钮可将其存为 ASCII 码形式。

7. 频率特性仪（Bode Plotter）

频率特性仪又称扫描仪，用来测量电路的频率特性（幅频特性和相频特性）。其图标和面板如图 7-33 所示。

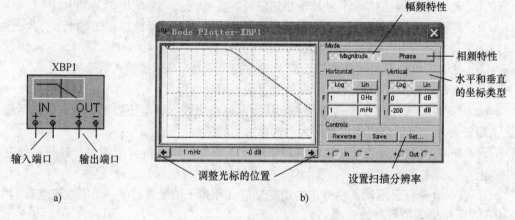

XBP1

输入端口　　输出端口

a)

幅频特性

相频特性

水平和垂直的坐标类型

调整光标的位置

设置扫描分辨率

b)

图 7-33　频率特性仪

a）图标　b）面板

频率特性仪有一个输入端口（IN）和一个输出端口（OUT），使用时将 IN 输入端口的 +、- 端分别与电路输入端的正负端连接；OUT 输出端口的 +、- 端分别与电路输出端的正负端子连接。由于扫描仪本身没有信号源，所以在使用扫描仪时，必须在电路的输入端口示意性地接入一个交流信号源（或函数信号发生器），且无需对其参数进行设置。

频率特性仪的面板和操作如下：

（1）Mode 区　设置显示屏里显示的内容。

Magnitude：显示屏里显示的是幅频特性。Phase：显示屏里显示的是相频特性。

（2）Horizontal 区　设置 X 轴（横坐标）的显示类型和频率范围。

X 轴通常总是表示频率。若选择 Log，则坐标标尺以对数形式表示；若选择 Lin，则坐标标尺是线性的。当测量范围的频率较宽时，用 Log 标尺较好。I 和 F 分别为 Initial（初始值）和 Final（最终值）的缩写。

（3）Vertical 区　设置 Y 轴（纵坐标）的刻度类型。

测量幅频特性时，若选择 Lin，则 Y 轴表示输出电压和输入电压之比 $A(f) = V_o/V_i$，没有单位；若选择 Log，则 Y 轴的刻度单位为 dB（分贝），刻度标尺为 $20\log_{10}^{A(f)}$，通常选择线性刻度。

测量相频特性时，Y 轴坐标表示相位，单位是度，刻度是线性的。

（4）Controls 区　包括以下选项：

Reverse：设置波形显示区的背景颜色，在黑或白之间转换。

Save：将测量结果以 BOD 格式存储。

Set：设置扫描的分辨率。单击在 Resolution Point 栏中设定扫描的分辨率，数值越大，读数精度越高，但将增加运行时间，默认值是 100。

（5）数据的读取　利用鼠标拖动读数指针（或单击读数指针移动按钮），可读取频率特性曲线上各个频率点处的幅值或相位，读数在面板左下方的方框中显示。

8. 字信号发生器（Word Generator）

字信号发生器是一种能产生 32 路（位）同步逻辑信号的仪器，可以用来对数字逻辑电路进行测试，也称为数字逻辑信号源。它的图标和面板如图 7-34 所示，图标用于接线，面板用来设置参数和输出显示、触发方式等。

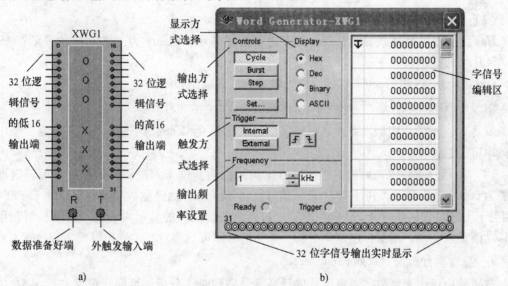

图 7-34　字信号发生器

a）图标　b）面板

字信号发生器的操作如下：

（1）Controls 区　选择字信号发生器的输出方式。

Cycle（循环）：表示字信号在设置地址初值到最终值之间周而复始地以设定频率输出。

Burst（单帧）：表示字信号从设置地址初值逐条输出，直到最终值时自动停止。

Cycle 和 Burst 输出速度的快慢由 Frequency（输出频率）输入框中设置的数据来控制。

Step（单步）：表示每单击鼠标一次就输出一条字信号。

单击 Set... 按钮，出现图 7-35 所示的对话框。

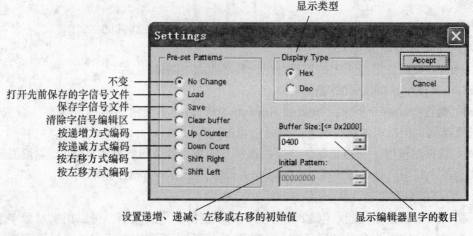

图 7-35　字信号发生器的设置对话框

（2）Display 区　设置字输出信号的显示方式。

Hex 为十六进制格式显示；Dec 为十进制格式显示；Binary 为二进制格式显示；ASCII 为 ASCII 格式显示。

（3）Trigger 区和 Frequency 区　设置触发方式和输出频率。

信号触发的方式可选择 Internal（内触发）、External（外触发）、上升沿触发 $\boxed{F}$ 或下降沿触发 $\boxed{ᘔ}$。一般使用内触发方式，这时字信号的输出受 Control 区选择的方式控制。输出信号频率可任意设置。

（4）字信号编辑区　面板右边字信号编辑区内为 8 位十六进制数的序列。编辑区地址范围为 0000H ~ 03FFH，共计 1024 条字信号。可写入的十六进制数从 00000000 ~ FFFFFFFF（相当于十进制数从 0 ~ 4 294 967 295）。若要求编辑区内的显示内容上下移动，可利用鼠标移动滚动条实现；用鼠标左键单击某一条字信号即可实现对其定位和写入（或改写）。

9. ▓逻辑分析仪（Logic Analyzer）

逻辑分析仪用来对数字逻辑信号进行高速采集和时序分析，可同步记录和显示 16 位数字信号。它的图标和面板如图 7-36 所示。逻辑分析仪图标左侧从上到下 16 个端子是逻辑分析仪的输入信号端子，使用时连接到电路的测量点。面板左侧的 16 个成一竖列的小圆圈代表 16 个输入端，如果某个连接点接有被测信号，则该小圆圈内出现一个小黑点。被采集的输入信号以方波形式显现在屏幕上。当改变输入信号连接线的颜色时，波形的颜色也随之改变。

逻辑分析仪的操作和有关参数的设置如下：

（1）仿真控制区　面板下方最左边的一个区。Stop 按钮为停止仿真；Reset 按钮对逻辑分析仪复位，在运行中，每按一下复位按钮，记录区波形被清除，并重新开始显示波形；在停止运行后按下复位按钮，则消除波形记录区的波形。

（2）读数指针数值显示区　读数 T1 和 T2 分别表示读数指针 1 和读数指针 2 相对于时间基线零点的时间以及两个指针所在位置的 16 路信号值（即逻辑值，以十六进制方式显示），T2-T1 表示两读数指针之间的时间差。

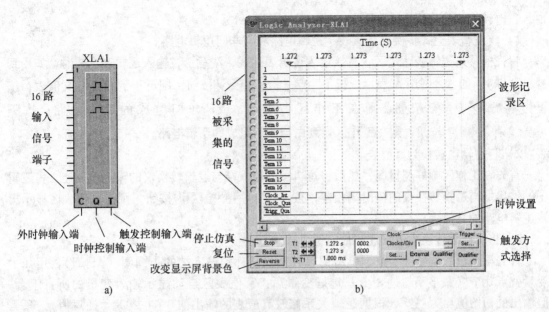

图 7-36 逻辑分析仪

a) 图标 b) 面板

（3）Clock 区 包括 Clocks/Div 栏和 Set 按钮。

Clocks/Div：设置在显示屏上每个水平刻度显示的时钟脉冲数。

Set 按钮：设置时钟脉冲的来源和频率以及取样方式。

（4）Trigger 区 用来设置触发方式。单击 Set... 按钮，在出现的对话框中可对触发方式进行设置。

10. 逻辑转换仪（Logic Converter）

逻辑转换仪是 Multisim 提供的一种虚拟仪器，目前还没有与之对应的实际仪器。该仪器能实现以下功能：将逻辑电路转换成真值表，将真值表转换成逻辑表达式和最简式，将逻辑表达式转换成真值表、逻辑电路和与非门逻辑电路。它的图标和面板如图 7-37 所示。

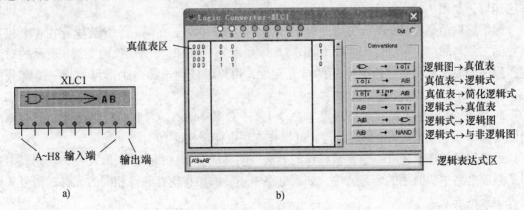

图 7-37 逻辑转换仪

a) 图标 b) 面板

逻辑转换仪的使用方法如下：

1）将逻辑表达式转换成真值表、逻辑电路和与非门逻辑电路。

将光标移入逻辑表达式区，直接输入逻辑表达式，注意：在输入逻辑表达式时，如用到逻辑"非"，如 $\overline{A}$，则用 A′表示。按下 AIB → 1 0 1 按钮，则可得到相应的真值表；按下 AIB → ⊃ 按钮，则在工作区得到与、或、非门组成的逻辑电路；按下 AIB → NAND 按钮，则在工作区得到由与非门组成的逻辑电路。

2）将逻辑图转换为真值表。

首先在工作区画好逻辑图，然后将逻辑图的输入端与逻辑转换仪的输入端相连，将逻辑图的输出端与逻辑转换仪的输出端相连，按下 ⊃ → 1 0 1 按钮，则在真值表区显示出该逻辑电路的真值表。

3）将真值表转换成逻辑式和最简逻辑式。

首先根据输入信号的个数，单击逻辑转换仪顶部的输入端的小圆圈（A ~ H），用几个变量就点几个（最多不超过 8 个）选好变量后，真值表区自动显示输入变量的所有组合，但输出的初始值均为"？"，根据逻辑关系修改真值表的输出值 0、1 或 X（任意值），只需用鼠标单击真值表的输出值即可。修改好后单击 1 0 1 → AIB 按钮，在面板底部逻辑表达式区中出现相应的逻辑表达式。若单击 1 0 1 SIMP AIB 按钮，则得到简化的逻辑表达式。

第四节　Multisim 9 的基本操作

一、元件的操作

1. 选取元件

选取元件最直接的方法是从元件工具栏的元件库中选取。选取元件时，首先要知道该元件属于哪个元件库，然后将光标指向所要选取的元件所在的元件分类库单击，在显示的元件列表中找到自己所要用的元件，单击该元件，再单击 OK 按钮，用鼠标将所选元件拖曳到工作区即可，如图 7-38a 所示。

如果选取的是有多个单元复合封装的元器件，如 7400N，在同一个封装里存在 4 个相互独立的二端与非门：A、B、C、D（如图 7-38a 所示），选取时会出现如图 7-38b 所示的对话框，程序会要求用户指定所要采用的单元元件，用户可任意选择一个即可取出一个部分单元。

Multisim 还提供了放置元件的菜单命令 Place/Component ，只要执行该命令，则会弹出同图 7-38a 一样的选取元件的对话框，其操作方法也完全相同。

另外元件的选取还有一个比较特殊的方法，就是从 In Use List 中选取元件，该列表中列出了当前电路中所使用的全部元件，如果电路中还要添加与现有元件相同的元件，则可从该列表中直接选取。

2. 元件的选中

在连接电路时，常常需要对元件进行移动、旋转、删除和设置参数等操作。这就需要先选中该元件。

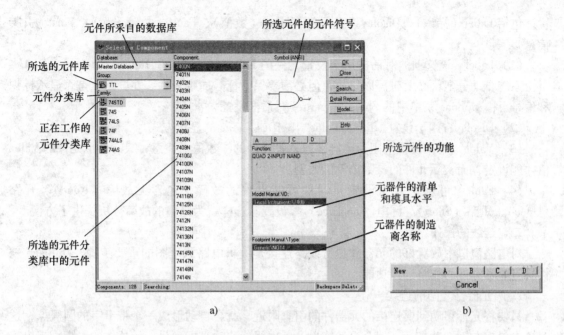

图 7-38　选取元件

1）选中单个元件，只需用鼠标左键单击该元件即可，选中的元件四周会出现一个矩形框。

2）选中多个元件，可在按住 Ctrl 键的同时，依次用鼠标左键单击要选中的元件。

3）选中某一区域中的元件，可用鼠标在电路工作区的适当位置拖曳出一个矩形区域，则该区域内的元件同时被选中。

要取消所有被选中元件的选中状态，单击电路中的空白部分即可；要取消其中某一个元件的选中状态，则使用"Ctrl + 鼠标左键单击"。

3. 元件的移动

要移动一个元件，选中该元件后按住鼠标左键拖曳即可。若选中的是一组元件，则用鼠标左键拖曳其中任意一个元件即可移动所选的多个元件。选中元器件后，也可使用键盘上的上下左右箭头键对元件进行微小的移动。当元件被移动后，与之相连的导线也会自动重新排列。

4. 元件的剪切、复制和删除

对选中的元件，可单击鼠标右键，在出现的快捷菜单中对元件实现 Cut（剪切）、Copy（复制）、Paste（粘贴）、Delete（删除）的操作，此外也可使用菜单 Edit 命令或工具栏中的快捷方式进行同样的操作。

5. 元件的旋转和翻转

为了使电路布局合理，便于连接，常常要对元件进行旋转和翻转操作。可先选中该元件，然后单击右键或使用菜单命令 Edit/Orientation 项。Flip Horizontal 为水平旋转，Flip Vertical 为垂直旋转，90 Clockwise 为顺时针旋转90°，90 CounterCW 为逆时针旋转90°。

6. 元件参数的设置

选中元件后，双击该元件，就会弹出该元件的属性对话框，对话框中有多种选项可供设置，包括 Label（标识）、Display（显示）、Value（数值）、Fault（故障设置）、Pins（引脚信息）。其中：

（1）Label　该选项的对话框用于设置元件的 Label（标识）和 RefDes（编号）。RefDes 可由系统自动分配，必要时可以修改，但必须要保证标号的唯一性。在电路上是否显示标识和编号可由 Options 菜单中的 Sheet Properties 对话框设置。

（2）Display　用于设置 Lable、Value、RefDes、Pins 的显示方式。

（3）Value　用来设置电阻、电容、电感等元件的参数值。注意：只有虚拟元件的 Value 值才能设定，而实际元件的参数值不能改变。

（4）Fault　可用于人为设置元器件可能出现的故障，包含无故障（None）、开路（Open）、短路（Short）、漏电（Leakage）等设置。这样就为电路的故障分析提供了方便。

二、连线的操作

对电路窗口中放置好的元器件进行线路连接是编辑电路原理图的重要步骤，Multisim 软件具有非常方便的线路连接功能。

1. 两元器件之间的连线

只要将光标移动到要连接的元器件的引脚附近，就会自动形成一个带十字的圆黑点，这时单击鼠标左键拖动光标，就会自动拖出一条虚线，移动光标到另一元器件的引脚，当出现一个小红点时再单击，则两元器件之间的连线就完成了，如图 7-39 所示。

2. 放置节点

节点即导线与导线的连接点，在电路图中为一个小圆点。一个节点最多可以连接上下左右四个方向的导线。要让交叉线相连，可在交叉点放置节点，操作方法是：执行菜单 Place/Junction 命令，会出现一个节点随光标移动，即可将节点放到导线上合适的位置。为了可靠连接，在放置节点后，稍微移动一下与节点相连的其中一个元件，查看是否存在"虚焊"（在电路图中也就是检查两者之间是否真正连接上了）。

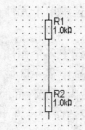

图 7-39　简单的连线

在连接电路时，Multisim 自动为电路中的每个节点分配一个编号，但有时这些节点号并未出现在电路图上，这时可启动 Options 菜单中的 Sheet Properties 命令，打开对话框，然后单击 Circuit，选中 Net Names 框内的 Show All，再单击 OK 按钮确定，即可显示节点号。

3. 元件与线路的连接

让光标移向元件的引脚附近，就会自动形成一个带十字的圆黑点，这时单击鼠标左键拖动光标，就会自动拖出一条虚线，移动光标到要连接的线路再单击，系统就自动在线路上形成一个节点，元件与线路就连接好了，如图 7-40 所示。也可先在线路上放置一个节点，再从这个节点向元器件引脚连接。

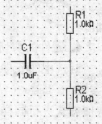

图 7-40　自动连线

4. 连线和节点的删除

要删除连线或节点，则将光标指向要删除的连线或节点，单击鼠标右键，在弹出的快捷菜单中选择 Delete 即可。

5. 连线的调整

在连线的过程中，移动光标到达导线的拐点位置单击，可得到一条自行设定的导线轨迹；如果对已经连接好的导线进行调整，可向将光标对准欲调整的导线单击，则在该导线上形成一个双箭头的调整符，这时按住鼠标左键即可移动导线。

6. 连线和节点颜色的设置

为了使电路各连线和节点之间清晰可辨，可通过设置不同的颜色来区分，方法是：将光标指向某一连线或节点，单击鼠标右键选中，在弹出的菜单中选择 Wire Color 命令，打开颜色对话框，选取所需的颜色单击 OK 按钮，这时连线和节点颜色将同时改变；若只改变部分连线的颜色，则选择 Segment Color。

7. 连线中插入二端元件

对于具有两个端子的元件，可直接将其移至连线上，则该元件自动串联在该连线中。

三、输入文本

为了方便对电路图的阅读理解，常常在电路图中放置一些对器件或某部分电路的说明文字，这可通过在电路图中放置文本框或文字描述框来实现。

1. 放置文本框

执行 Place/Text 命令，光标变成 I 形状，然后单击所要放置文本的位置，将在该处放置一个文本框。当背景颜色为白色时，文本框的边框是不可见的。在文本框中输入所要放置的文字，文本框随文字的多少自动缩放。输入完成后，单击此文本框以外的地方，即可得到相应的文字，而文本边框会自动消失。要改变文字的颜色、字体、大小，可单击鼠标右键在弹出的快捷菜单中完成。

要移动文本，则将光标指向文本，按住鼠标左键，移动到目的地后放开左键即可。要删除文本，单击右键打开快捷菜单，选取 Delete 命令。

2. 放置文字描述框

上述的文本框可方便地对电路特定的地方就近进行描述性说明，但由于受到界面的限制，文字不能太多。要对电路的功能、使用说明进行详细地描述，则可采用文字描述框，文字描述框不受空间的限制，并且在需要查看时打开，不需要时关闭，不占用电路窗口空间。

放置文字描述框的操作方法：执行菜单栏中 Tools/Description Box Editor 命令，在打开的编辑窗口中输入需要说明的文字，单击关闭即可。如要查看，执行 View/Circuit Description Box 命令即可调出文字描述框，如图 7-41 所示。

四、保存和打印文件

编辑完电路图后要保存电路，方法和保存一般文件一样。执行 File/Save 命令，输入所存文件的路径以及文件名，单击确定按钮即可。文件的保存类型为 *. ms9。

保存好的文件有时需要打印出来，可直接执行 File/Print 命令。也可把编辑好的电路图复制到 Word 文档中再打印，Multisim 9 提供了方便的

图 7-41　文字描述框

抓屏命令。具体操作为：执行 Tools/Capture Screen Area 命令，屏幕上会出现 Copy 框，用鼠标左键移到边框的黑点处可调整 Copy 框的范围，使之包围所需复制的区域，调整好后单击 Copy 按钮，再打开 Word 文档粘贴即可。

五、运行仿真

电路图编辑好后，就可对所编辑的电路进行仿真分析。首先需从窗口右边的仪表工具栏中选择仿真用的仪器仪表，将其与被测电路连接。然后用鼠标左键单击窗口右上角的仿真开关图标 ，软件自动开始运行仿真。要暂停仿真操作，用鼠标左键单击窗口右上角的暂停图标 ，软件将停止仿真，再次单击暂停图标，电路又开始继续仿真。

也可执行菜单 Simulate/Run 和 Simulate/Pause 命令使仿真运行和暂停。

第五节　几个仿真实例

前面几节对 Multisim 9 的界面、元件工具栏、仪器工具栏和基本操作做了介绍，下面举几个具体的仿真实例，使读者对 Multisim 9 的使用有个初步了解。

【例 5-1】 共射极单管放大电路。

以图 7-42 所示的"共射极单管放大电路"为例，来说明 Multisim 9 建立电路、放置元器件、连接电路、虚拟仪表的使用、运行仿真和保存电路等具体操作。

一、建立电路文件

启动 Multisim 9，软件会创建一个默认标题为"Circuit 1"的电路文件，该电路文件可以在保存文件时重新命名。

二、规划电路界面

初次打开 Multisim 9 的时候，Multisim 9 仅提供一个基本界面，新文件的电路窗口是一片空白。为了方便电路图的编辑、电路的仿真分析和观察理解，最好根据具体电路的要求和用户的习惯重新规划电路界面，这可通过执行菜单 Options 中的 Global Preference 选项和 Sheet Properties 选项来实现。一般主要改变下列选项。

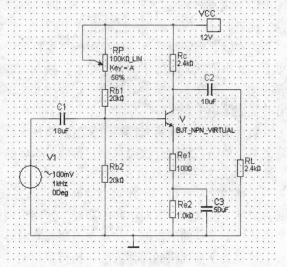

图 7-42　共射极单管放大电路

执行 Options/Global Preference 命令，在弹出的对话框中的 Symbol standard 选项内，Multisim 9 提供了两种电气元器件符号标准，一种是 ANSI（美国标准），一种是 DIN（欧洲标准）。DIN 与我国现行的标准非常接近，所以一般选择 DIN。

打开 Options/Sheet Properties/Workspace 选项，选中 Show 区内的 Show Grid（显示栅格），则在电路窗口中会出现栅格，使用栅格可方便电路元件的排列和连接，使创建出的电路图整齐美观。

三、放置元件

从元件库中选取电路所需的元件，该电路图中所需的主要有电阻、电容、电位器、NPN晶体管、交流电压源、直流电压源和接地端等。注意：在选取电阻、电容、电位器和晶体管时应尽量先选实际元件，在没有实际元件的情况下才选择虚拟元件，虚拟元件要自己设置参数值。下面说明元件放置的具体步骤。

1. 放置电阻、电容和电位器

单击元件工具栏的基本元件库 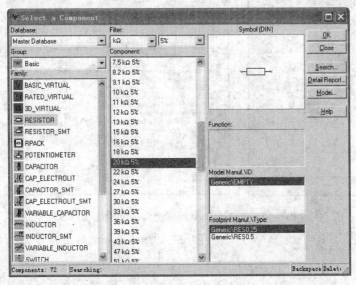 按钮，即可打开如图 7-43 所示的选择元件的对话框。

图 7-43 选择元件的对话框

单击实际电阻箱按钮，在出现的元件中拉动滚动条，找到电路图中所需的 20kΩ 的电阻，单击 OK 按钮，即将 20kΩ 的电阻选中。选中的电阻随着鼠标指针在电路窗口移动，移到合适的位置后，单击即可将这个 20kΩ 的电阻放置在当前的位置。同理，将其他的电阻放到电路窗口的适当位置。为了使电阻垂直放置，可选中它们后单击鼠标右键，在出现的快捷菜单中选取 90 Clockwise 或 90 CounterCW 命令。

用类似方法放置好电路中两个 10μF 的电容和一个 100kΩ 的电位器。由于 50μF 的电容实际电容箱中没有，则使用虚拟电容元件。在虚拟元件库中找到虚拟电容，单击 OK 按钮，将其在电路窗口中放置好，虚拟电容的默认值是 1μF，双击，在出现的对话框中将电容值修改为 50μF，然后单击"确定"即可。

2. 放置 NPN 晶体管

单击晶体管库 🗲 按钮，即打开该元件库，显示出内含的所有元件箱。由于该电路中用的晶体管 3DG6（$\beta = 60$）为我国产品型号，实际元件箱中没有，因此从虚拟元件箱中选取 BJT_NPN_VIRTUAL 放到电路窗口的适当位置上，双击打开其属性对话框，单击 Value 页上的 Edit Model 按钮，出现 Edit Model 对话框，如图 7-44 所示。在对话框中将 BF（理想正向电压放大倍数）值改为 60，然后单击 Change Part Model 按钮，返回到属性对话框，单击"确定"按钮，即完成对 BJT_NPN_VIRTUAL 参数的修改。

3. 放置电源和接地端

（1）放置 12V 的直流电压源 直流电压源为放大电路提供电能。Multisim 9 环境下的这个电压源可直接从虚拟元件工具栏中的电源（Source）库 ➡ ▾ 中选取。单击 Source 元件库，从出现的元件中可选的直流电压源有两种，一种是理想的直流电压源 ═ ，另一种是直流电压源的简化表示形式 ╪ ，主要用于数字电路中，两种电压源的电压值均可自行设置。该电路选的是后一种，单击它正好取出一个 12V（默认值为 12V）的电压源。如果需要其他电压

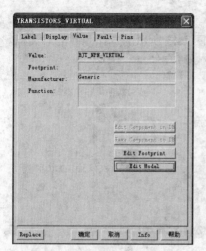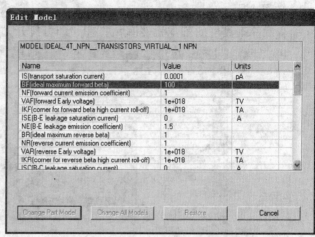

图 7-44　BJT _ NPN _ VIRTUAL 的属性对话框和 Edit Model 对话框

值，可双击已放置好的电压源符号，在打开的 Digital Power 对话框中进行设置，然后单击
"确定"即可。

（2）放置交流信号源　在上述的 Source 元件库中，单击交流信号源的图标 ，一个参
数为 120V/60Hz/0° 的交流信号源随光标出现在电路窗口，将其放在合适的位置。该电路中
所需的信号源是 100mV/1kHz/0°，双击该信号源符号，打开 POWER _ SOURCES 对话框，在
Value 页中将 Voltage 的值修改为 100mV，这是电压的最大值，其相应的有效值为 70.7mV。

（3）放置接地端　在上述的 Source 元件库中，单击接地端的图标，将其放在合适的
位置即可。接地端是电路的公共参考点，这一点的电位都是 0V。一个电路如果没有接地端，
通常不能有效地进行仿真分析。同一个电路中可以放置多个接地端。

放置好元件的电路窗口如图 7-45 所示。

四、连接线路

放置完全部元件后，就可开始按照上一节连线操作的具体方法进行线路连接了。连接好
的线路如图 7-46 所示。连接好的电路为了更简洁、更便于仿真，可再作以下进一步的编辑。

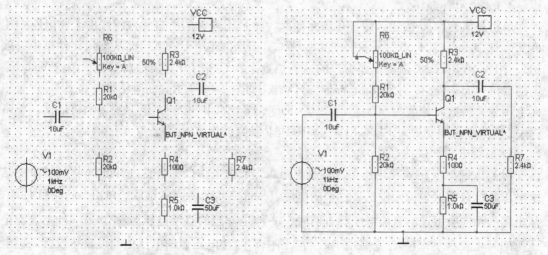

图 7-45　放置好的元件　　　　　　　　　　　图 7-46　连好线的电路

1. 修改元件的参考序号

元件的参考序号是在元件选取时由系统自动给定的，但有时和我们的习惯表示不同。如图 7-46 中晶体管的符号 Q1 习惯上为 V，可以用鼠标左键双击该元件，将 Label 页上的 RefDes 栏内的 Q1 修改为 V。

2. 调整元件的文字标注

当对元件进行连线、移动、翻转和旋转时，元件的序号（如 R1）或数值（如 20kΩ）等文字标注可能出现在不合适的位置上。调整方法是：指针指在要调整位置的元件序号或数值上，单击会出现 4 个小方块，表示已选中，按住鼠标左键直接拖动或用键盘上的方向键移动到合适的位置。

3. 显示电路的节点号

在连接电路时，系统自动为每个节点分配一个编号，为了仿真的需要，要把节点号在电路中显示出来，则可启动 Options 菜单中的 Sheet Properties 命令，打开对话框，然后单击 Circuit，选中 Net Names 框内的 Show All，再按 OK 按钮确定即可。

4. 修改连线的颜色

为了使电路更清晰可辨，可对某些连线的颜色加以修改。修改后的电路如图 7-47 所示。

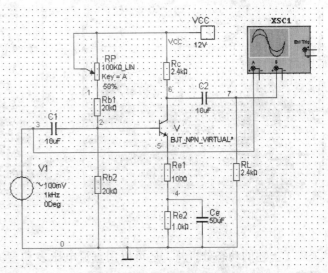

图 7-47 连接好用于仿真的电路

五、运行仿真

本例仿真分析中需用到示波器，以观察输入、输出波形。从窗口右边的仪器工具栏中单击两通道示波器图标，示波器图标跟着光标出现在电路窗口，移动光标到合适位置放好示波器，然后将示波器 A 通道 " + " 端接输入信号源端，B 通道 " + " 端接电路输出端，如图 7-47 所示。因电路中已有接地端，示波器的接地端可不接。为了便于波形的观察，可将示波器的连线设为不同的颜色。

单击仿真开关 ▣▣▣，软件自动开始运行仿真。双击示波器图标，打开示波器面板。为了使示波器上的波形看得清楚，可适当调整示波器界面上的基准时间和 A、B 通道的 Scale 值，调整方法

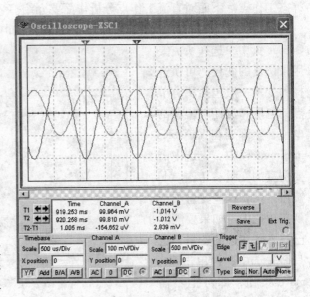

图 7-48 示波器观察到的输入、输出波形

见本章第三节中示波器的介绍。图7-48为示波器观察到的输入和输出波形。从波形上可以看出，输入信号和输出信号反相；从光标的显示数据可看出，波形的周期约为1ms（即频率为1kHz），输入信号的幅值约为100mV，输出信号的幅值约为1V。

还可以通过示波器观察静态工作点对输出波形失真的影响。改变电位器接入电路的百分比，即可改变静态工作点。单击仿真开关，按住Shift键，再反复按键盘上的A键，电位器阻值的百分比会减少，输出波形产生饱和失真，波形如图7-49所示。反之，反复按键盘上的A键，电位器阻值的百分比会增加，输出波形产生截止失真，波形如图7-50所示。

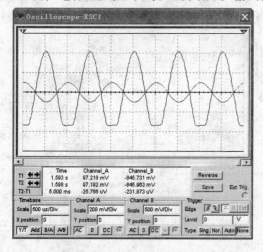

图7-49　饱和失真波形

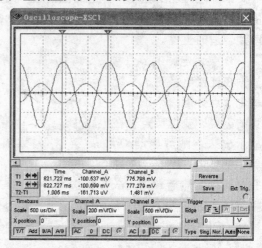

图7-50　截止失真波形

除了上述的动态分析外，还可以用直流电压表和直流电流表（或万用表）来测定电路的静态工作点。Multisim提供了很多分析方法，这些方法都是利用仿真产生的数据然后再去执行要做的分析。其中直流工作点分析（DC Operating Point Analysis）就是用来计算电路的静态工作点。下面对直流工作点分析作简要介绍。

执行菜单Simulate/Analysis/DC Operating Point命令，弹出图7-51所示的对话框。在Output页中，选择所需要用来仿真的变量。可供选择的变量一般包括所有节点的电压和流经电压源的电流，全部列在Variables in circuit栏中。先选中需要仿真的变量，单击Add按钮，则将这些变量添加到右边栏中。如果要删除已移入到右边的变量，也只需先选中，再单击Remove按钮，即可把不需

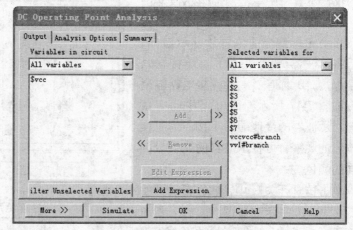

图7-51　DC Operating Point的对话框

要用来仿真的变量返回到左边栏中。当选好所需仿真的变量后，单击Simulate按钮，系统自

动显示运算的结果，如图 7-52 所示。

本例仅对直流工作点作了仿真分析，Multisim 9 还可以对电路进行交流分析、瞬态分析、失真分析、参数扫描分析及温度扫描分析等。具体内容读者可查阅其他相关书籍。

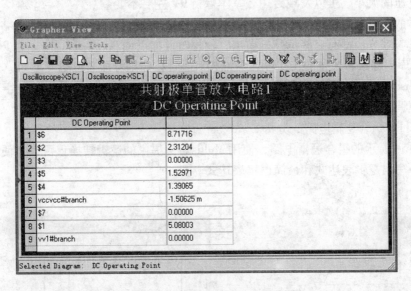

图 7-52　直流工作点分析结果

六、保存文件

编辑好的电路要保存起来，执行 File/Save 命令，输入所存文件的路径以及文件名"共射极单管放大电路"，单击确定按钮即可，在所存文件的路径下就可得到"共射极单管放大电路.ms9"的文件。

下面的几个例子仅给出相应的电路图和输出结果与波形，读者可按照上面所讲的方法在软件上自己练习。

【例 5-2】　直流稳压电源。

直流稳压电路如图 7-53 所示。该稳压电路是由三端集成稳压块 LM7809 构成的。

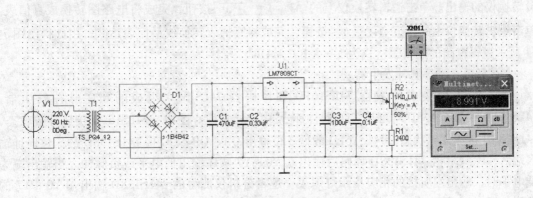

图 7-53　直流稳压电路

按照图 7-53 所示电路建立好实验线路，注意：稳压块在其他器件库（Miscellaneous）中选取。仿真时分下面两步：①调节电位器 RP 的阻值（模拟负载波动的情况），记录输出电压值；②将交流电压值由 220V 改成 240V（模拟电网电压波动的情况），重新用数字万用表测量输出电压的大小，可以发现万用表基本保持 9V 左右不变。

前面举的是模拟电路的例子，下面再举两个数字电路的例子，其在编辑数字电路原理图和设置仿真参数方面都有一些特殊的要求，使用时要加以注意。在 Multisim 的 TTL 器件库和 CMOS 器件库中存放着大量的与实际元器件相对应且按照型号放置的数字器件。在其他数字器件库（Misc Digital）中的 TTL 器件箱中放着一些常用的按照功能命名的数字器件，可以供用户方便调用，但它们是理想化的器件。

【例 5-3】 组合逻辑电路的分析。

如图 7-54 所示的组合逻辑电路，使用 Multisim 9 提供的逻辑转换仪可以方便地列出电路的真值表、写出逻辑表达式和最简逻辑表达式。

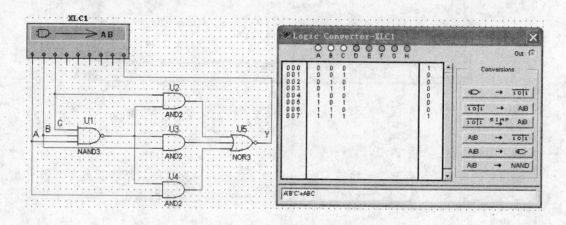

图 7-54 组合逻辑电路的分析

按照图 7-54 建立仿真电路。为了便于观察，在电路中放置了文本 A、B、C 和 Y，文本的放置见本章第四节内容。电路的输入 A、B、C 对应地接逻辑转换仪的输入，输出 Y 接逻辑转换仪的输出。单击逻辑转换仪上的 按钮，完成将电路图转换成真值表。单击逻辑转换仪上的 按钮，完成将真值表转换成最简表达式，由此得出图 7-54 所示逻辑电路的逻辑表达式为 $Y = \overline{A}\,\overline{B}\,\overline{C} + ABC$。

【例 5-4】 顺序脉冲发生器。

图 7-55 为由集成计数器 74LS161D 和译码器 74LS138D 组成的顺序脉冲发生器，74LS161D 和 74LS138D 均可从 TTL 器件库 中直接选取。图中，74LS161D 接成计数状态，74LS138D 接成译码状态，74LS161D 的低 3 位输出 QA、QB、QC 接 74LS138D 的三位地址输入端 A、B、C，经 74LS138D 译码后输出端 $\overline{Y0} \sim \overline{Y7}$ 顺序输出低电平或负脉冲。当输出端为低电平时，输出端所接的相应指示灯熄灭。逻辑分析仪测得的 74LS138D 输出端 $\overline{Y0} \sim \overline{Y7}$ 的波形如图 7-56 所示。

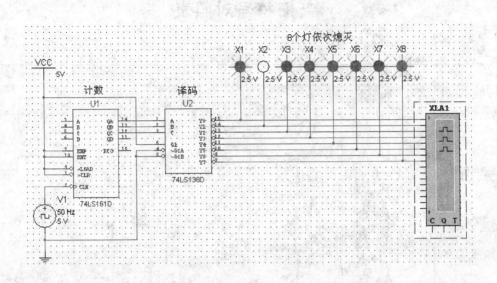

图 7-55　由 74LS161D 和 74LS138D 组成的顺序脉冲发生器

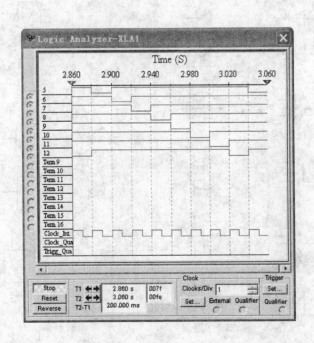

图 7-56　逻辑分析仪测得的 74LS138D 的输出波形

新旧符号对照表

名　　称	新符号	旧符号	名　　称	新符号	旧符号
理想电压源			与　　门		
理想电流源			或　　门		
受控电压源			非　　门		
受控电流源			与 非 门		
二 极 管			或 非 门		
稳压二极管			异 或 门		
晶 闸 管			三 态 门	EN	
N 沟道耗尽型 场效应晶体管			数/模转换器		
N 沟道增强型 场效应晶体管			模/数转换器		
P 沟道耗尽型 场效应晶体管			触发器 （正电位触发）		
P 沟道增强型 场效应晶体管			触发器 （负电位触发）		
理 想 运 算 放 大 器					

（续）

名　称	新符号	旧符号	名　称	新符号	旧符号
触发器 （正边沿触发）			直流电动机		
触发器 （负边沿触发）			交流电动机		
			直流伺服电动机		
直流发电机			直流测速发电机		
交流发电机			三相笼型异 步电动机		

附　　录

附录一　半导体器件型号命名方法（GB/T 249—1989）

1. 半导体器件的型号由五个部分组成

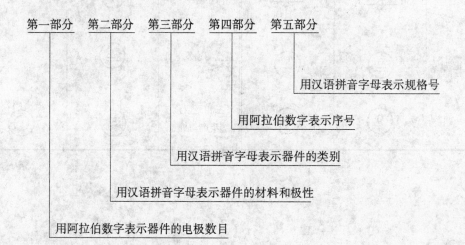

示例：锗 PNP 型高频小功率三极管

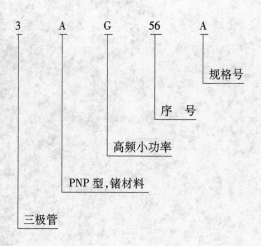

2. 型号组成部分的符号及其意义

第一部分		第二部分		第三部分				第四部分	第五部分
用数字表示器件的电极数目		用汉语拼音字母表示器件的材料和极性		用汉语拼音字母表示器件的类别				用数字表示器件序号	用汉语拼音字母表示规格号
符号	意义	符号	意 义	符号	意 义	符号	意 义		
2	二极管	A B C D	N 型, 锗材料 P 型, 锗材料 N 型, 硅材料 P 型, 硅材料	P V W C Z	小信号管 混频检波管 电压调整管和电压基准管 变容管 整流管	D A T	低频大功率晶体管（截止频率<3MHz, 耗散功率≥1W） 高频大功率晶体管（截止频率≥3MHz, 耗散功率≥1W） 闸流管		
3	三极管	A B C D E	PNP 型, 锗材料 NPN 型, 锗材料 PNP 型, 硅材料 NPN 型, 硅材料 化合物材料	L S K X G	整流堆 隧道管 开关管 低频小功率晶体管（截止频率<3MHz, 耗散功率<1W） 高频小功率晶体管（截止频率≥3MHz, 耗散功率<1W）				

附录二 常用半导体器件的主要参数

一、半导体二极管

参 数		最大整流电流	最大整流电流时的正向压降	反向工作峰值电压
符号		I_{FM}	U_F	U_{RM}
单位		mA	V	V
型 号	2AP1	16		20
	2AP2	16		30
	2AP3	25		30
	2AP4	16	≤1.2	50
	2AP5	16		75
	2AP6	12		100
	2AP7	12		100
	2CZ52A			25
	2CZ52B			50
	2CZ52C			100
	2CZ52D	100	≤1	200
	2CZ52E			300
	2CZ52F			400
	2CZ52G			500
	2CZ52H			600
	2CZ54A			25
	2CZ54B			50
	2CZ54C			100
	2CZ54D	500	≤1	200
	2CZ54E			300
	2CZ54F			400
	2CZ54G			500
	2CZ54H			600

（续）

参 数		最大整流电流	最大整流电流时的正向压降	反向工作峰值电压
符号		I_{FM}	U_F	U_{RM}
单位		mA	V	V
型号	2CZ55A	1000	≤1	25
	2CZ55B			50
	2CZ55C			100
	2CZ55D			200
	2CZ55E			300
	2CZ55F			400
	2CZ55G			500
	2CZ55H			600
	2CZ56A	3000	≤0.8	25
	2CZ56B			50
	2CZ56C			100
	2CZ56D			200
	2CZ56E			300
	2CZ56F			400
	2CZ56G			500
	2CZ56H			600

二、稳压二极管

参 数		稳定电压	稳定电流	耗散功率	最大稳定电流	动态电阻
符 号		U_Z	I_Z	P_Z	I_{ZM}	r_Z
单 位		V	mA	mW	mA	Ω
测试条件		工作电流等于稳定电流	工作电压等于稳定电压	$-60 \sim 50℃$	$-60 \sim 50℃$	工作电流等于稳定电流
型号	2CW52	3.2~4.5	10	250	55	≤70
	2CW53	4~5.8	10	250	41	≤50
	2CW54	5.5~6.5	10	250	38	≤30
	2CW55	6.2~7.5	10	250	33	≤15
	2CW56	7~8.8	10	250	27	≤15
	2CW57	8.5~9.5	5	250	26	≤20
	2CW58	9.2~10.5	5	250	23	≤25
	2CW59	10~11.8	5	250	20	≤30
	2CW60	11.5~12.5	5	250	19	≤40
	2CW61	12.2~14	3	250	16	≤50
	2DW230	5.8~6.6	10	200	30	≤25
	2DW231	5.8~6.6	10	200	30	≤15
	2DW232	6~6.5	10	200	30	≤10

三、半导体晶体管

| 参数符号 | 单位 | 测试条件 | 型　号 | | | |
			3DG100A	3DG100B	3DG100C	3DG100D
直流参数 I_{CBO}	μA	$U_{CB}=10V$	≤0.1	≤0.1	≤0.1	≤0.1
I_{EBO}	μA	$U_{EB}=1.5V$	≤0.1	≤0.1	≤0.1	≤0.1
I_{CEO}	μA	$U_{CE}=10V$	≤0.1	≤0.1	≤0.1	≤0.1
$U_{BE(sat)}$	V	$I_B=1mA$ $I_C=10mA$	≤1.1	≤1.1	≤1.1	≤1.1
$h_{FE(\beta)}$		$U_{CB}=10V$ $I_C=3mA$	≥30	≥30	≥30	≥30
交流参数 f_T	MHz	$U_{CE}=10V$ $I_C=3mA$ $f=30MHz$	≥150	≥150	≥300	≥300
G_p	dB	$U_{CB}=10V$ $I_C=3mA$ $f=100MHz$	≥7	≥7	≥7	≥7
C_{ob}	pF	$U_{CB}=10V$ $I_C=3mA$ $f=5MHz$	≤4	≤3	≤3	≤3
极限参数 $U_{(BR)CBO}$	V	$I_C=100μA$	≥30	≥40	≥30	≥40
$U_{(BR)CEO}$	V	$I_C=200μA$	≥20	≥30	≥20	≥30
$U_{(BR)EBO}$	V	$I_E=100μA$	≥4	≥4	≥4	≥4
I_{CM}	mA		20	20	20	20
P_{CM}	mW		100	100	100	100
T_{jM}	℃		150	150	150	150

四、绝缘栅场效应晶体管

| 参　数 | 型　号 | | | |
	3DO₄	3DO₂(高频管)	3DO₆(开关管)	3CO₁① (开关管)
饱和漏极电流 $I_{DSS}/$μA	$0.5\times10^3\sim15\times10^3$		≤1	≤1
栅源夹断电压 $U_{GS(OFF)}/V$	≤|-9|			
开启电压 $U_{GS(TH)}/V$			≤5	-2~-8
栅源绝缘电阻 $R_{GS}/$Ω	≥10⁹	≥10⁹	≤10⁹	≥10⁹
共源小信号低频跨导 $g_m/($μA/V$)$	≥2000	≥4000	≥2000	≥500
最高振荡频率 $f_m/$MHz	≥300	≥1000		
最高漏源电压 BU_{DS}/V	20	12	20	
最高栅源电压 BU_{GS}/V	≥20	≥20	≥20	≥20
最大耗散功率 $P_{DM}/$mW	100	100	100	100

① 3CO₁ 为 P 沟道增强型，其他为 N 沟道管（增强型：$U_{GS(TH)}$ 为正值；耗尽型：$U_{GS(OFF)}$ 为负值）。

五、晶闸管

1. 晶闸管的型号表示

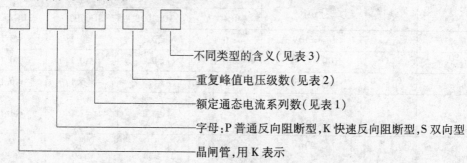

- 不同类型的含义(见表3)
- 重复峰值电压级数(见表2)
- 额定通态电流系列数(见表1)
- 字母:P普通反向阻断型,K快速反向阻断型,S双向型
- 晶闸管,用K表示

表1 额定通态电流 I_F 系列数

额定通态电流/A	1	5	10	50	100	200	300	400	500	1000

表2 重复峰值电压级数

级 数	1	2	3	4	5	6	7	8
重复值电压/V	100	200	300	400	500	600	700	800
级 数	9	10	12	14	16	18	20	
重复值电压/V	900	1000	1200	1400	1600	1800	2000	

表3 型号第五列表示的不同类型的意义

		A	B	C	D	E	F	G	H	I
KP 型	通态平均电压级别	A	B	C	D	E	F	G	H	I
	通态平均电压/V	≤0.4	0.4~0.5	0.5~0.6	0.6~0.7	0.7~0.8	0.8~0.9	0.9~1.0	1.0~1.1	1.1~1.2
KK 型	换向关断时间级数	0.5	1		2	3		4	5	6
	换向关断时间/μs	≤5	5~10		10~20	20~30		30~40	40~50	50~60
KS 型	断态电压临界上升率级数	0.2			0.5		2		5	
	$(\mathrm{d}u/\mathrm{d}t)$ /(V/μs)	20~50			50~2200		2200~2500		>2500	

例如:KP100—12G 表示额定电流为100A,额定电压为1200V,通态平均电压为1V的普通型晶闸管。

2. KP 型晶闸管的技术数据

参 数 系 列	正、反向重复峰值电压 U_{FRM}、U_{RRM} /V	通态平均电压 U_F/V	额定电流 I_F/A (平均值)	维持电流 I_H/mA	控制极触发电压 U_G/V	控制极触发电流 I_G/mA
KP₁		1.2	1	≤20	≤2.5	3~30
KP₅		1.2	5	≤40	≤3.5	5~70
KP₁₀	100~3000	1.2	10	≤60	≤3.5	5~70
KP₂₀		1.2	20	≤60	≤3.5	5~100

（续）

系 列 \ 参 数	正、反向重复峰值电压 U_{FRM}、U_{RRM} /V	通态平均电压 U_F/V	额定电流 I_F/A （平均值）	维持电流 I_H/mA	控制极触发电压 U_G/V	控制极触发电流 I_G/mA
KP$_{50}$		1.2	50	≤60	≤3.5	8~150
KP$_{100}$	100~3000	1.2	100	≤100	≤4	8~150
KP$_{200}$		0.8	200	≤100	≤4	10~250
KP$_{300}$		0.8	300	≤100	≤5	10~300
KP$_{500}$		0.8	500	≤100	≤5	10~300
KP$_{800}$		0.8	800	≤100	≤5	30~250
KP$_{1000}$		0.8	1000	≤100	≤5	40~400

3. KS 型晶闸管的技术数据

系 列 \ 参 数	额定通态电流 I_{FRMS}/A （有效值）	断态重复峰值电压 U_{DRM}/V	触发电流 I_{GT}/mA	触发电压 U_{GT}/V
KS1	1	100~2000	3~100	≤2
KS10	10	100~2000	5~100	≤3
KS20	20	100~2000	5~200	≤3
KS50	50	100~2000	8~200	≤4
KS100	100	100~2000	10~300	≤4
KS200	200	100~2000	10~400	≤4
KS400	400	100~2000	20~400	≤4
KS500	500	100~2000	20~400	≤4

六、单结晶体管

参 数	符 号	单 位	测试条件	型 号			
				BT33A	BT33B	BT33C	BT33D
基极电阻	R_{BB}	kΩ	$U_{BB}=3V$ $I_E=0V$	2~4.5	2~4.5	>4.5~12	>4.5~12
分压比	η		$U_{BB}=20V$	0.45~0.9	0.45~0.9	0.3~0.9	0.3~0.9
峰点电流	I_P	μA	$U_{BB}=20V$	<4	<4	<4	<4
谷点电流	I_V	mA	$U_{BB}=20V$	>1.5	>1.5	>1.5	>1.5
谷点电压	U_V	V	$U_{BB}=20V$	<3.5	<3.5	<4	<4
饱和压降	U_{ES}	V	$U_{BB}=20V$ $I_E=50mA$	<4	<4	<4.5	<4.5
反向电流	I_{EO}	μA	$U_{EBO}=60V$	<2	<2	<2	<2
E、B$_1$ 间反向电压	U_{EB1O}	V	$I_{EO}=1μA$	≥30	≥60	≥30	≥60
耗散功率	P_{BM}	mW		300	300	300	300

附录三　集成器件型号命名方法（GB/T 3430—1989）

第 0 部分		第一部分		第二部分	第三部分		第四部分	
用字母表示器件 符合国家标准		用字母表示器件 的类型		用阿拉伯数 字表示器件 的系列和 品种代号	用字母表示器件的 工作温度范围		用字母表示器件的封装	
符号	意　义	符号	意　义		符号	意　义	符号	意　义
C	符合国 家标准	T	TTL		C	$0 \sim 70℃$	F	多层陶瓷扁平
		H	HTL		G	$-25 \sim 70℃$	B	塑料扁平
		E	ECL		L	$-25 \sim 85℃$	H	黑瓷扁平
		C	CMOS		E	$-40 \sim 85℃$	D	多层陶瓷
		M	存储器		R	$-55 \sim 85℃$	D	双列直插
		F	线性放大器		M	$-55 \sim 125℃$	J	黑瓷双列直插
		W	稳压器				P	塑料双列直插
		B	非线性电路				S	塑料单列直插
		J	接口电路				K	金属菱形
		AD	A/D 转换器				T	金属圆形
		DA	D/A 转换器				C	陶瓷片状载体
							E	塑料片状载体
							G	网格阵列

示例：

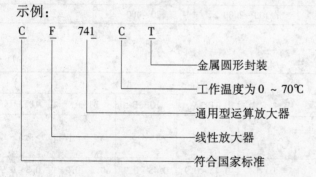

C F 741 C T

- 金属圆形封装
- 工作温度为 0 ~ 70℃
- 通用型运算放大器
- 线性放大器
- 符合国家标准

附录四　几种集成运放的主要参数表

参　数	符号	单位	型　号					
			F007	F101	8FC2	CF118	CF725	CF747M
最大电源电压	U_S	V	±22	±22	±22	±20	±22	±22
差模开环电压 放大倍数	A_{u0}		≥80dB	≥88dB	3×10^4	2×10^5	3×10^6	2×10^5
输入失调电压	U_{IO}	mV	$2 \sim 10$	$3 \sim 5$	≤3	2	0.5	1

（续）

参　数	符号	单位	型　号					
			F007	F101	8FC2	CF118	CF725	CF747M
输入失调电流	I_{IO}	nA	100～300	20～200	≤100			
输入偏置电流	I_{IB}	nA	500	150～500		120	42	80
共模输入电压范围	U_{ICR}	V	±15			±11.5	±14	±13
共模抑制比	U_{CMR}	dB	≥70	≥80	≥80	≥80	120	90
最大输出电压	U_{OPP}	V	±13	±14	±12		±13.5	
静态功耗	P_D	mW	≤120	≤60	150		80	

附录五　常用集成稳压器 W7800 和 W7900 系列的主要参数

型号	输出电压 U_o/V	最大输入电压 U_{Imax}/V	最大输出电流 I_{omax}/A	最小输入、输出电压差 $(U_I-U_o)_{min}/V$	电压调整率 S_U	纹波抑制比 S_r/dB
W7805	5					63
W7809	9					58
W7812	12	35				55
W7815	15		2.2	2	0.1%～0.2%	53
W7818	18					52
W7824	24	40				49
W7905	−5					63
W7909	−9					58
W7912	−12	−35				55
W7915	−15		2.1	2	0.1%～0.2%	53
W7918	−18					52
W7924	−24	−40				49

部分习题答案

1-5　(1) 6V,22mA

1-8　10μA,50V,50mW,50

1-13　10mA,153mW,2.7kΩ

1-14　(1) 50μA,2mA,6V

　　　(2) 0.83kΩ

　　　(3) 2.04V

　　　(4) 1.36V

1-16　(1) 13.7μA,1.1mA,4.08V

　　　(2) 4.34kΩ,5.1kΩ

　　　(3) 23mV

　　　(4) 1.57V

1-17　4kΩ

1-18　(1) 28μA,1.4mA,4.4V,1.25kΩ

　　　(2) −19.12mV,19.5mV

　　　(3) 27Ω

1-19　−9.56mV,19.5mV,−37.6mV,
　　　19.25mV

1-20　0.75kΩ,3.3kΩ

1-21　874,1.1kΩ,2.7kΩ

1-22　(1) 9.66μA,0.58mA,6.2V

　　　(2) 0.989

　　　(3) 222kΩ,60Ω

1-23　(1) −15.66,−14.2,9.4%

　　　(2) 1.7%

1-25　22μA

1-29　图a:从 +12V 降为 +0.6V

　　　图b:从 −12V 升为 −0.6V

1-30　(1) 64.3

　　　(2) 1.046MΩ,10kΩ

2-3　(1) 10V

　　　(2) 0.1

2-7　24.83,24.92,25

2-8　50kΩ

2-9　(1) $u_o = \left(1 + \dfrac{R_{f2}}{R_{f1} + R_1}\right)U_Z$

　　　(2) 10kΩ,14kΩ

2-12　500Ω,95kΩ

2-13　$u_o \approx \dfrac{R_2}{R_1 + R_2}U_Z$

2-14　$u_o = 2(u_{i2} - u_{i1})$

2-15　10V

2-16　−1 ～ +1

2-17　1s

2-20　$-4000\pi\cos(2000\pi t)\,\mathrm{mV}$

2-21　$u_o = -\left(\dfrac{R_f}{R_1}u_i + \dfrac{1}{R_1 C}\displaystyle\int u_i \mathrm{d}t\right)$

2-25　1.5,194.2Hz

2-27　530kΩ,≥2kΩ

2-28　$u_o = -\dfrac{1}{2}U_{GB}\delta$

3-1　(1) 45V,9V

　　　(2) 4.5mA,45mA,141V,28.2V

3-3　(1) 59.4V,0.144A,1.5A,1.36A

3-4　$5\sqrt{2}U_2$

3-5　(1) 15.3V,34V

　　　(2) 0

　　　(4) 30.6V,102mA,51mA,96.2V

3-6　4.62kVA

3-7　$909 \times 10^{-6}\mathrm{F}$,12.3VA

3-9　(2) 363Ω < R < 680Ω

3-10　(1) 3mA,9.95mA,6.95mA

　　　(2) 3mA,14.94mA,11.94mA

3-12　6.96 ～ 17.7V

3-13　+12V,−12V

3-15　(1) 0.25kΩ,0.125kΩ

(2) 19.1V

(3) 6kΩ,39V

(4) 1.25 ~ 38.1V

4-7　314A,628A

4-8　66.7V,11.1A,KP10-2

4-9　(1) 70.7°

　　(2) 90°,KP20-5,2CZ59F

5-6　F = A

5-7　图 a:$F = \overline{AB}$

　　图 b:F = ABC

5-12　1010,1001

5-13　$F = A\overline{B} + B\overline{C}$

6-9　ϕ_2 落后于 ϕ_1 90°

6-21　(2) 5.5s

6-23　4.995V,2.5V

6-24　101,101,110,1V

参 考 文 献

[1] 康华光. 电子技术基础：模拟部分 [M]. 5 版. 北京：高等教育出版社，2006.

[2] 秦曾煌. 电工学：下册电子技术 [M]. 6 版. 北京：高等教育出版社，2004.

[3] 白中英. 数字逻辑与数字系统 [M]. 3 版. 北京：科学出版社，2002.

[4] 梁伟洋，冯祥，郑仲明，等. 数字电子技术 [M]. 长沙：国防科技大学出版社，2002.

[5] 高吉祥. 数字电子技术 [M]. 北京：电子工业出版社，2003.

[6] 国家计量局. 电气图形及图形符号国家标准 [S]. 北京：中国标准出版社，1989.

[7] 黄俊. 半导体变流技术 [M]. 北京：机械工业出版社，1990.

[8] 聂典. Multisim9 计算机仿真在电子电路设计中的应用 [M]. 北京：电子工业出版社，2007.